スバラシク分かる

楽しく始める 中1数学

数学を楽しみながら強くなろう!!

馬場敬之（けいし）

マセマ出版社

◆ はじめに ◆

みなさん，こんにちは。マセマの**馬場敬之(ばばけいし)**です。この本を手にしている理由は，「中学に入ってから，数学が難しくなってツライ！」とか「一念発起して，中学数学を初めからやり直したい！」などなど…，人それぞれだろうと思う。でも，心配は無用です。そんな切実なみんなの思いをすべて引き受けようと思う。

この**「楽しく始める中1数学」**は，テストを受けても思うように結果を出せない数学アレルギー状態の人でも理解できるように，**文字通り小学校レベルの算数からスバラシク親切に解説した**，**授業形式の参考書**なんだよ。だから，これまで，どんな授業を受けても，どんな本を読んでも，数学がさっぱり分からなかった人も，この本を読めば，中1数学の基本事項，本質的な考え方，計算テクニック，そして解法の流れまでマスターできるはずだ。しかも，**中間期末対策**は言うに及ばず，高校受験に必要な**受験基礎力**まで養うことができる，まさに夢のような参考書なんだね。

これまで，「自分は数学に向いていない。」と思っていたかもしれないね。でも，ボクの長～い指導経験から見て，本当に数学に向いていない人なんてほとんどいないんだよ。ただ，何らかの理由で勝手に「自分は数学ができない！」と思い込んでいるだけなんだね。**体系だった楽しく分かりやすい授業**をシッカリ受けて，キチンと**練習**すれば，誰だって**数学の実力を飛躍的に伸ばす**ことができるんだよ。だから，どうせ数学は強くなると考えて，楽しみながらこの本の授業に取り組んでくれたらいい。

この本は**17回の授業形式**になっており，これで**中1数学の内容**をすべて解説している。だから，最初は難しそうなところは飛ばしても構わないから，まず1回流し読みから始めよう。これだけなら，1週間もあれば十分で，まず中1数学の全体像をつかむことが大切なんだね。

だけど，**「数学にアバウトな発想は通用しない！」**んだね。よく，「大体理解できました。」とか「何となく分かりました。」などという人がいるけれど，数学ではこれは0点を意味する。厳しいと思うかもしれないけれど，本当だ。

たとえば8割程度の理解で数学の問題を解いたら，どうなると思う？ そう，2割もミスがあれば最終的な解答にたどり着けるはずがないよね。だから，毎回この本の講義を本当に**自分の頭でマスター**する必要があるんだね。

次，では，どうすれば本当にマスターできたと分かるかだね。これは，この本で出題されている様々な**例題**や**練習問題**を，解答を見ずに自力で解けるかどうかで判断できる。だから，今度は各回の解説文を"**精読**"して，問題の解答も初めはシッカリ読んで理解することだ。そして，理解できたと思ったら，今度は必ず解答を見ずに**「自力で問題を解く！」**ことを心がけよう。エッ，もし解けなかったらって？ そのときは，まだ理解がアバウトな状態だった証拠だから，悔しいだろうけど，もう一度，解答・解説をよく読んで，再度**「自力で解く」**ことにチャレンジしてくれたらいいんだよ。

そして，自力で解けたとしても，まだ安心してはいけないよ。何故って？人間はとっても忘れやすい生き物だからだ。そのときは本当にマスターしていても，1ヶ月後の定期試験や，2年後の受験のときに忘れてしまっていたんでは何にもならないからね。だから，1回問題を解いたとしても，また日を置いて再チャレンジしてみることだ。すなわち，この**「反復練習をする！」**ことによって，いつでも問題を解ける本物の実力を身に付けることができるんだね。だから，**練習問題**には3つのチェック欄を設けておいた。1回自力で解く毎に"○"を付けていこう。まず"**流し読み**"，次に"**精読**"，そして"**自力で問題を解く**"，"**繰り返し解く**"の4つのステップで中1数学も楽しくマスターできるんだね。

マセマの参考書はどれも親切に分かりやすく書かれているけれど，その本質は**「東大生が一番読んでいる参考書」**として知られているように，その内容は本格的なものなんだね。だから，安心して，この**「楽しく始める中1数学」**で勉強していってくれたらいいんだよ。

(「キャンパス・ゼミ」シリーズ販売実績 生活協同組合連合会 大学生活協同組合東京事業連合［2023年］調べによる)

それでは，早速，授業を始めよう！

マセマ代表　馬場 敬之（けいし）

◆ 目次 ◆

第１章／正の数・負の数

1st day　正の整数の基本 …… 8
2nd day　負の数の計算 …… 20
3rd day　分数の計算 …… 30
● 正の数・負の数　公式エッセンス …… 42

第２章／文字と式

4th day　文字と式の基本 …… 44
5th day　文字と式の応用 …… 54
● 文字と式　公式エッセンス …… 66

第３章／方程式

6th day　方程式の基本 …… 68
7th day　方程式の応用 …… 78
● 方程式　公式エッセンス …… 92

第４章／比例と反比例

8th day　比例と比例の関数 …… 94
9th day　反比例と反比例の関数 …… 108
● 比例と反比例　公式エッセンス …… 120

第５章／平面図形

10th day　平面図形の基本 …… 122
11th day　作図 …… 132
12th day　円と扇形の計算 …… 140
● 平面図形　公式エッセンス …… 148

第６章／空間図形

13th day　いろいろな立体 …… 150
14th day　空間図形の位置関係と表し方 …… 158
15th day　立体の体積と表面積の計算 …… 168
● 空間図形　公式エッセンス …… 178

第７章／データの活用と確率

16th day　データの整理と分析 …… 180
17th day　データの整理と確率 …… 190
● データの活用と確率　公式エッセンス …… 198

◆ *Term・Index*（索引） …… 200

GoTo合格

第 1 章
CHAPTER

1 正の数・負の数

◆ 正の整数の基本

◆ 正の数と負の数

◆ 正の数と負の数の四則計算

◆ 分数や小数の四則計算

1st day　正の整数の基本

みんな，おはよう！さァ，これから，“**中1数学**”の授業を始めよう！最初のテーマは，“**正の数・負の数**”なんだね。ン？小学校のときの“**算数**”から，中学では“**数学**”に変わったので，何だか難しそうだって!?そうだね。中学の数学は，小学校の算数より，やっぱりかなりレベルは高くなるんだね。でも，本格的な数学って，分かるようになると，様々な問題が解けるようになって，視野が大きく広がるので，算数のときよりずっと面白くなるんだね。この面白い中**1**数学を，みんなに楽しく分かりやすく解説していこうと思う。

でも，教科書や参考書を開いてみると，

$(+3)+(-11)-(+4)-(-2)$ のような，見慣れない式がいきなり出てくるので，面食らってしまうかもしれないね。もちろん，これは，次のようなスッキリした式に変形できて，計算結果は $3-11-4+2=-10$ となるんだね。(**P27** 参照)

これ以外にも，分数同士のたし算や引き算の計算として，

$\frac{2}{3}+\frac{3}{4}-\frac{5}{2}=-\frac{13}{12}$ (**P36** 参照)となるし，また，小数表示の数同士のかけ算や割り算として，たとえば，$1.2\times3.25\div(-2.6)=-\frac{3}{2}$ (**P37** 参照)となるんだね。

ン？まだ，こんな計算うまくできそうにないって!?大丈夫！このような計算力は，数学をマスターする上で重要な基礎力となるものなので，これから詳しく解説していくから，みんなスラスラ解けるようになるはずだ。心配はいりません。

ここで，初めに言っておきたいことは，「数学に垣根(仕切り)はない！」ということなんだね。したがって，教科書よりも多少広く深く話していくことになるけれど，いつかはいずれすべてマスターすべきことなので，ここで様々な用語も含めて多少大きめに習得していくといいんだね。つまり，教科書派より，ちょっと頭がよくなるってことだ(^o^)/

それでは，ここではまず，小学校の算数の復習も兼ねて，“**正の整数**”(**自然数**)の簡単な四則計算から解説を始めよう。そして“**素数**”と“**合成数**”，そして合成数の“**素因数分解**”，さらに“**交換の法則**”や“**分配の法則**”なども含めて，正の整数(自然数)とその計算法の基本について教えよう。みんな，準備はいい？では，早速授業を始めよう。

● 自然数の四則計算からはじめよう！

“**自然数**”とは“**正の整数**”のことで，具体的には，**1**，**2**，**3**，**4**，**5**，…と無限(∞)に続いていく数のことなんだね。たとえば，みかんを**1**個，**2**個，

（∞：無限を表す記号）

3個，…と自然に数えるので，この数を自然数と呼ぶんだろうね。

この自然数同士のたし算(+)，ひき算(−)，かけ算(×)，割り算(÷)について

（この**4**つの計算をまとめて，“**四則計算**(しそく)”と呼ぶことも覚えよう。）

いては，小学校でもよく練習していると思うけれど，ここで，次の練習問題で復習しておこう。

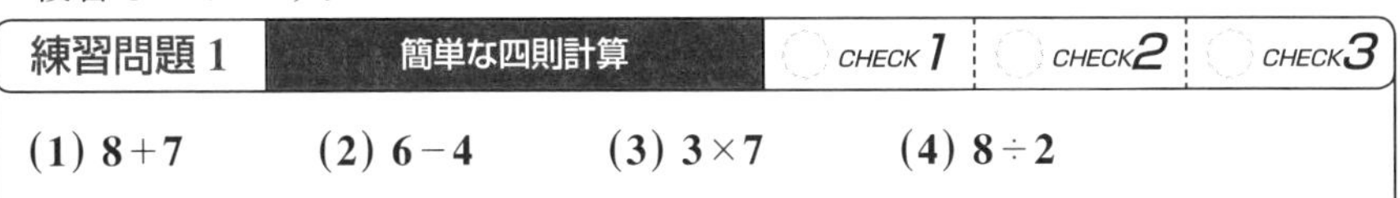

練習問題 1　簡単な四則計算　CHECK 1　CHECK 2　CHECK 3

(1) $8+7$　(2) $6-4$　(3) 3×7　(4) $8\div2$

こんなのチョロイって？いいね。早速やってみよう。

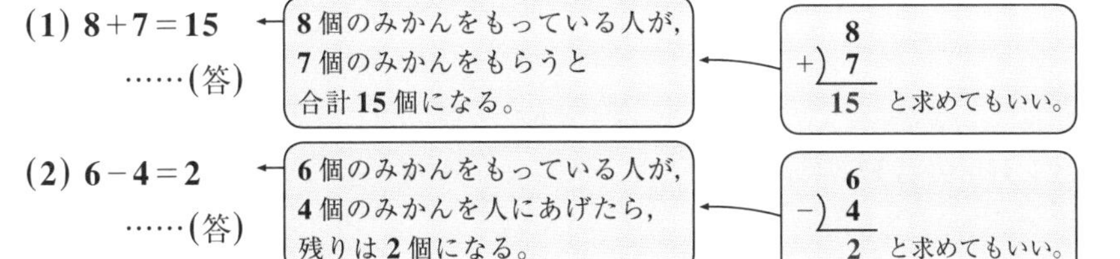

(1) $8+7=15$ ……(答)

(2) $6-4=2$ ……(答)

たし算(+)と引き算(−)については，“**数直線**(すうちょくせん)”によるイメージも役に立つ。数直線とは，図**1**に示すように，横に**1**本直線を引き，適当に，**0**と**1**の点を定める。そして，後は等間隔に右に**2**，**3**，**4**，…の点を配置し，左に**−1**，**−2**，**−3**，…の点を配置したものなんだね。すると，

図1 数直線

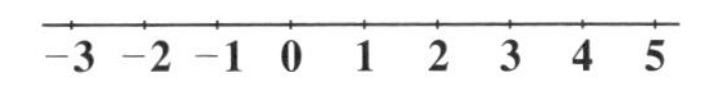

(1) $8+7=15$ の計算は，数直線上では，右図のようになるし，

(2) $6-4=2$ の計算は，数直線上では，右図に示すように，ヴィジュアルに考えて，結果の**2**を出すこともできるんだね。大丈夫？

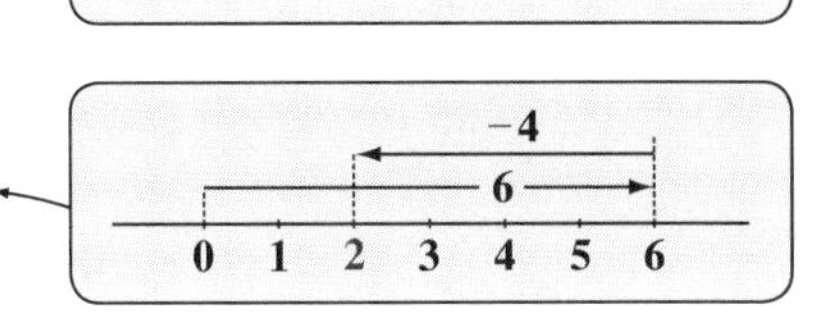

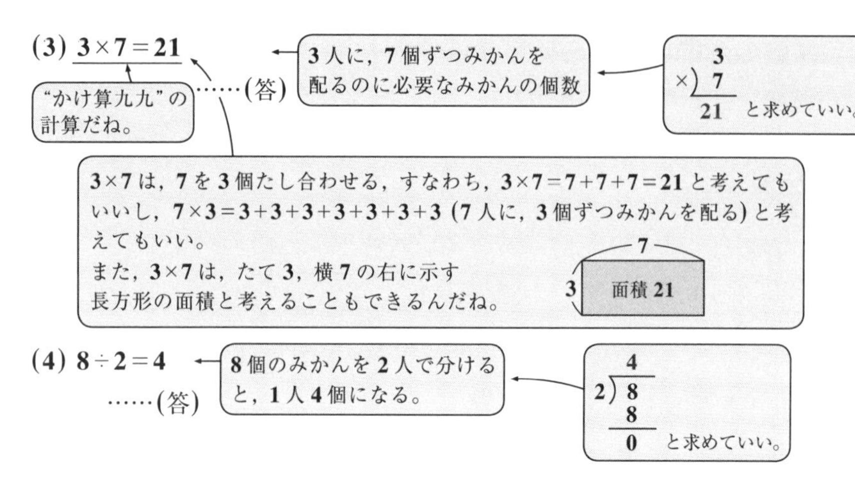

どう？ 算数の計算の中でも易しいものばかりだったから，解くこと自体は楽だったと思う。でも，それぞれの計算の意味や考え方も示しておいたので，面白かったでしょう。

それでは，これから徐々に中学数学の領域に入っていくことにしよう。

- “たし算（＋）”のことを“**加法**”といい，その結果を“**和**”という。
- “引き算（－）”のことを“**減法**”といい，その結果を“**差**”という。
- “かけ算（×）”のことを“**乗法**”といい，その結果を“**積**”という。
- “割り算（÷）”のことを“**除法**”といい，その結果を“**商**”という。

これらの用語も覚えて，使っていこうな。

まず，(1)のたし算（和）について，8＋7＝15であったけれど，このたす順番を入れ替えて，7＋8としても同じ15になる。この性質は，3＋4＝4＋3＝7や，12＋8＝8＋12＝20など…のように，すべての自然数同士の和に対して成り立つ。この和（＋）の性質のことを“**交換の法則**”というんだね。

これは，(3)のかけ算（積）についても同様で，3×7＝21のかける順序を入れ替えて，7×3としても同じ21になる。その他の自然数同士の積についても，たとえば，5×2＝2×5＝10や，8×4＝4×8＝32など…のように成り立つ。よって，積（×）についても，“**交換の法則**”は成り立つんだね。大丈夫？

それでは次，(2) の引き算 (差) について調べてみると，$6-4$ の 6 と 4 を変換してみると，$4-6=-2$ となって，負の数が現れることになる。

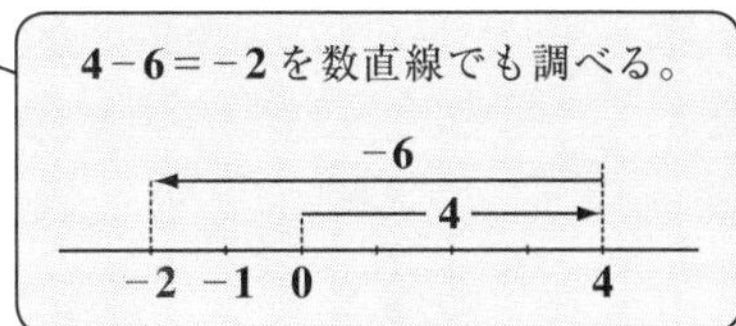

よって，差 (−) については，交換の法則は成り立たないことが分かる。また，和 (+) と積 (×) については，自然数同士の和も積も，同じ自然数となるけれど，差 (−) については，負の整数 (自然数ではない) になる場合もあることが分かったんだね。

しかし，この自然数同士の差 (−) についても，その符号 (⊕, ⊖) まで含めて入れ替えると，変化しないんだね。つまり，$6-4=+6-4=-4+6=2$ となる。(+6と表す。)(入れ替え) この他にも，いくつか例を示しておくと，

(i) $-3+9=9-3=6$，(ii) $-4+11=11-4=7$ など…となるんだね。

最後の (4) の割り算 (商(しょう)) $8\div2=4$ についても，交換の法則は成り立たない。8 と 2 を入れ替えると，$2\div8=\dfrac{2}{8}=\dfrac{1}{4}$ と分数になってしまうからだ。

このように，自然数同士の引き算 (差) では **"負の数"** が現れる場合があるし，また，割り算 (商) では **"分数"** になる場合もあるので，その結果は，もはや **"自然数"** (正の整数) ではなくなることもあるんだね。これら，負の数や分数の計算については，後で詳しく解説するので，楽しみにしてくれ。

● 自然数は，素数と合成数に分類される！

それでは，自然数同士の積 (かけ算) に話を戻そう。かけ算九九により，$2\times3=6$ となるのは，いいね。ここで，これを

$6=2\times3$ とおくと，

(i) 6 は 2 と 3 の**倍数(ばいすう)**であると言えるし，逆にまた，
(ii) 2 と 3 は 6 の**約数(やくすう)**ということもできる。

もちろん，$6=1\times6$ でもあるので，6 は 1 と 6 の倍数であり，1, 6 は 6 の約数になる。つまり，6 の正の約数を小さい順に並べると，全部で，$1, 2, 3, 6$ の 4 個となるんだね。(これらの数で，6は割り切れるから)

このように，1以外の2から9までの自然数について，同様に調べてみると，

2，	3，	4，	5，	6，	7，	8，	9
1×2	1×3	$1\times4=2\times2$	1×5	$1\times6=2\times3$	1×7	$1\times8=2\times2\times2$	$1\times9=3\times3$
素数	素数	合成数	素数	合成数	素数	合成数	合成数
		約数2		約数2と3		約数2と4	約数3をもつ

より，

2，**3**，**5**，**7**のように，**1**と自分自身の数以外に約数をもたないものと，それ以外にも約数をもつ**4**，**6**，**8**，**9**の**2**通りが存在することが分かるだろう？ここで前者を“**素数**”といい，後者を“**合成数**”というんだね

それでは，素数と合成数について下にまとめておこう。

素数と合成数

1を除く正の整数(自然数)は，次のように素数と合成数に分類できる。
(i) 素数：**1**と自分自身以外に約数をもたないもの。(**2**，**3**，**5**，**7**，…)
(ii) 合成数：**1**と自分自身以外にも約数をもつもの。(**4**，**6**，**8**，**9**，…)
(**1**だけは，素数でも合成数でもないことに注意しよう。)

これから，素数を小さい順に並べてみると，次のようになり，素数は限りなく大きなものが存在するんだね。

2，**3**，**5**，**7**，**11**，**13**，**17**，**19**，**23**，**29**，**31**，**37**，**41**，…

2以外の“**偶数**”(**4**，**6**，**8**，**10**，…など)はすべて，**1**と自分自身以外に**2**を約数にもつので，素数にはなり得ない。つまり，素数で偶数であるものは**2**だけで，これ以外の素数はすべて“**奇数**”(**3**，**5**，**7**，**11**，…など)であることに注意しよう。

ここで，約数は“**因数**”とも呼ばれ，この因数が特に素数であるとき，これを“**素因数**”と呼ぶんだね。そして，合成数はすべて，この素因数の積(かけ算)の形で表すことができる。これを“**素因数分解**”というんだね。つまり，合成数とは，素数の積によって作られる(合成される)から，合成数と呼ぶんだろうね。

ン？言葉が難しいって!? そうだね。でも，これから，いくつか例題や練習問題で練習することにより，合成数の素因数分解にも慣れてくると思う。

ここではまず，簡単な例として，合成数：**4**，**6**，**8**，**10**，**12**の素因数分解を実際にやってみよう。でも，その前に，“**累乗**”についても解説しておこう。

累乗とは，同じ数を何回かかけ合せるときの表現方法で，たとえば，

$2\times2\times2=2^3$，　$5\times5=5^2$，　$7\times7\times7\times7=7^4$

"2の3乗"と読む（2を3回かけたもの）　"5の2乗"と読む（5を2回かけたもの）　"7の4乗"と読む（7を4回かけたもの）

$4\times7=7+7+7+7$ と対比して覚えておくといいね。

となる。ここで，2^{3}（指数）の右上の小さな添字の 3 を"**指数**（しすう）"という。よって，5^2 の指数は 2，7^4 の指数は 4 なんだね。これで，累乗の表し方も大丈夫だね。

では，合成数 4，6，8，10，12 の素因数分解を行うと，

(i) $4=2\times2=2^2$　(ii) $6=2\times3$　(iii) $8=2\times2\times2=2^3$

(iv) $10=2\times5$　(v) $12=2\times2\times3=2^2\times3$　となる。これらの合成数はすべて素数 2，3，5 によって素因数分解されることが分かったでしょう。

それでは，かなり大きな合成数 132 の素因数分解についても示しておこう。これは，まず，2 や 3 などの小さな素数で順次割っていくことにより素因数分解できる。この割り算のやり方は，小学校で習ったものとは逆の形になるけれど，便利だから，右の模式図のように，計算すればいい。まず，2 で 2 回割り切れて，次に 3 で割ると 11（素数）となる。よって，$132=2^2\times3\times11$ と素因数分解できるんだね。大丈夫？

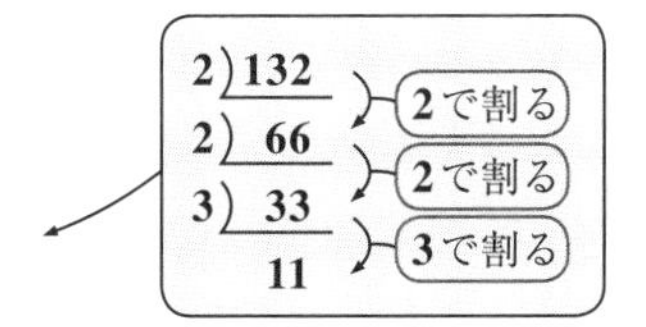

それでは，次の練習問題で，さらに素因数分解の練習をしておこう。

練習問題 2　素因数分解　CHECK 1　CHECK 2　CHECK 3

次の各自然数を素因数分解しよう。

(1) 90　**(2) 308**

いずれも，合成数なので，2, 3, 5, … などの小さな素数で順次割り算していけばいいんだね。

(1) 90 を右のように計算して素因数分解すると，

2) 90 （2で割る）
3) 45 （3で割る）
3) 15 （3で割る）
5

$90=2\times3^2\times5$ ……………(答)

(2) 308 を右のように計算して素因数分解すると，

2)308 （2で割る）
2)154 （2で割る）
7) 77 （7で割る）
11

$308=2^2\times7\times11$ ……………(答)

これで，素因数分解にも十分自信がついたでしょう？

では次，“**平方数**(へいほうすう)”についても解説しよう。平方数とは自然数を 2 乗した数のことで，具体的には，$1(=1^2)$，$4(=2^2)$，$9(=3^2)$，$16(=4^2=2^4)$，

$(2\times2)^2=(2\times2)\times(2\times2)=2^4$

$25(=5^2)$，$36(=6^2=2^2\times3^2)$，$49(=7^2)$，$64(=8^2=2^6)$，

$(2\times3)^2=(2\times3)\times(2\times3)=2\times2\times3\times3=2^2\times3^2$　$(2^3)^2=(2\times2\times2)\times(2\times2\times2)=2^6$

$81(=9^2=3^4)$，$100(=10^2=2^2\times5^2)$，… などのことなんだね。これら，平方数

$(3^2)^2=(3\times3)\times(3\times3)=3^4$　$(2\times5)^2=(2\times5)\times(2\times5)=2\times2\times5\times5=2^2\times5^2$

について，何か気付かない？…，そうだね，平方数を素因数分解した場合，累乗の指数がいずれも偶数になっていることなんだね。

したがって，平方数でない数，たとえば，$12(=2^2\times3)$ にある最も小さな

これに 3 をかけて 3^2 にする

自然数をかけて平方数にしたかったら，3 をかけて，$12\times3=36(=2^2\times3^2)$ と

6^2(平方数)

すればいいんだね。同様に，$63(=3^2\times7)$ を平方数にするためにかける最小の自然数は 7 ということになる。

また，練習問題 $2(1)$, (2) で素因数分解した 2 つの数を平方数にするために，かける最小の自然数を求めると，

(1) $90(=2\times3^2\times5)$ には，$2\times5=10$ をかければいいし，

2×5 をかけて 2^2 と 5^2 にする

(3) $308(=2^2\times7\times11)$ には，$7\times11=77$ をかければいいんだね。大丈夫？

7×11 をかけて $7^2\times11^2$ とする

● 最大公約数と最小公倍数をマスターしよう！

2 つの自然数(正の整数)に共通する約数を“**公約数**(こうやくすう)”という。ここでは，例として，12 と 18 の 2 つの自然数の約数を並べてみると，

・12 の約数：[1]，[2]，[3]，4，[6]，12

・18 の約数：[1]，[2]，[3]，[6]，9，18　となるんだね。

よって，12 と 18 の公約数は，1，2，3，6 となるのはいいね。そして，この公約数の中で最も大きいものを“**最大公約数**”といい，これを g と表すと，12 と 18 の最大公約数 g は $g=6$ となるんだね。大丈夫？

ここで，2つの自然数の最大公約数 g が $g=1$ であるとき，この 2 つの自然数は“**互いに素**”というんだね。12 と 18 の最大公約数 g は $g=6\ (\neq 1)$ より，これらは互いに素ではない。でも，たとえば，4 と 5 の場合，最大公約数 $g=1$ となるので，4 と 5 は互いに素と言えるし，同様に，7 と 8 も，12 と 13 も互いに素と言えるんだね。大丈夫？

では次，2つの自然数に共通する倍数のことを“**公倍数**”という。たとえば，12 と 18 の 2 つの自然数の正の倍数を並べて示すと，

・12 の倍数：12，24，[36]，48，60，[72]，84，96，[108]，…　（12に，1, 2, 3, … をかけたもの）

・18 の倍数：18，[36]，54，[72]，90，[108]，126，…　（18に，1, 2, 3, … をかけたもの）

となるので，12 と 18 の公倍数は，36, 72, 108, … と無数に存在するんだね。そして，これら無数に存在する公倍数の中で最小のものを“**最小公倍数**”と呼び，これを L で表すことにする。すると，12 と 18 の最小公倍数 L は $L=36$ になるんだね。

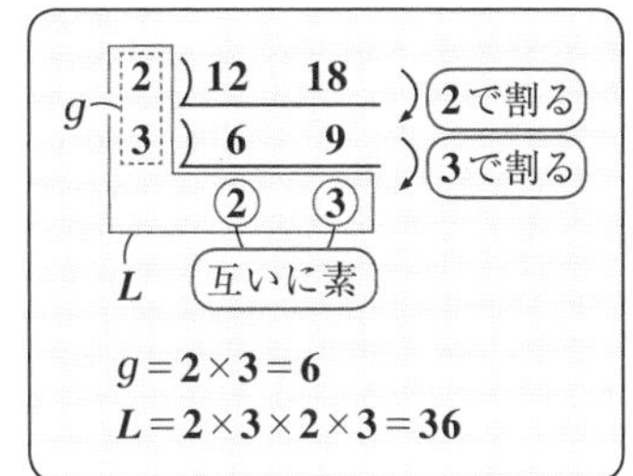

ここで，12 と 18 の最大公約数 g と最小公倍数 L の求め方を右図に示しておこう。

まず，12 と 18 を並べて書き，これらの共通の素因数 2，3，… で割っていき，これらの 2 数を割り算した結果が，互いに素な整数（この場合は，2 と 3）となるようにする。

その結果，順次割った素因数の積が最大公約数 g（この場合は，$g=2\times3=6$）となり，さらに，これに互いに素な 2 つの数までを L 字型にかけたものが，最小公倍数 L（この場合は，$L=2\times3\times2\times3=36$）になるんだね。大丈夫？

これら，最大公約数 g，最小公倍数 L は，分数の計算のところで重要な役割を演じることになるんだよ。では，次の練習問題で練習しておこう。

練習問題 3	最大公約数・最小公倍数	CHECK 1	CHECK 2	CHECK 3

2つの自然数 90 と 108 の最大公約数 g と最小公倍数 L を求めよう。

90 と 108 を並べて書き，共通の素因数で順次割って，その結果が互いに素な整数となるようにすればいいんだね。

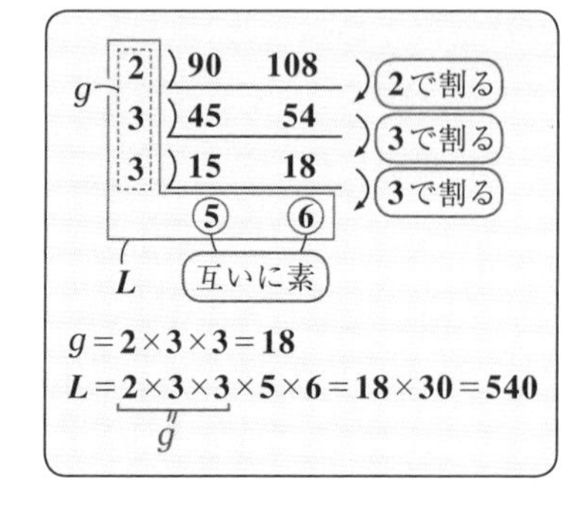

2つの自然数 90 と 108 の最大公約数 g と最小公倍数 L を右のように計算して求めると，

・最大公約数 $g = 2\times3^2 = 2\times9$

$= 18$ ……………………(答)

・最小公倍数 $L = \underbrace{2\times3^2}_{g=18}\times5\times6$

$= \underbrace{18\times30}_{18\times3\times10=54\times10=540} = 540$ ……(答)

これまで，様々な言葉(用語)が出てきて，覚えるのが大変と思っているかも知れないね。けれど，これらは中学数学を学んでいく上で基本となるものだから，反復練習して，是非マスターしよう！

● 自然数のたし算 (+) とかけ算 (×) の練習をしよう！

自然数 (正の整数) の四則計算 (+, −, ×, ÷) の内，ひき算 (−) では負の数になる可能性があり，また，割り算 (÷) では分数になる可能性もあるので，これらについては次節以降で詳しく解説しよう。しかし，この四則計算について，重要なことを1つ言っておこう。これら四則計算が，たとえば，

$\underbrace{2\times4}_{先}\underbrace{+}_{後}\underbrace{6\div3}_{先}$ や $\underbrace{10\div2}_{先}\underbrace{-}_{後}\underbrace{2\times2}_{先}$ のように1つの式の中に入っているとき，かけ算 (×) と割り算 (÷) を先に計算し，たし算 (+) と引き算 (−) は後で計算するということなんだね。つまり，

・$\underbrace{2\times4}_{8}+\underbrace{6\div3}_{2} = 8+2 = 10$ となるし，・$\underbrace{10\div2}_{5}-\underbrace{2\times2}_{4} = 5-4 = 1$ となる。

それでは，これから，自然数のたし算 (+) とかけ算 (×) について計算練習をしておこう。

練習問題 4　和 (+) と積 (×) の計算　CHECK 1　CHECK 2　CHECK 3

次の計算をしよう。

(1) $2+0$　(2) 1×5　(3) $25+18$

(4) $1\times2+3\times4$　(5) $5+17+8$　(6) $43+29+57$

(7) $6^2+2\times3^2+4^3$

(1), (2) では，0 をたしても，1 をかけても値は変化しないんだね。たし算がまだ苦手な人は初めはみかんの個数で考えるといいかもしれない。でも，徐々に慣れて速くなることだね。

(1) ある数に 0 をたしても，値は変化しないので，$2+0=2$ ……………(答)

(2) ある値に 1 をかけても，値は変化しないので，$5\times1=5$ ……………(答)

(3) $25+18=43$ ………(答)

(i)
$$\begin{array}{r} 25 \\ +)\ 18 \\ \hline 13 \\ 3 \\ \hline 43 \end{array}$$
13 ← 一の位の和
3 ← 十の位の和
と求めてもいい。

(ii) $25+\underline{15+3}$（$15+3=18$）
$=40+3=43$
と求めてもいい。

(4) $\underline{1\times2}+\underline{3\times4}=14$ ………(答)
1×2 → 2 (先)，3×4 → 12 (先)

$1\times2=2$ と，$3\times4=12$ を先に計算して，$2+12=14$ として求める。

(5) $5+17+8=30$ ………(答)
（$5+17=22$，$22+8=30$）

$5+\underline{5+12}+8=10+20=30$ と求めても（$5+12=17$）いい。あるいは左のように計算してもいい。

(6) $43+29+57=129$ ………(答)

$43+29+57=\underline{43+57}+29$ ← 交換の法則
（29 と 57 を入れ替え，$43+57=100$）
$=129$

(7) $6^2+2\times3^2+4^3=36+18+64=\underline{36+64}+18=118$ ……………(答)
（18 と 64 を交換，$36+64=100$）

$6\times6=36$ (先)　$2\times3\times3=18$ (先)　$4\times4\times4=16\times4=64$ (先)

累乗計算は“かけ算”なので，当然，“たし算”より先に行う。

● 分配の法則をマスターしよう！

四則計算の優先順位
(i) ( )(カッコ)内の計算
(ii) 積(×)と商(÷)の計算 (累乗計算も含む)
(iii) 和(+)と差(−)の計算

数の四則計算で，少し複雑な式になると，( ) や{ }などのカッコが現われる。よって，この ( ) がある式では，まず，(i) ( ) 内の計算を初めに行い，次に(ii)かけ算(×)と割り算(÷)を行い，最後に(iii)たし算(+)と引き算(−)の計算を行うんだね。右図に，この計算の優先順位を示したので，頭に入れておこう。

よって，式 $3\times(2+5)$ については，$3\times(2+5)=3\times7=21$ となるんだね。
（$2+5$ → 7(先)）

ここで，この $3\times(2+5)$ については，3を次のように2と5にそれぞれ分配してかけて，和を求めても同じ21が導かれる。これは，次のように，長方形の面積で考えると当然の結果と言える。

$$3\times7=3\times(2+5)=3\times2+3\times5=6+15=21 \quad \cdots\cdots①$$

［3×7の長方形(21) ＝ 3×(2, 5)の長方形 ＝ 3×2の長方形(6) ＋ 3×5の長方形(15)］

これを“**分配の法則**(ぶんぱいのほうそく)”というんだね。そして，この分配の法則は，次のように ( ) 内が引き算のときにも同様に利用できて，同じ21が導けるんだね。

$$3\times7=3\times(9-2)=3\times9-3\times2=27-6=21 \quad \cdots\cdots②$$

この分配の法則を逆に①に用いて，次のように計算することもできる。

$$3\times2+3\times5=3\times(2+5)=3\times7=21 \quad \cdots\cdots③$$
（共通因数）（共通因数をくくり出した）

つまり，3×2 と 3×5 の和を求めるとき，いずれも，同じ3を含んでおり，これを“**共通因数**(きょうつういんすう)”という。そして，③のように，この共通因数3をくくり出して計算することもできる。

よって，②を逆にみると，$3\times9-3\times2=3\times(9-2)=3\times7=21$ となる。
（共通因数3をくくり出した）

したがって，たとえば，$13\times7+13\times3$ の計算は，共通因数13をくくり出して，
$13\times7+13\times3=13\times(7+3)=13\times10=130$ とアッサリ求められるんだね。
このように，共通因数のくくり出しを覚えると，計算が楽になることもあるんだね。

それでは，( )も含めた計算を，次の練習問題でやってみよう。

練習問題 5 ( )も含めた計算 CHECK 1 CHECK 2 CHECK 3

次の各式を計算しよう。

(1) $11+3\times(2^3+1)$　　(2) $4\times(3\times4^2+7)$

(3) $21\times18+21\times12$　　(4) $6\times7^2+18\times17$

(1), (2) では，( )内の計算を先に行うんだね。(3), (4) では，うまく共通因数をくくり出せれば，計算が楽になるんだね。頑張ろう！

(1) $11+3\times(2^3+1)=11+3\times9=11+27=38$ ……(答)

（$8+1=9$（先）），（27（次））

(2) $4\times(3\times4^2+7)=4\times55=220$ ……(答)

（$3\times16+7=48+7=55$（先））

$$\begin{array}{r} 55 \\ \times\ \ 4 \\ \hline 20 \\ 200 \\ \hline 220 \end{array}$$

(3) $21\times18+21\times12=21\times(18+12)$

（共通因数），（共通因数をくくり出した）

$=21\times30=630$ ……(答)

（$21\times3\times10=63\times10=630$ と求めてもいい）

(4) $6\times7^2+18\times17=6\times7^2+6\times3\times17=6\times(7^2+3\times17)$

（6×3），（共通因数），（共通因数をくくり出した），（49），（51）

$$\begin{array}{r} 17 \\ \times\ \ 3 \\ \hline 21 \\ 30 \\ \hline 51 \end{array}$$

$=6\times(49+51)=6\times100=600$ ……(答)

（計算が楽になった！）

以上で，今日の授業は終了です。フ～，疲れたって!? 確かに内容が盛りだく山で，次々に新しい用語も出てきたから，大変だったと思う。だから，この後休んでも構わないけれど，元気を回復したら，また，この内容に再チャレンジして，復習してくれたらいい。

反復練習によって，本物の実力が身に付くわけだからね。

それでは，次回の授業では，“**負の数**”について詳しく解説しよう。次回の授業も楽しみに待っていてくれ！ それでは，バイバイ…。

2nd day / 負の数の計算

みんな，おはよう！元気だった？前回の授業でも，“**負の数**”は少し出てきたけれど，今回の授業では，この“**負の数**”をメインテーマとして，その計算法も含めて，詳しく分かりやすく解説していこう。

たとえば，$\mathbf{10-15=-5}$ について，前回話したみかんの考え方では，**10** 個

（この計算がまだイマイチの人も，後で解説するので，大丈夫だよ。）

もっていたみかんを人に **15** 個あげたら，残りは $-\mathbf{5}$ 個になった??…と，おかしな結果になるんだね。しかし，これをある場所で昼間 **10**℃だった気温が夜には **15**℃下がって，$-\mathbf{5}$℃になったと考えれば，特に違和感はないと思う。このように，負の数は，ボク達の日常生活の中でも時折現われる普通の数なんだね。

今回の授業では，この負の数の意味と計算のルールをシッカリ教えるので，負の数が関わる様々な数の計算も確実にスラスラと結果が出せるようになるはずだ。楽しみにしてくれ。

では，そのための前準備として，もう一度“**数直線**”の解説から始めよう。

● 数直線と絶対値の関係を押さえよう！

0 より大きな数を“**正の数**”といい，正の符号 $(+)$ を付けて，たとえば，$+\mathbf{5}$，$+\dfrac{\mathbf{1}}{\mathbf{2}}$，$+\mathbf{3.4}$，… のように表せるが，一般にはこの符号を省いて，**5**，$\dfrac{\mathbf{1}}{\mathbf{2}}$，**3.4**，… のように表す。これに対して，**0** より小さな数を“**負の数**”といい，負の符号 $(-)$ を付けて，たとえば，$-\mathbf{4}$，$-\dfrac{\mathbf{2}}{\mathbf{3}}$，$-\mathbf{2.9}$，… のように表す。負の数の場合，負の符号 $(-)$ ははずせないことに注意しよう。

ここで，負の数とは，正の数に対する逆(反対)の数と考えることができる。いくつか例を示しておこう。

(i) ある地点 **A** から東に **50m** の地点 **B** を $+$**50m** と定めると，西に **30m** の地点 **C** は，$-$**30m** の位置になる。

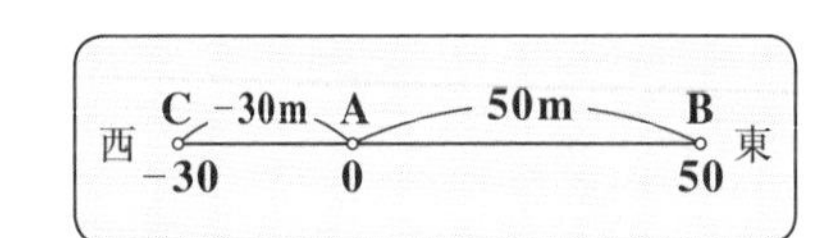

(ii) 今日から **10** 日後の日付を $+10$ 日と定めると，今日から **3** 日前の日付は -3 日となるんだね。大丈夫？

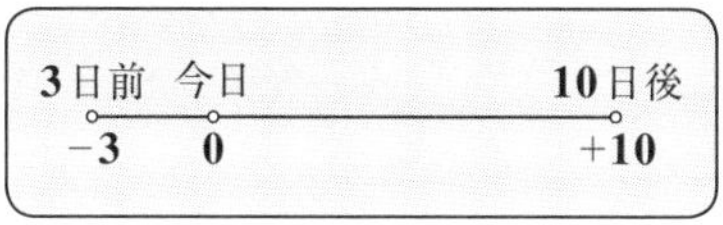

3日前	今日	10日後
-3	0	$+10$

どう？負の数にも少しは慣れてきた？それでは，この負の数まで含めた数直線を図 **1** に示そう。数直線の描き方については前回話した通り，まず，原点 **0** と **1** の点を定めて，後はそれと等間隔に，右に，**2, 3, 4, …**，左に -1，-2，-3，… の点を定めていけばいいんだね。そして，これら目盛りとして当てられた数が，すなわち整数と呼ばれる数であり，前回扱った自然数 (正の整数) **1, 2, 3, 4, …** に，**0** と負の整数，…，-4，-3，-2，-1 を併せたものであり，$-\infty$ から $+\infty$ までの巨大な数の集合になるんだね。

図1 数直線

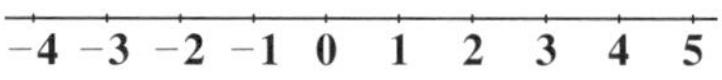

-4　-3　-2　-1　0　1　2　3　4　5

図2 整数

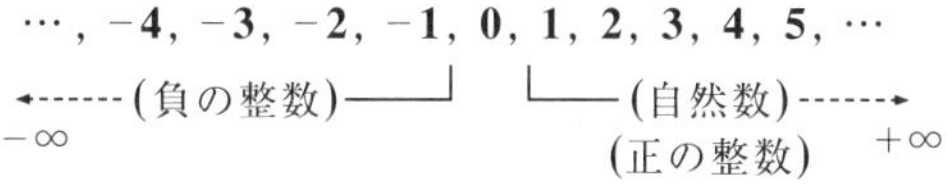

$\cdots,\ -4,\ -3,\ -2,\ -1,\ 0,\ 1,\ 2,\ 3,\ 4,\ 5,\ \cdots$

$-\infty$ ←(負の整数)　　(自然数)(正の整数)→ $+\infty$

そして，この数直線に点として与えられた数値は，右に行く程大きく，左に行く程小さくなる。この大小関係は，不等号 ($<$，$\leqq$，$>$，$\geqq$) で示すことができる。つまり，

$\cdots < -3 < -2 < -1 < 0 < 1 < 2 < 3 < 4 < \cdots$

となるんだね。

(i) $a < b$ は，「b は a より大」，または「a は b より小」と読む。

(ii) $a \geqq b$ は，「b は a 以下」，または「a は b 以上」と読む。

さらに中 **1** 数学では，整数以外にも

・分数 $\left(\frac{1}{3},\ \frac{5}{2},\ -\frac{1}{4},\ -\frac{7}{6},\ \cdots \text{など}\right)$ や，

・小数 (**0.2, 1.5**, -0.3, -1.9, … など)

についても勉強する！そして，整数だけでなく，これら分数や小数で表された数もすべて，数直線上の点として表すことができるんだね。

ン？実際に練習してみたいって!? いいよ。次の練習問題を実際に自分で解いてみるといい。

練習問題 6	数直線上の数値	CHECK 1	CHECK 2	CHECK 3

$A(-2.5)$, $B\left(\frac{3}{2}\right)$, $C(-0.4)$, $D\left(-\frac{4}{3}\right)$, $E(3.1)$ で与えられた数値を表す点 A, B, C, D, E を数直線上の点として表し，それら数値の大小関係を示そう。

この問題では，-3 以上 4 以下の数直線で十分だね。自分で数直線を描き，5つの点 A, B, C, D, E を，それぞれの表す値に従って配置すればいいんだね。

$A(-2.5)$, $B\left(\frac{3}{2}\right)$, $C(-0.4)$, $D\left(-\frac{4}{3}\right)$, $E(3.1)$ の各点を，それぞれが表す数に従って，数直線上に示すと，次のようになる。

（$\frac{3}{2}$ = 1.5，$-\frac{4}{3}$ = $-1.333\cdots$）

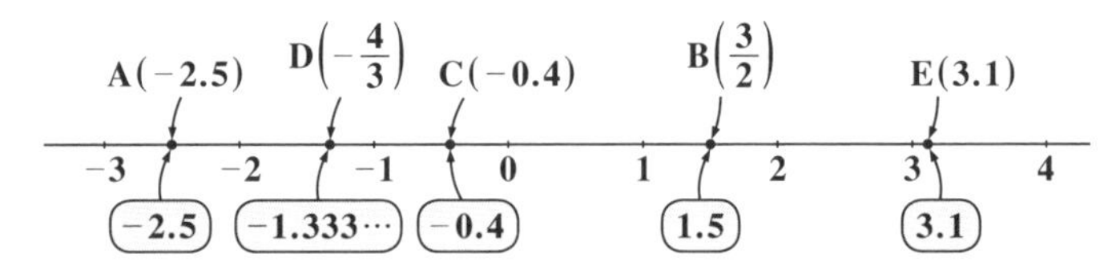

よって，これら5つの数字の大小関係は，

$-2.5 < -\frac{4}{3} < -0.4 < \frac{3}{2} < 3.1$ となる。………(答)

数直線上で，右側にある数の方が大きい。

どう？ 数直線の重要性が分かった？ 実は，この数直線は負の数を考える上でも重要な役割を演じるんだね。これから解説しよう。

● 数直線と負の数の意味をマスターしよう！

数直線上で，ある数を表す点と原点 0 との間の距離を“**絶対値**（ぜったいち）”といい，その数に“$|\ \ |$”の記号を付けて表すんだね。

従って，図2に示すように，

$|2.1| = 2.1$, $|4.9| = 4.9$,

「2.1の絶対値は2.1」と読む。

$|-1.8| = 1.8$, $|-4.3| = 4.3$ となる。

「−1.8の絶対値は1.8」と読む。「0と−1.8の間の距離は1.8より，$|-1.8| = 1.8$ となる」

図3 数直線と絶対値

$|-4.3| = 4.3$　$|-1.8| = 1.8$　$|2.1| = 2.1$　$|4.9| = 4.9$

-4.3　-1.8　0　2.1　4.9

ン？ 絶対値って，正の数のときはそのままで，負の数のときは，その⊖をとって正の数にすればいいだけだって!? その通りだね。

では，絶対値が 3 となる数はどうなるか分かる？

そうだね。$|3|=|-3|=3$ だから，絶対値が 3 となる数は，3 と -3 の 2 つが存在するんだね。

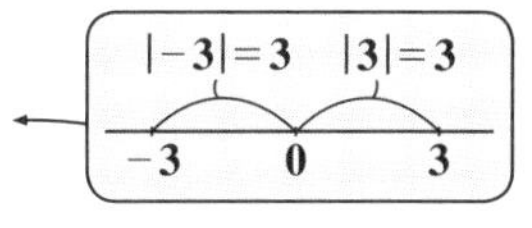

同様に，絶対値が $\frac{3}{2}$ となる数は，$\frac{3}{2}$ と $-\frac{3}{2}$ の 2 つであり，絶対値が 12 となる数は，12 と -12 の 2 つなんだね。大丈夫？

では，次の練習問題を解いてみよう。

練習問題 7　**絶対値の範囲**　CHECK 1　CHECK 2　CHECK 3

絶対値が 3 以下となる整数をすべて求めてみよう。

絶対値が 3 以下であると言っているので，この場合，絶対値が 3 のときも含むんだね。

絶対値が 3 より小である場合は，絶対値が 3 のときは含まない。気を付けよう！

絶対値は原点 0 との間の距離だから，負になることはない，つまり 0 以上であることに気を付けると，絶対値が 3 以下ということは，絶対値が 0, 1, 2, 3 の 4 通りなんだね。したがって，

(i) 絶対値が 0 のとき，$|0|=0$ より，0

0 と 0 の間の距離は 0 だから $|0|=0$ だね。

(ii) 絶対値が 1 のとき，$|1|=|-1|=1$ より，1 と -1

(iii) 絶対値が 2 のとき，$|2|=|-2|=2$ より，2 と -2

(iv) 絶対値が 3 のとき，$|3|=|-3|=3$ より，3 と -3 となる。

以上 (i) ～ (iv) より，絶対値が 3 以下となる数は全部で

0, 1, -1, 2, -2, 3, -3 の 7 つ

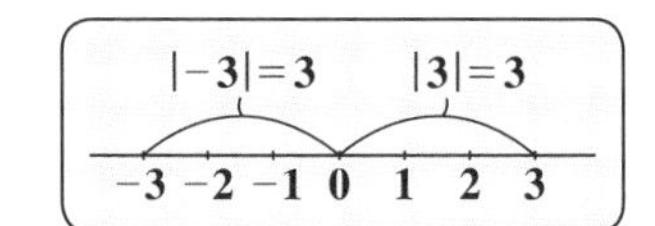

になる。…………………………(答)　大丈夫だった？

ここで，この解答の 1 または -1 は，まとめて ± 1，また 2 または -2 も同様に ± 2，そして，3 または -3 も ± 3 と表すこともできるんだね。よって，この答えは，0, ± 1, ± 2, ± 3 と，より簡単に書いてもいいんだよ。

● 負の数の計算

それではもう1度，絶対値が3となる2つの数3と-3について考えてみよう。ここで，負の数-3は，正の数3に-1をかけたものと考えることができる。よって，

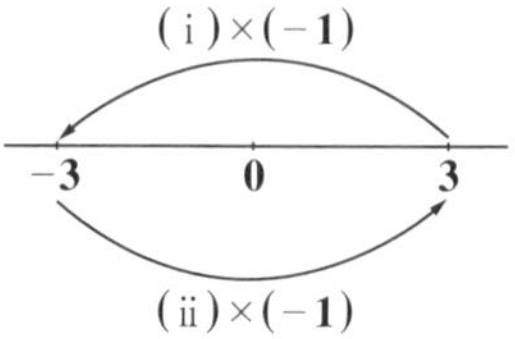

(i) $-1\times3=-3$ ……① だね。すると，

これは図4に示すように，3に-1をかけることにより，3から-3にパタッ！と移動したことになる。

図4 3と-3の関係

では，この-3にもう1度-1をかけると，

(ii) $-1\times(-3)=3$ ……② となって，元の3にまた，パタッ！と戻ることになるんだね。

このように，-1を3に1回かけると，①より，$-1\times3=-3$となり，さらに-1をかけると，$-1\times\underbrace{(-3)}_{(-1)\times3}=3$ ……② となる。よって，$\underbrace{-1\times(-1)}_{(-1)^2=1}\times3=3$

となるので，これから，$(-1)^2=1$ ……③ が導かれる。この③にさらに-1を繰り返しかけると，

$(-1)^3=-1\times(-1)^2=-1\times1=-1$

$(-1)^4=-1\times(-1)^3=(-1)\times(-1)=(-1)^2=1$

$(-1)^5=-1\times(-1)^4=-1\times1=-1$

……………………となって，±1の値を繰り返し，パタパタと値を変えることになるんだね。これで，負の数の計算を行う上での基礎が出来上がったことになる。何故なら，-3だけでなく，-5や$-\frac{1}{2}$や-0.8…なども，すべて，$-5=-1\times5$，$-\frac{1}{2}=-1\times\frac{1}{2}$，$-0.8=-1\times0.8$…などとして考えていけばいいだけだからなんだね。このことを利用して，いくつか例題で負の数の入ったかけ算(×)と割り算(÷)をやってみよう。

(ex1) $2\times(-3)=2\times(-1)\times3=-1\times\underbrace{2\times3}_{6}=-1\times6=-6$ となるし，（交換の法則）

(ex2) $-5\times(-7)=-1\times5\times(-1)\times7=\underbrace{(-1)^2}_{1}\times5\times7=35$ となるし，（交換の法則）

(ex3) $-10\div2=(-1)\times\underbrace{10\div2}_{5}=-1\times5=-5$ となるんだね。大丈夫？

以上より，

(i) 負の数(⊖)を奇数回(**1**回や**3**回…など)かけたり(割ったり)すると，負の数となり，　←$(-1)^1=(-1)^3=\cdots\cdots=-1$

(ii) 負の数(⊖)を偶数回(**2**回や**4**回…など)かけたり(割ったり)すると，正の数になる。　←$(-1)^2=(-1)^4=\cdots\cdots=1$

では次に，負の数と関係した，たし算(+)と引き算(−)についても考えてみよう。ここでは，分配の法則も利用する。たとえば，-5は，分配の法則を使って，次のように変形できる。

分配の法則

(1) $-5=-1\times5=-1\times(3+2)=-1\times3-1\times2=-3-2$ ……④

(2) $-5=-1\times5=-1\times(7-2)=-1\times7-1\times(-2)=-7+2=2-7$ ……⑤

$(-1)^2\times2=1\times2=2$

(1)′ ここで，④の式を**1**番右から左に見ていくと，

$-3-2=-1\times3-1\times2=-1\times(3+2)=-1\times5=-5$ となるんだね。慣れると，

共通因数　共通因数をくくり出した

$-3-2=-(3+2)=-5$ と計算すればいい。

(2)′ ここでも，⑤の右から左に見ていくと，

$2-7=(-1)^2\times2+(-1)\times7=(-1)\times(-2)+(-1)\times7=-1\times(-2+7)$

(1)　共通因数　共通因数をくくり出した

$=-1\times(7-2)=-1\times5=-5$ となる。これも慣れると，

引き算の場合，符号も含めれば，$+7$と-2を交換できる。

$2-7=-(-2+7)=-(7-2)=-5$ と計算できる。

⊖をくくり出すと，**2**と-7の符号が変わる。

どう？負の数と関係したたし算(+)や引き算(−)の要領もこれで分かったでしょう？さらに，例題で練習しておこう。

(*ex*1) $10-15=-(-10+15)=-(15-10)=-5$

㊗−㊎ のとき，⊖をくくり出して，(　)内の符号を変えて，㊎−㊗ の計算になる。

これは次のように求めてもいい。

$10-15=\cancel{10}-\cancel{10}-5=-5$

$-10-5$

ていねいに書くと，
$-15=-1\times15=-1\times(10+5)$
$=-1\times10-1\times5=-10-5$ だね。

$(ex2)$ $\underline{-8-12}=-(8+12)=-20$　どう？面白かったでしょう？

$\underline{\underline{-1}}\times 8+(\underline{\underline{-1}})\times 12=\underline{\underline{-1}}\times(8+12)=-(8+12)$
共通因数　　共通因数をくくり出した

● 負の数に関係した計算を練習しよう！

それでは，負の数に関係した数の計算練習にチャレンジしよう。

練習問題 8	負の数の計算	CHECK 1	CHECK 2	CHECK 3

次の計算をしよう。

(1) $-3\times(-4)\div 2$　　(2) $12\times 6\div(-4)$　　(3) $(-2)^2\times(-5)$

(4) $4-7-11$　　(5) $-2+5-19$　　(6) $3-11-4+2$

(7) $-(5^2-2\times 3)+2^2$　　(8) $2\times(3\times 5-3^3)-5$

(9) $(3^2+5)\div(-2)-4$

負の数が関係している式でも，計算の順序は，(i) まず ( ) 内，(ii) 次に積 (×) と商 (÷)，(iii) 最後に和 (+) と差 (−) になるんだね。また，たとえば，$-3-2=-(3+2)=-5$ や，$2-9=-(9-2)=-7$ の要領で，和や差の計算を行えばいいんだね。

(1) $\underline{-3\times(-4)}\div 2=12\div 2=6$ ………(答)

$-1\times 3\times(-1)\times 4=\underbrace{(-1)^2}_{1}\times 3\times 4=3\times 4=12$

$12\div 2=12\times\frac{1}{2}=\frac{12}{2}=6$
(2の逆数にして，かける)
と計算してもいいよ。

(2) $1\div(-4)=\frac{1}{-4}=\frac{(-1)^2}{-4}=\frac{\cancel{-1}\times(-1)}{\cancel{-1}\times 4}=\frac{-1}{4}=-\frac{1}{4}$ より，割る数が負 (-4) のときでも，-1 を 1 回かけたことと同じなんだね。よって，

$12\times 6\div(-4)=-\frac{\overset{3}{\cancel{12}}\times 6}{\cancel{4}}=-18$ ……………………………………(答)

(3) $\underline{(-2)^2}\times(-5)=4\times(-1)\times 5=-1\times 4\times 5=-20$ ……(答)

$(-2)\times(-2)=(-1)\times 2\times(-1)\times 2=\underbrace{(-1)^2}_{1}\times 4=4$

$(-2)^2$ と (-5) で 3 回 -1 をかけていることになるので，符号は㊀になるとスグ分かる！

$(4)\ 4-7-11=4-(7+11)$

$-1\times7+(-1)\times11=-1\times(7+11)=-(7+11)$

$=4-18=-(18-4)=-14$ ……………………(答)

$-1\times(-4)+(-1)\times18=-1\cdot(-4+18)=-(18-4)$

$4-18$
$=4-(4+14)$
$=\not{4}-\not{4}-14$
$=-14$
と計算してもいい。

$(5)\ -2+8-19=8-2-19=8-(2+19)$

$-1\times2+(-1)\times19=-1\times(2+19)=-(2+19)$

$=8-21=-(21-8)=-13$ ……………………(答)

$-1\times(-8)+(-1)\times21=-1(-8+21)=-(21-8)$

$8-21$
$=\not{8}-\not{8}-13$
$=-13$ と計算してもいい。

$(6)\ 3-11-4+2=3+2-11-4$ ← これはP8の問題

5　$-1\times11+(-1)\times4=-1\cdot(11+4)=-(11+4)$

$=5-(11+4)=5-15$

$-1\times(-5)+(-1)\times15=-1\times(-5+15)=-(15-5)$

$=-(15-5)=-10$ ……………………………(答)

$5-15$
$=\not{5}-\not{5}-10$
$=-10$ と
計算してもいい。

(先)

$(7)\ -(5^2-2\times3)+2^2=-19+4$

$25-6=19$　$-1\times19-(-1)\times4=-1\cdot(19-4)=-(19-4)$

$=-(19-4)=-15$ ……………………………(答)

$-19+4$
$=-15-\not{4}+\not{4}$
$=-15$ と
計算してもいい。

(先)

$(8)\ 2\times(3\times5-3^3)-5=2\times(-12)-5$

$15-27=-(27-15)=-12$

$=-24-5=-(24+5)=-29$ ……………………………………………(答)

$-1\times24+(-1)\times5=-1\times(24+5)=-(24+5)$

(先)

$(9)\ (3^2+5)\div(-2)-4=-14\div2-4=-7-4$

$9+5=14$　分母の⊖も表に出せる　$\dfrac{14}{2}=7$　$-1\times7+(-1)\times4=-1\times(7+4)=-(7+4)$

$=-(7+4)=-11$ ……………………………………………………(答)

これ位，練習すると，かなり自信がついてきたでしょう？まだ，うまく解けない人も反復練習して，スラスラ解けるようになるまで頑張ろう！

これで，負の数が関係した式の値を求めることにも慣れてきたと思う。問題が解けるようになると，数学の面白さが増してきて，さらに，やる気も湧いてきている人も多いと思う。

この後は“**分数**”の計算と“**小数表示の数**”の計算をマスターすれば，完璧になるはずだ。ここで，ボクが解説した手法で，計算をやって間違いないのだけれど，教科書や他の参考書では，$(+2)-(-5)$ や $(-12)+(-6)$ など，普通の数学では用いられない表し方をして，絶対値や符号を調べて，値を求めさせるようにしているみたいだね。

したがって，定期試験でも，このような表記法の問題が出題される可能性が高いので，その対策をここで示しておこう。

話は簡単で，⊕だけ，⊖だけなら，もちろん(　)は不要だけれど，⊕を除いて，⊖はそのままにしておけばいい。後は⊖と⊕が組み合わされた場合，

(i) ⊕(⊕○) と ⊖(⊖○) のときは，$1\times1=(-1)\times(-1)=1$ より，⊕となる。
　⊕と同じ　⊕と同じ

(ii) ⊕(⊖○) と ⊖(⊕○) のときは，$1\times(-1)=-1\times1=-1$ より，⊖となる。
　⊖と同じ　⊖と同じ

これだけでは，まだピンと来ていない人が多いと思うので，これから例題で示しておこう。

$(ex1)$ $\underbrace{(+2)}_{2}\underbrace{-(-}_{\oplus}5)=2+5=7$

$(ex2)$ $\underbrace{(-12)}_{-12}\underbrace{+(-}_{\ominus}6)=-12-6=-(12+6)=-18$

$(ex3)$ $\underbrace{(+3)}_{2}\underbrace{-(+}_{\ominus}6)\underbrace{-(-}_{\oplus}4)=3-6+4=3+4-6=7-6=1$

$(ex4)$ $\underbrace{(-4)}_{-4}\underbrace{-(-}_{\oplus}6)\underbrace{-(+}_{\ominus}2)=-4+6-2=6-(4+2)=6-6=0$

$(ex5)$ $\underbrace{-(+1)}_{-1}\underbrace{-(\quad}_{\oplus}4)\underbrace{-(+}_{\ominus}8)\underbrace{-(-}_{\oplus}2)=-1+4-8+2$

$=\underbrace{4+2}_{6}\underbrace{-1-8}_{-(1+8)=-9}=6-9=-(9-6)=-3$

どう？この位練習すれば，正確にまともな式に変形できて，計算もスラスラできるようになったでしょう。

今回の授業で，負の数の計算について解説したわけだけれど，まず，たとえば，負の数 -5 が与えられたとき，この -5 の意味は $-5=-1\times5$ であることを示したんだね。そして，-1 の累乗については，$(-1)^2=(-1)^4=(-1)^6=\cdots=1$ であり，$(-1)^1=(-1)^3=(-1)^5=\cdots=-1$ であることから，負の数を含むかけ算 $(\times)$ や割り算 $(\div)$ の計算では，符号(⊕, ⊖)を決定できたんだね。

次に，分配の法則によると，たとえば，

・$-5=-1\times5=-1\times(2+3)=-2-3$ より，逆に，$-2-3$ が与えられたら，$-2-3=-(2+3)=-5$ と計算できるし，また，

・$-5=-1\times5=-1\times(7-2)=-1\times7\underbrace{-(-1)}_{+1}\times2=-7+2$ より，逆に，$-7+2$ が与えられたら，$-7+2=-(7-2)=-5$ と計算できることを解説したんだね。これが，今回の授業のキー・ポイントだったんだけれど，後は，実際に問題を解く練習を繰り返しやって，正確に迅速に結果が出せるようになればいいんだね。

それでは，次回の授業でまた会おう！それまで，みんな元気でな…。

3rd day / 分数の計算

みんな，おはよう！ 今日は天気も良くて気分がいいね。さて，前回の授業では，負の数の計算について詳しく教えたね。そして，今回の授業では，"**分数**(ぶんすう)"の計算や"**小数**"の計算について，分かりやすく解説しよう。小数，すなわち，**0.8** や **1.25** のように小数点以下のケタ数が有限な小数をここでは扱うけれど，このような有限小数は分数で表せるので，今日の授業のテーマの本質は分数の計算ということになるんだね。

「分数計算ができない大学生！」などと，時々話題になるけれど，今日の授業を受けたら，キミ達は「分数計算がスラスラできる優秀な中学生」になるはずだ。期待していいですよ。

それでは，早速授業を始めよう！みんな，準備はいい？

● 分数の基本を押さえよう！

整数の割り算では，$6 \div 2 = 3$ のように割り切れる場合は整数になるけれど，そうでない場合，たとえば，$1 \div 2$ では $1 \div 2 = \frac{1}{2}$ となって，分数が現われる。この場合，**1** を**分子**，**2** を**分母**という。

この分数 $\frac{1}{2}$ について，全体を **1** 辺の長さが **1** の正方形［  ］と考えると，$\frac{1}{2}$ とは，これを **2** 等分割した内の **1** つの長方形，すなわち，$\frac{1}{2}$ のイメージを示すと，［ 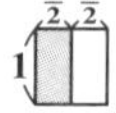 ］の網目部になる。ということは，$\frac{1}{2}$ は，この正方形を **4** 分割した内の **2** つの長方形，すなわち，$\frac{2}{4}$ と同じということになる。つまり，$\frac{1}{2} = \frac{2}{4}$ となる。分数とは，分子と分母の数の比と考えることができるので，

［ ＝ ］

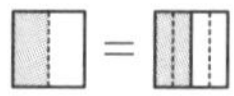

$1 : 2 = 2 : 4 = 5 : 10 = 40 : 80 = \cdots$ が成り立つ。よって，$\frac{1}{2} = \frac{2}{4} = \frac{5}{10} = \frac{40}{80} = \cdots$ などと，$\frac{1}{2}$ の分子と分母に等しい数をかけても，分数の値は同じということになるんだね。つまり，

$\frac{1}{2}=\frac{1\times2}{2\times2}=\frac{1\times5}{2\times5}=\frac{1\times40}{2\times40}=\cdots$　ということだね。大丈夫？

しかし，一般に，逆に$\frac{40}{80}$と分数が与えられた場合，この分子と分母の最大公約数$g=40$で分子と分母を割って，$\frac{40}{80}$（分子・分母を40で割る）$=\frac{1}{2}$として表す。この操作を"**約分する**"といい，分子と分母の整数が互いに素（分子と分母の最大公約数$g=1$となること）となった状態の分数を，特に"**既約分数**"というんだね。言葉は難しいけれど，要するに，最も簡単な分子と分母の整数比となった分数を既約分数という。

では，次の練習問題で練習してみよう。

練習問題 9	既約分数	CHECK 1	CHECK 2	CHECK 3

次の各式を既約分数で表してみよう。

(1) 24÷60　　　**(2) 126÷54**

それぞれの式は分数で表せるので，これを約分して，既約分数にすればいい。

(1) $24\div60=\frac{24}{60}=\frac{2\times12}{5\times12}=\frac{2}{5}$ ………（答）

$\frac{12}{12}=1$で打ち消せる。

24と60の最大公約数g

2	24	60
2	12	30
3	6	15
	②	⑤

分子②，分母⑤：互いに素

$(g=2\times2\times3=12)$

(2) $126\div54=\frac{126}{54}=\frac{7\times18}{3\times18}=\frac{7}{3}$ ……（答）

126と54の最大公約数g

2	126	54
3	63	27
3	21	9
	⑦	③

分子⑦，分母③：互いに素

$(g=2\times3\times3=18)$

ここで，$\frac{7}{3}$（**仮分数**）（分子の方が分母より大きい分数）を，算数では$2\frac{1}{3}$（**帯分数**）（$2+\frac{1}{3}$のこと）と表していたかも知れないけれど，数学ではこのまま仮分数を用いる。（理由は P47）

では次に，特殊な分数についても解説しておこう。まず，

(i) 分子が $\mathbf{0}$ の分数の場合，$\frac{0}{2}$ も $\frac{0}{3}$ も $\frac{0}{10}$ も…など，みんな $\mathbf{0}$ になる。つまり，
$\frac{0}{2}=\frac{0}{3}=\frac{0}{10}=\cdots=0$ ということだね。大丈夫？ では次，

(ii) 分母が $\mathbf{0}$ の分数の場合，$\frac{2}{0}$ も $\frac{3}{0}$ も $\frac{10}{0}$ も…などはどうなると思う？ ン？
これも $\mathbf{0}$ になるんじゃないかって？ とんでもない。このような数は存在しないというのが答えです。これは電卓で $2\div0$ や $3\div0$ …などと打ち込んでみると分かる。結果は“エラー”となるからだ。たとえば，$\frac{2}{0}$ で，あの正方形を $\mathbf{0}$ 等分した内の $\mathbf{2}$ つの長方形なんて，言われたって，何のことかまったく分からないでしょう。「分数の分母が $\mathbf{0}$ となることはない！」ということを，シッカリ頭に入れておこう。

● 分数同士のかけ算 (×) にチャレンジしよう！

では，これから，分数同士の計算に入ろう。まず，分数同士のかけ算について簡単な例，$\frac{1}{2}\times\frac{1}{3}$ で解説しよう。
この場合は，単純に分子同士，分母同士をかけて，

$\frac{1}{2}\times\frac{1}{3}=\frac{1\times1}{2\times3}=\frac{1}{6}$ となるんだね。

この正方形による図形的なイメージは，右に示しておいた。

$\frac{1}{2}\times\frac{1}{3}=\frac{1}{6}$ のイメージ

以下に，いくつか例題を解いてみよう。

(*ex*1) $\frac{2}{5}\times\frac{7}{4}=\frac{\cancel{2}\times7}{5\times\cancel{4}_2}=\frac{7}{10}$　　(*ex*2) $\frac{3}{13}\times\frac{2}{9}=\frac{\cancel{3}\times2}{13\times\cancel{9}_3}=\frac{2}{39}$

(*ex*3) $\frac{25}{6}\times\frac{8}{5}=\frac{{}^5\cancel{25}\times\cancel{8}^4}{{}_3\cancel{6}\times\cancel{5}}=\frac{5\times4}{3}=\frac{20}{3}$

このように，分数同士のかけ算では，分子同士，分母同士をかけて，既約分数にするんだね。

では，負の分数についても解説しておこう。たとえば，分子が㊀の場合の例として，$\frac{-2}{3}=-\frac{2}{3}$となるのはいいね。では，分母が負の$\frac{2}{-3}$も$-\frac{2}{3}$になるのは分かる？つまり，$\frac{2}{-3}=\frac{\boxed{1}\times 2}{-3}=\frac{-1\times(-1)\times 2}{-1\times 3}=\frac{-2}{3}=-\frac{2}{3}$となるからだ。（$\boxed{1}$は$(-1)^2$，約分）では分子・分母が㊀の場合，つまり，$\frac{-2}{-3}$については，$\frac{-2}{-3}=\frac{-1\times 2}{-1\times 3}=\frac{2}{3}$となって当然，正の分数になる。（約分）

それでは，次の練習問題を解いてみよう。

練習問題 10　分数同士のかけ算　CHECK 1　CHECK 2　CHECK 3

(1) $\frac{3}{4}\times\left(-\frac{5}{6^2}\right)\times\left(-\frac{9}{10}\right)$　　(2) $\left(-\frac{2}{3}\right)^2\times\frac{3}{5}\times\left(-\frac{3^2}{8}\right)$

まず，㊀(−1)が何回かけられているかで符号を決定し，その後で分数同士のかけ算を行えばいいんだね。

(1) $\frac{3}{4}\times\left(-\frac{5}{6^2}\right)\times\left(-\frac{9}{10}\right)=\frac{3}{4}\times\frac{5}{36}\times\frac{9}{10}$

㊀を2回かけているので，符号は⊕

$=\frac{3\times 5\times 9}{4\times 36\times 10}=\frac{3\times 1\times 1}{4\times 4\times 2}=\frac{3}{32}$ ……………………（答）

(2) $\left(-\frac{2}{3}\right)^2\times\frac{3}{5}\times\left(-\frac{3^2}{8}\right)=\left(-\frac{2}{3}\right)\times\left(-\frac{2}{3}\right)\times\frac{3}{5}\times\left(-\frac{9}{8}\right)$

㊀を3回かけているので符号は㊀

$=-\frac{2}{3}\times\frac{2}{3}\times\frac{3}{5}\times\frac{9}{8}=-\frac{2\times 2\times 3\times 9}{3\times 3\times 5\times 8}=-\frac{3}{5\times 2}=-\frac{3}{10}$ ………（答）

● 分数同士の割り算(÷)も押さえよう！

次，分数同士の割り算(÷)についても解説しよう。ここではまず，ある数の逆数についてまず教えよう。$\frac{2}{3}$の逆数は，分子と分母を入れ替えたもので，$\frac{3}{2}$となる。そして，ある数とその逆数の関係は，それらをかけ合せると必ず1となることだ。よって，この場合も$\frac{2}{3}\times\frac{3}{2}=\frac{2\times3}{3\times2}=\frac{6}{6}=1$となっているね。したがって，それ以外にも例を示すと，

これは，"何故なら"を表す記号だ

(i) 2の逆数は$\frac{1}{2}$となる。$\because 2\times\frac{1}{2}=1$ ←「なぜなら，$2\times\frac{1}{2}=1$だからだ」ということ

これは，$2=\frac{2}{1}$とおくと，逆数は分子・分母を入れ替えて，$\frac{1}{2}$となる。

(ii) $-\frac{5}{4}$の逆数は$-\frac{4}{5}$となる。$\because -\frac{5}{4}\times\left(-\frac{4}{5}\right)=\frac{5}{4}\times\frac{4}{5}=\frac{20}{20}=1$

⊖を2回かけるので⊕

これで，ある数と，その逆数の関係も分かったので，分数同士の割り算について解説しよう。例として$\frac{2}{3}\div\frac{4}{9}$について考えると，この場合割る数$\frac{4}{9}$の逆数をとって，割り算(÷)をかけ算(×)に変えればいいだけなんだ。よって，

$\frac{2}{3}\div\frac{4}{9}=\frac{2}{3}\times\frac{9}{4}=\frac{2\times9^{3}}{3\times4_{2}}=\frac{3}{2}$　となって答えだ。

前に，$1\div2=\frac{1}{2}$としたけれど，$1\div\frac{2}{1}=1\times\frac{1}{2}=\frac{1}{2}$と求めることもできるんだね。大丈夫？ では，いくつか例題を解いてみよう。

(ex1) $\frac{5}{3}\div\left(-\frac{7}{6}\right)=\frac{5}{3}\times\left(-\frac{6}{7}\right)=-\frac{5\times6^{2}}{3\times7}=-\frac{5\times2}{7}=-\frac{10}{7}$

この逆数は$-\frac{6}{7}$となる。負の逆数は負だね。何故なら，かけて1(⊕)となるからだ。

(ex2) $-\frac{5}{4}\div\left(-\frac{10}{7}\right)=-\frac{5}{4}\times\left(-\frac{7}{10}\right)=\frac{5}{4}\times\frac{7}{10}=\frac{5\times7}{4\times10_{2}}=\frac{7}{8}$

⊖を2回かけるので⊕となる。

● 分数同士のたし算(+)と引き算(−)もマスターしよう！

これから，分数同士のたし算(+)とひき算(−)についても解説しよう。ここではまず，例として，$\frac{1}{2}+\frac{1}{3}$について考えてみよう。また，右図に**1**辺の長さが**1**の正方形で考えると，この$\frac{1}{2}+\frac{1}{3}$のイメージは，図(i)のようになる。でも，これでは，どうすればよいか分からないので，図(ii)のように，この正方形を**6**(=**2×3**)等分すれば，**6**等分した内の**3**枚の長方形と**2**枚の長方形の和(+)をとればいいことが分かるんだね。よって，

(分母の積)

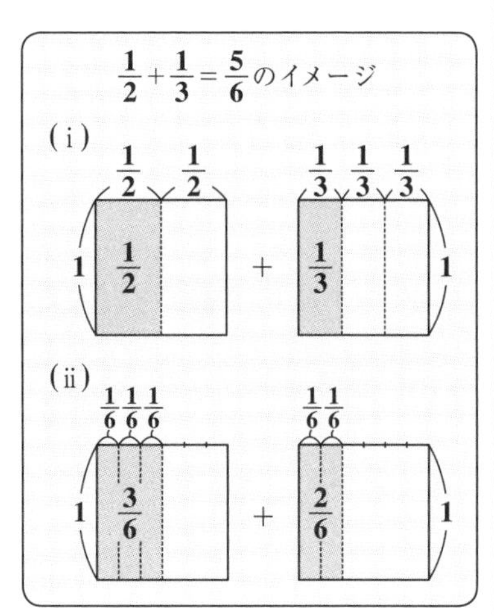

$\frac{1}{2}+\frac{1}{3}=\frac{3}{2\times3}+\frac{2}{2\times3}=\frac{3}{6}+\frac{2}{6}=\frac{3+2}{6}=\frac{5}{6}$ となるんだね。このように，

($\frac{3}{2\times3}$ ← 分子・分母に**3**をかけた)
($\frac{2}{2\times3}$ ← 分子・分母に**2**をかけた)
(分母の**6**は，全体を**6**等分した**6**のことなので，たし算とは関係ない。)
(通分したら，たし算は分子のみだね。)

2つの分数の分母をそろえて，たし算(+)やひき算(−)をやりやすくすることを“**通分する**(つうぶん)”というんだね。今回の計算をまとめると，この通分するために，**2**つの分母の積(**2×3**)をとって，それぞれの分子の**1**には，**3**と**2**をクロスするようにかければいいことが分かると思う。つまり，

$\frac{1}{2}+\frac{1}{3}=\frac{1\times3+1\times2}{2\times3}=\frac{3+2}{6}=\frac{5}{6}$ と計算できるんだね。大丈夫？

同様に，引き算$\frac{1}{2}-\frac{1}{3}$についても，次のように計算できる。つまり，

$\frac{1}{2}-\frac{1}{3}=\frac{1\times3-1\times2}{2\times3}=\frac{3-2}{6}=\frac{1}{6}$ となる。これも，大丈夫だった？

それでは，ここで，いくつか例題を解いて練習しておこう。

(ex1) $\dfrac{4}{3}+\dfrac{2}{5}=\dfrac{4\times5+2\times3}{3\times5}=\dfrac{20+6}{15}=\dfrac{26}{15}$

$-(28-18)=-10$

(ex2) $\dfrac{3}{4}-\dfrac{7}{6}=\dfrac{3\times6-7\times4}{4\times6}=\dfrac{18-28}{24}=-\dfrac{10}{24}=-\dfrac{5}{12}$

（これは分母の **4** と **6** の最小公倍数 **12** で通分して解いてもいい。つまり，

$\dfrac{3}{4}-\dfrac{7}{6}=\dfrac{3\times3}{4\times3}-\dfrac{7\times2}{6\times2}=\dfrac{9-14}{12}=\dfrac{-(14-9)}{12}=-\dfrac{5}{12}$ ）

(ex3) $\dfrac{2}{3}+\dfrac{3}{4}-\dfrac{5}{2}=\dfrac{2\times4}{3\times4}+\dfrac{3\times3}{4\times3}-\dfrac{5\times6}{2\times6}=\dfrac{8}{12}+\dfrac{9}{12}-\dfrac{30}{12}$ ←P8の問題

これら **3** つの分母 **3**，**4**，**2** の最小公倍数は **12** より，**12** で通分すればいい。

$-(30-17)=-13$

$=\dfrac{8+9-30}{12}=\dfrac{17-30}{12}=-\dfrac{13}{12}$ となる。大丈夫？

● 小数の四則計算にもチャレンジだ！

0.8 や **1.25** などの小数の計算についても解説しよう。まず，たし算 (+) と

（小数表示の数の意味なので，**0** より小や **1** より大の **−1.2** や **2.54** などの数も含む。）

ひき算 (−) について，たとえば，**0.6+0.9** や **0.11−0.32** については，そのまま計算して，

・$0.6+0.9=1.5$ や，・$0.11-0.32=-(0.32-0.11)=-0.21$ と求めればいい。

しかし，$0.6=\dfrac{0.6}{1}=\dfrac{0.6\times10}{1\times10}=\dfrac{6}{10}$，同様に，$0.9=\dfrac{9}{10}$，$0.11=\dfrac{11}{100}$，$0.32=\dfrac{32}{100}$ と表せるので，分数計算を利用して，

・$0.6+0.9=\dfrac{6}{10}+\dfrac{9}{10}=\dfrac{6+9}{10}=\dfrac{15}{10}=1.5$ $\left(\text{または，}\dfrac{3}{2}\right)$ と求めてもいいし，

・$0.11-0.32=\dfrac{11}{100}-\dfrac{32}{100}=\dfrac{11-32}{100}=\dfrac{-(32-11)}{100}=-\dfrac{21}{100}=-0.21$ と求めてもいいんだね。大丈夫だね。

次に，小数同士のかけ算(×)と割り算(÷)について，たとえば，**0.6×2.5** や **0.9÷2.1** については，分数として計算した方がいいと思う。つまり，

$$\cdot\ 0.6\times2.5=\frac{6}{10}\times\frac{25}{10}=\frac{3}{5}\times\frac{5}{2}=\frac{3}{2}$$ (または，**1.5**)となるし，

既約分数

$$\cdot\ 0.9\div2.1=\frac{9}{10}\div\frac{21}{10}=\frac{9}{10}\times\frac{10}{21}=\frac{9}{21}=\frac{3}{7}$$ となるんだね。

割り算は，逆数をとって，かけ算にする。

では，負の小数も含めて，かけ算や割り算の練習をしてみよう。

(*ex*1) $1.25\times(-2.8)=-\frac{125}{100}\times\frac{28}{10}=-\frac{5}{4}\times\frac{14}{5}=-\frac{14}{4}=-\frac{7}{2}$

⊖を1回かけているので，符号は⊖　既約分数

$\frac{325}{100}=\frac{65}{20}=\frac{13}{4}$

(*ex*2) $1.2\times3.25\div(-2.6)=-\frac{12}{10}\times\frac{325}{100}\div\frac{26}{10}=-\frac{6}{5}\times\frac{13}{4}\div\frac{13}{5}$ ← P8の問題

⊖を1回かけているので，符号は⊖　既約分数

$=-\frac{6}{5}\times\frac{13}{4}\times\frac{5}{13}=-\frac{6}{4}=-\frac{3}{2}$ (または，**−1.5**)となる。大丈夫だった？

割り算は，逆数をとって，かけ算にする。

これで，整数や分数や小数についての計算法がすべて分かったと思うので，これまで扱ってきた数について，分類しておこう。有限小数は分数でも表される。また，整数と分数を併せて，"**有理数**(ゆうりすう)"というので，中**1**数学で扱う数学は，次のようになる。

有理数 {
整数(…，−2，−1，0，1，2，3，…)(特に，正の整数を自然数という。1，2，3，…)
分数(有限小数などを含む。)

また，整数 **2** や **−3** は，$2=\frac{2}{1}$，$-3=-\frac{3}{1}$ と書けるので分数の **1** 種とみなすこともできる。よって，分数の集合は，整数の集合を含む。さらに当然，

分数全体の集まりのこと　整数全体の集まり

整数の集合は自然数の集合を含むので，集合の大小関係を示すと図 **1** のようになるんだね。

図1 中1数学で扱う数の集合の関係

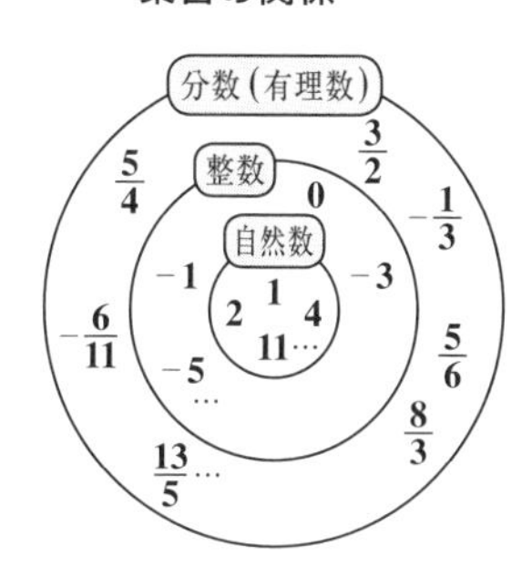

● 分数や小数の計算練習をしよう！

それでは，ここで分数や小数の四則計算についても，具体的に練習しよう。

練習問題 11　分数や小数の計算　CHECK 1　CHECK 2　CHECK 3

次の各式を計算して，既約分数で表してみよう。

(1) $\left(\frac{1}{2}+\frac{1}{6}-\frac{4}{3}\right)\times\left(-\frac{5}{4}\right)$　　(2) $\left(3-\frac{1}{2}\right)\div\left\{\left(-\frac{1}{2}\right)^2-1\right\}$

(3) $(1.5-2.4)\div0.6$　　(4) $(0.25-0.8)\div(1.2-3.6)$

(3)，(4) の小数も分数表示して，解いていこう。

(1) $\left(\frac{1}{2}+\frac{1}{6}-\frac{4}{3}\right)\times\left(-\frac{5}{4}\right)=-\frac{2}{3}\times\left(-\frac{5}{4}\right)$ ← ⊖を2回かけるので符号は⊕

（先）分母を 2，6，3 の最小公倍数 6 で通分して，

$\frac{1\times3}{2\times3}+\frac{1}{6}-\frac{4\times2}{3\times2}=\frac{3+1-8}{6}=-\frac{4}{6}=-\frac{\cancel{2}\times2}{\cancel{2}\times3}=-\frac{2}{3}$　（$4-8=-(8-4)=-4$）

$=\frac{2}{3}\times\frac{5}{4}=\frac{\cancel{2}\times5}{3\times\cancel{4}_2}=\frac{5}{3\times2}=\frac{5}{6}$ ……………………（答）

(2) $\left(3-\frac{1}{2}\right)\div\left\{\left(-\frac{1}{2}\right)^2-1\right\}=\frac{5}{2}\div\left(-\frac{3}{4}\right)$

（先）$\frac{6}{2}-\frac{1}{2}=\frac{6-1}{2}=\frac{5}{2}$　（$\frac{6}{2}$ は 3のこと）

（先）$\left(-\frac{1}{2}\right)\times\left(-\frac{1}{2}\right)-1=\frac{1}{2^2}-\frac{4}{4}=\frac{1-4}{4}=-\frac{3}{4}$　（⊖を2回かけるので⊕）（$\frac{4}{4}$ は 1のこと）（$-(4-1)=-3$）

カッコには，小カッコ（ ）と中カッコ｛ ｝がある。$\left\{\left(-\frac{1}{2}\right)^2-1\right\}$ の形なので，この｛ ｝内を先に計算しよう。

$=\frac{5}{2}\times\left(-\frac{4}{3}\right)=-\frac{5}{2}\times\frac{4}{3}=-\frac{5\times\cancel{4}^2}{\cancel{2}\times3}=-\frac{10}{3}$ ……………………（答）

$-\frac{3}{4}$ の逆数にして，かけ算(×)にした。

⊖を1回かけるので，符号は⊖

(3) $(1.5-2.4)\div 0.6=-\frac{9}{10}\div\frac{3}{5}=-\frac{9}{10}\times\frac{5}{3}=-\frac{3}{2}$ ……………………(答)

$\frac{15}{10}-\frac{24}{10}=\frac{15-24}{10}=\frac{-(24-15)}{10}=-\frac{9}{10}$

$\frac{6}{10}=\frac{3}{5}$

割り算は，逆数をとって，かけ算にする。

-1.5

(4) $(0.25-0.8)\div(1.2-3.6)=\left(\frac{5}{4}-\frac{4}{5}\right)\div\left(\frac{6-18}{5}\right)$

$-(18-6)=-12$

$\frac{125}{100}=\frac{5\times 25}{4\times 25}$　$\frac{8}{10}=\frac{4}{5}$　$\frac{12}{10}-\frac{36}{10}=\frac{6}{5}-\frac{18}{5}$

$\frac{5\times 5-4\times 4}{4\times 5}=\frac{25-16}{20}=\frac{9}{20}$

$=\frac{9}{20}\div\left(-\frac{12}{5}\right)=-\frac{9}{20}\times\frac{5}{12}=-\frac{9\times 5}{20\times 12}$

⊖で1回割っているので，符号は⊖

割り算は逆数をとって，かけ算にした。

$=-\frac{3}{4\times 4}=-\frac{3}{16}$ ……………………(答)

どう？ 以上で，分数や小数の四則計算にも自信が付いたでしょう？

● 平均の計算もマスターしよう！

それでは，四則計算の応用として，様々な数字のデータの“**平均**(へいきん)”を求める練習をしてみよう。たとえば，A，B，C，Dの4人があるゲームをして，表1に示すように，順に6点，11点，14点，7点の得点になったとする。このとき，この4人の得点の平均(または**平均値**)は，この4人のすべての得点の総和を，人数の4で割ったもののことになるので，

表1 ゲームの得点データ

	A	B	C	D
得点	6	11	14	7

$(\text{平均})=(6+11+14+7)\div 4=38\times\frac{1}{4}=\frac{38}{4}=\frac{19}{2}=9.5$ 点となるんだね。

(17, 31, 38)

このように，平均とは，数値のデータの総和を，データの個数で割ればいいということが分かったでしょう。では，さらに例題を解いてみよう。

(*ex*1) A，B，C，D，E の 5 人のある数学の各得点が表 2 に示されている。このとき，この数学の得点の平均を求めてみよう。5 つの得点データの総和を，今回の得点データの個数 5 で割ればいいので，

表 2 数学の得点データ

	A	B	C	D	E
得点	62	77	58	64	74

$$(\text{平均}) = \frac{62+77+58+64+74}{5} = \frac{335}{5} = 67\,(\text{点})$$

(途中の和：139，197，261，335)

$$\begin{array}{r} 67 \\ 5\,)\,335 \\ 30 \\ \hline 35 \\ 35 \\ \hline 0 \end{array}$$

となるんだね。大丈夫だった？

でも，意外と 5 つの得点データの総和の計算が大きな数になるので，大変だったって？いいよ。うまい手，すなわち **(仮平均**(かりへいきん)**)** を用いる手法について，次の例題で解説しよう。

(*ex*2) 表 2 の A，B，C，D，E の数学の得点データから，この平均の大体の値として，70 点と想定することにしよう。この 70 点を (仮平均(かりへいきん)) として，A，B，C，D，E の得点が，これより大きければ ⊕，また小さければ ⊖ の値となる。具体的に，70 点からの各得点の差を示すと，

・A の場合：$62-70=-8$ 〔$=-(70-62)$〕

・B の場合：$77-70=+7$ などとなる。C，D，E も同様に計算して，表 3 に示す。

表 3 表 2 のデータの仮平均 70 点からの差のデータ

	A	B	C	D	E
70 からの差	−8	+7	−12	−6	+4

この仮平均 70 点を基準にしたときのこの表 3 の (差の平均) を求めると，

$$(\text{差の平均}) = \frac{-8+7-12-6+4}{5}$$

$7+4-8-12-6=11-(8+12+6)=11-26=-(26-11)=-15$ 〔計算が楽になった！〕

$$= -\frac{15}{5} = -3 \text{ となる。}$$

よって，基準点である (仮平均)70 点より，本当の平均は 3 点低いので，

$(\text{平均}) = 70 - 3 = 67\,(\text{点})$ となって，(*ex*1) の結果と一致するんだね。

〔70：仮平均，−3：仮平均からの差の平均〕

では次の練習問題を解いてみよう。

練習問題 12 平均の計算 CHECK 1 CHECK 2 CHECK 3

右の表は，ある図書館の貸し出された本の冊数をまとめたものである。

(1) 表の空らんを埋めよう。

(2) この月曜から金曜まで，貸し出された本の冊数の平均を求めよう。

(表 i) 貸し出された本の冊数

	月	火	水	木	金
本の冊数(冊)	**55**				
前日との差(冊)		−5	12	−2	+3

(1) 月曜の 55 冊を元に，火曜は 55 − 5 = 50，水曜は 50 + 12 = 62，… などとなる。
(2) では，月曜の 55 冊を仮平均 (基準値) として，本当の平均を求めればいい。

(1) (表 i) の空らんを埋めると，

火：**55 − 5 = 50** (冊)

水：**50 + 12 = 62** (冊)

木：**62 − 2 = 60** (冊)

金：**60 + 3 = 63** (冊) より，

右のようになる。………(答)

(表 i) 貸し出された本の冊数

	月	火	水	木	金
本の冊数(冊)	**55**	**50**	**62**	**60**	**63**
前日との差(冊)		−5	12	−2	+3

(2) 月曜の **55** 冊を仮平均 (基準値) として，その差を表す表を (表ii) に示すと，この (差の平均) は，

(表 ii) 貸し出された本の冊数

	月	火	水	木	金
55(冊)からの差	0	−5	+7	+5	+8

$$(\text{差の平均}) = \frac{0 - 5 + 7 + 5 + 8}{5} = \frac{15}{5} = 3\,(\text{冊})$$ より，

月曜から金曜まで，貸し出された本の冊数の平均は，

55 + 3 = 58 (冊) である。…………………………………………………(答)

以上で，“正の数・負の数” の授業は終了です！ みんな，結構大変だったと思うけれど，これで様々な計算の基礎が固められるので，何回でも反復練習してくれ。では，次回の授業でまた会おうな！ バイバイ……。

第1章 正の数・負の数　公式エッセンス

1. 正の整数の四則計算

(1) たし算とかけ算では，交換の法則が成り立つ。

(ex1) $8+7=7+8$　　(ex2) $3\times7=7\times3$

(2) 等号まで含めれば，引き算でも順序を変えられる。

(ex1) $6-4=-4+6$

2. 自然数（正の整数）の素因数分解

正の整数は，(i)素数(1と自分自身以外に約数をもたない数。1を除く)と(ii)合成数に分類される。

合成数は，素数により，素因数分解できる。

(ex1) $90=2\times3^2\times5$

3. 2つの自然数（正の整数）の最大公約数 g と最小公倍数 L

(ex1) 90と108の最大公約数 $g=18$，最小公倍数 $L=540$

4. 分配の法則

(ex1) $3\times(2+5)=3\times2+3\times5$

(ex2) $3\times(9-2)=3\times9-3\times2$

5. ひき算と負の数

$-3=-1\times3$　また，$(-1)^2=(-1)^4=(-1)^6=\cdots=1$，

$(-1)^3=(-1)^5=\cdots=-1$ より，

(i) $-5=-1\times5=-1\times(3+2)=-3-2$ (分配の法則)となる。よって，

$-3-2=-(3+2)=-5$ と計算できる。

(ii) $-5=-1\times5=-1\times(7-2)=-1\times7-1\times(-2)=-7+2$ (分配の法則)となる。よって，

$2-7=-7+2=-(7-2)=-5$ と計算できる。

6. 分数同士の四則計算

(ex1) $\frac{1}{2}\times\frac{1}{3}=\frac{1\times1}{2\times3}=\frac{1}{6}$　　(ex2) $\frac{2}{3}\div\frac{4}{9}=\frac{2}{3}\times\frac{9}{4}=\frac{3}{2}$

(ex3) $\frac{1}{2}+\frac{1}{3}=\frac{1\times3+1\times2}{2\times3}=\frac{5}{6}$　　(ex4) $\frac{1}{2}-\frac{1}{3}=\frac{1\times3-1\times2}{2\times3}=\frac{1}{6}$

7. 小数は分数にして計算できる。

第 2 章
CHAPTER

2 文字と式

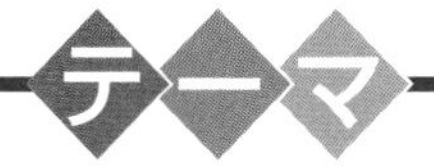

◆ 文字と式の基本

（$a \times b = ab$　など
変換の法則 $a + b = b + a$，$ab = ba$　など）

◆ 文字と式の応用

（数量の 1 次式表示 $3x + 400$　など
等式と不等式：$A = B$，$A \geqq B$，$A < B$　など）

4th day / 文字と式の基本

みんな，おはよう！さァ，今日は気分も新たに“**文字と式**”について解説しよう。前回まで，数の式の四則計算の練習をやったんだね。そして，今回からは，$a, b, c, x, y, \cdots$ など，文字の入った式，たとえば，$a(b+c)$ や $x-(2x+1)$ など…の計算について詳しく教えよう。

このように，文字の式が扱えるようになると，より本格的な中1数学を学べるようになるんだね。具体的には，

(i) 公式も含めて，より一般的な式を表せるようになる。また，
(ii) 未知数を x や y とおくことにより，方程式を解けるようになる。

(ii)の方程式(1次方程式)については，次の章で詳しく解説するので，楽しみにしてくれ。ここで，(i)の公式も含めた，より一般的な式を表せることについて，少し話しておこう。前の章では，$3\times7=\underbrace{7+7+7}_{3個の7の和}$ ……① であることを示したけれど，これを文字 a を用いると，$3\times a=\underbrace{a+a+a}_{3個のaの和}$ ……② と表すことができる。もし，$a=7$ であれば，②は①を表すことになるわけだけど，②式では，a は7以外のどんな数字のときでも成り立つので，②式は①よりもより一般的な式と言えるんだね。また，かけ算の交換法則の例として，$3\times7=7\times3\ (=21)$ ……③ を示したけれど，これも a と b を用いて，交換法則の公式として，$a\times b=b\times a$ ……④ と表すことができるんだね。④の a と b が，$a=3$，$b=7$ の特別な場合の式が③式になるんだね。しかし，a, b の値は何であれ，公式④は成り立つので，これも一般的な公式なんだね。

どう？“**文字と式**”についても興味が湧いてきたでしょう。それでは，これから授業を始めよう！

● 文字同士の積の表記法に慣れよう！

2つの文字 a と b の和 $a+b$ と差 $a-b$ については，数の式の表記法と同じなんだけれど，積 $a\times b$ については，これからは $a\times b=ab$ と“×”の記号を省略して表記することに注意しよう。同様に，$2\times a=2a$，$a\times b\times c=abc$ だし，

また，$2\times a=2a$ と表し，$-3\times x\times y\times x=-3x^2y$ と表すんだね。

これは，$a2$ とは表さない

$-3\times x\times x\times y=-3x^2y$（$x\times x$ は x^2）

$a,\ b,\ c$ や $x,\ y$ など，アルファベット順に書く

さらに，商の場合の例も示しておこう。$a\div 2=\dfrac{a}{2}\left(=\dfrac{1}{2}a\right)$ と表せるし，また，

これは，$a\times\dfrac{1}{2}=\dfrac{1}{2}a$ と表してもいい

$a\times a\times a\div b=a^3\times\dfrac{1}{b}=\dfrac{a^3}{b}\ (b\neq 0)$ と表せばいいんだね。つまり，割り算は，

$a\times a\times a$ は a^3

割り算は逆数をとって，かけ算にする

分母に 0 はこない

割る数の逆数をとって，かけ算にできるので，本質的にかけ算ということになる。以上より，まず，数と文字のかけ算や割り算をまとめて表す場合，次のような形で表せばいい。

◌(数の式)(文字の式)

アルファベット順

たとえば，$-2a^2b$ や $\dfrac{1}{3}xy^2$，… など

符号：(ⅰ) 負(⊖)のときは，“$-$”を付ける。
　　　(ⅱ) 正(⊕)のときは，そのままでいい。

それでは，次の問題を解いて練習しておこう。

練習問題 13	文字と式の積	CHECK 1	CHECK 2	CHECK 3

次の各式を簡単にしよう。

(1) $b\times(-3)\times a$　(2) $b\times 5\times c\times a$　(3) $y\times x\times(-1)\times x\times y$

(4) $c\times 2\times a\times\dfrac{1}{2}$　(5) $0.1\times y\times x\times y$　(6) $5\times(x+2)\times y$

すべて，“×”の記号を省いて，(符号)(数の式)(文字の式)の形で表そう。

(1) $b\times(-3)\times a=-3\times a\times b=-3ab$ ……………………(答)

(2) $b\times 5\times c\times a=5\times a\times b\times c=5abc$ ……………………(答)

積の計算では交換法則が使えるので，かける順序をアルファベット順にできる。

(3) $y\times x\times(-1)\times x\times y=-1\times x\times x\times y\times y=-1\times x^2\times y^2=-x^2y^2$ …………(答)

（$x\times x$ は x^2，$y\times y$ は y^2）

一般に，$-1\times a=-a$ と表す。

(4) $c\times2\times a\times\frac{1}{2}=\underbrace{2\times\frac{1}{2}}_{1}\times a\times c=1\times ac=ac$ ……………………………(答)

一般に，$1\times a=a$ と表す。

(5) $0.1\times y\times x\times y=0.1\times x\times\underbrace{y\times y}_{y^2}=\underbrace{0.1}_{\frac{1}{10}}xy^2$ ……………………………(答)

これは，$\frac{1}{10}xy^2$ または $\frac{xy^2}{10}$ と表してもいい。

(6) $5\times(x+2)\times y=5\times y\times(x+2)=5y(x+2)$ ……………………………(答)

これは，分配の法則を用いて，$5y(x+2)=5y\times x+5y\times2=5xy+10y$ としてもいい。

それでは，割り算の入った文字と式の練習もやってみよう。

練習問題 14　文字と式の商　CHECK 1　CHECK 2　CHECK 3

次の各式を簡単にしよう。

(1) $a\times a\div2$　(2) $a\times b\div(-3)$　(3) $x\div5\div y$

(4) $(x+y)\div3$　(5) $x\times x\div\frac{3}{5}$　(6) $a\div(a+b)$

割り算では，割る数の逆数をとって，かけ算にもち込めるんだね。

(1) $\underbrace{a\times a}_{a^2}\div2=\frac{a^2}{2}$ $\left(\text{または，}a\times a\times\frac{1}{2}=\frac{1}{2}a^2\text{ でもいい。}\right)$ ……………………(答)

(2) $a\times b\div(-3)=a\times b\times\left(-\frac{1}{3}\right)=-\frac{1}{3}ab$ $\left(\text{または，}-\frac{ab}{3}\text{でもいい。}\right)$ ……(答)

-3 の逆数は，$\frac{1}{-3}=\frac{(-1)^2}{-1\times3}=\frac{(-1)\times(-1)}{-1\times3}=\frac{-1}{3}=-\frac{1}{3}$ だね。

(3) $x\div5\div y=x\times\frac{1}{5}\times\frac{1}{y}=\frac{x}{5y}$ ……………………………(答)

$(4)\ (x+y)\div 3=(x+y)\times\dfrac{1}{3}=\dfrac{1}{3}(x+y)$ (または，$\dfrac{x+y}{3}$ でもいい。) ………(答)

$(5)\ \underbrace{x\times x}_{x^2}\div\underbrace{\dfrac{3}{5}}_{\times\frac{5}{3}}=x^2\times\dfrac{5}{3}=\dfrac{5}{3}x^2$ (または，$\dfrac{5x^2}{3}$ でもいい。) ………(答)

中学数学では，一般に帯分数 $1\dfrac{2}{3}$（$1+\dfrac{2}{3}=\dfrac{5}{3}$ のこと）は用いない。理由は，$1\dfrac{2}{3}$ を $1\times\dfrac{2}{3}$ と間違えるかも知れないからだろうね。したがって，これからは，$1\dfrac{2}{3}$(帯分数)は仮分数 $\dfrac{5}{3}$ と表すことにする。(P31参照)

$(6)\ a\underbrace{\div(a+b)}_{\times\frac{1}{a+b}}=a\times\dfrac{1}{a+b}=\dfrac{a}{a+b}$ ………(答)

←( )の中の式は **1** まとめに考える。

ではさらに，文字と式の四則計算の練習をしよう。様々な問題を解くことにより，式変形の要領を覚えることができるからだね。

練習問題 15 文字と式の四則計算 CHECK 1 CHECK 2 CHECK 3

次の式を簡単にしよう。

(1) $a\times 2+b\times b\div\dfrac{2}{3}$　　(2) $a\times b\times(-2)-b\times b\times(-3)$

(3) $x\div y-y\div x\ (x\neq 0,\ y\neq 0)$　　(4) $(x+1)\times 2-(y-2)\div 2$

四則計算の優先順位，(i) かけ算 (×) と割り算 (÷) が先で，(ii) たし算 (+) と引き算 (−) は後であることに気を付けながら解いていこう。

$(1)\ \overbrace{a\times 2}^{先}+\overbrace{b\times b\div\dfrac{2}{3}}^{先}=2\times a+b^2\times\dfrac{3}{2}=2a+\dfrac{3}{2}b^2$ ………(答)

（$\dfrac{3}{2}$：仮分数のままにする。）

(2) $\overset{先}{\overline{a\times b\times(-2)}}-\overset{先}{\overline{\underbrace{b\times b}_{b^2}\times(-3)}}=-2\times a\times b\underbrace{-(-3)}_{\oplus}\times b^2$ ← ⊖を2回かけると⊕になる。

$=-2ab+3b^2$ ……………………………………………(答)

(3) $\overset{先}{\overline{x\div y}}-\overset{先}{\overline{y\div x}}=x\times\frac{1}{y}-y\times\frac{1}{x}=\frac{x}{y}-\frac{y}{x}$ ……………………………………………(答)

これは，さらに通分して，$\frac{x\times x-y\times y}{y\times x}=\frac{x^2-y^2}{xy}$ と変形することもできる。大丈夫？

(4) $\overset{先}{\overline{(x+1)\times 2}}-\overset{先}{\overline{(y-2)\underbrace{\div 2}_{\times\frac{1}{2}}}}=2\times(x+1)-\frac{1}{2}\times(y-2)$ ← 分配の法則を使う。

$=2\times x+2\times 1-\frac{1}{2}\times y\underbrace{-\left(-\right.}_{\oplus}\underbrace{\left.\frac{1}{2}\right)\times 2}_{1}=2x+\underline{\underline{2}}-\frac{1}{2}y+\underline{\underline{1}}$

$=2x-\frac{1}{2}y+\underline{\underline{3}}$ ……………………………………………(答)

これ位練習すると，文字と式の変形にもずい分自信が持てるようになったでしょう。

● 公式も文字と式で表してみよう！

公式は，一般性をもたせて使えるように，一般には，a や b や c や n などの文字で表されるんだね。これから解説しよう。

$3a=a+a+a$ については，前に話したけれど，これはさらに一般化して，次の公式で表すことができる。

na と a^n の公式

n を自然数とするとき，次の公式が成り立つ。

(Ⅰ) $na=\underbrace{a+a+a+\cdots+a}_{n\text{個の}a\text{の和}}$ ……………………(*1)

(Ⅱ) $a^n=\underbrace{a\times a\times a\times\cdots\times a}_{n\text{個の}a\text{の積}}$ ……………………(*2)

よって，$n=3$ のとき，公式 $(*1)$ より，$3a=a+a+a$ となっていたんだね。
では，これらの公式 $(*1)$ と $(*2)$ を使ってみよう。

(ex1) $4a-2a=a+a+\cancel{a}+\cancel{a}-(\cancel{a}+\cancel{a})=a+a=2a$ となるし，

$4a$：$a+a+a+a$　$2a$：$(a+a)$ ← 引き算なので ( ) がいる。　$-a-a$

(ex2) $\dfrac{a^5}{a^2}=\dfrac{a\times a\times a\times \cancel{a}\times \cancel{a}}{\cancel{a}\times \cancel{a}}=a\times a\times a=a^3$ となる。大丈夫？

では次，和 (+) と積 (×) における交換法則の公式も文字で示そう。

和 (+) と積 (×) における交換法則

(Ⅰ) 和 (+) の交換法則　$a+b=b+a$ ……$(*3)$

(Ⅱ) 積 (×) の交換法則　$ab=ba$ …………$(*4)$

なお，差 (−) については，交換法則は成り立たないが，次のように符号まで含めると，順番を変えることができるんだね。

$a-b=-b+a$ ……$(*)'$ ← これは成り立つ

$-b$：$+(-b)$ として

次に，約数と倍数の関係も，文字式を使って，次のように表せる。

約数と倍数

自然数 (正の整数) a，b，c について，
$a=bc$ が成り立つとき，次のことが言える。
(ⅰ) a は，b と c の倍数である。
(ⅱ) b と c は，a の約数である。

$a=18$，$b=3$，$c=6$ のとき，$18=3\times6$ より，(ⅰ) 18 は 3 と 6 の倍数と言えるし，(ⅱ) 3 と 6 は 18 の約数と言えるんだね。

それでは次，重要な分配の法則を文字と式を使って表してみることにしよう。文字を使うことによって，一般的な公式として，次のように表すことができるんだね。

分配の法則

a, b, c について，次の分配の法則が成り立つ。

(Ⅰ) $a(b+c)=ab+ac$ ……………………………(*5)

(Ⅱ) $a(b-c)=ab-ac$ ……………………………(*6)

この分配の法則の (*5), (*6) は，右と左を入れ替えると，

(*5) は，$ab+ac=a(b+c)$ ……(*5)′ となるし，

（共通因数）（共通因数をくくり出した）

(*6) は，$ab-ac=a(b-c)$ ……(*6)′ となるんだね。大丈夫？

（共通因数）（共通因数をくくり出した）

したがって，前ページの (ex1) では，$4a-2a=a+a+a+a-(a+a)=2a$ としたけれど，これは，公式 (*6)′ を用いて，$4a-2a=(4-2)a=2a$ としてもいいんだね。数学って，よく出きてるだろう？異なるやり方でも，正しいものであれば，結果は同じになるんだね。では，例題を解いてみよう。

（共通因数）（共通因数をくくり出した）

(ex1) $\frac{1}{2}(2xy+4y)=\frac{1}{2}\times 2xy+\frac{1}{2}\times 4y=xy+2y$ となるし，

（1倍の1は書かなくていい → 1）（2）

(ex2) $6\left(\frac{1}{2}a-\frac{1}{3}b\right)=6\times\frac{1}{2}a-6\times\frac{1}{3}b=3a-2b$ となる。また，

（3）（2）

(ex3) $2xy+\frac{1}{2}xy=\left(2+\frac{1}{2}\right)xy=\frac{5}{2}xy$ となるし，

（共通因数）（$\frac{4+1}{2}$）（共通因数をくくり出した）（仮分数のままにする）

(ex4) $\frac{2y}{x}-\frac{y}{2x}=2\frac{y}{x}-\frac{1}{2}\frac{y}{x}=\left(2-\frac{1}{2}\right)\frac{y}{x}=\frac{3}{2}\frac{y}{x}$ となるんだね。

（共通因数）（$\frac{4-1}{2}=\frac{3}{2}$）（これは，$\frac{3y}{2x}$ としてもいい）（仮分数のまま）

● 様々な量を文字式で表してみよう！

50 円の鉛筆を x 本と，**100** 円のノートを y 冊買ったときの（代金）は，（代金）$=50\times x+100\times y=50x+100y$（円）となるね。このように，様々な量

（これは，50をくくり出して，$50(x+2y)$ 円としてもいい。）

を文字と式で表すことができる。ここで，さらに例をいくつか示しておこう。

$(ex1)$ a の **3** 倍と b の **2** 倍の差を示すと，

$3a-2b$ となる。

$(ex2)$ a(m) のリボンから b(cm) のリボンを **4** 本だけ切り取ったとき，（残りの長さ）(m) を求めると，

（残りの長さ）$=100\times a-4\times b=100a-4b$ (cm) となる。

（$1(\text{m})=100(\text{cm})$ より，$a(\text{m})=100\times a(\text{cm})$ となる。）（単位は (cm)）（単位を (cm) にそろえる）（単位が必要なものは，最後に単位を付ける。）

では次，半径 r(cm) の円の（周の長さ）と（面積）について，次の公式が成り立つ。

円の周の長さと面積

半径 r(cm) の円の（周の長さ）を l，（面積）を S とおくと，

(Ⅰ) 円周の長さ $l=2\pi r$ (cm)

(Ⅱ) 円の面積 $S=\pi r^2$ (cm²)　となる。

円周率 π（パイ）を小学校では，**3.14** と習ったと思うけれど，本当はこれは $\pi=3.14159\cdots$ と無限に続いていく数であり，この π を円の直径 $2r$ にかけることにより，円周の長さ l が，$l=\pi\times 2r=2\pi r$ と求められる。

（この π は，π のままでいい。）

また，半径 r の円の面積 S は，$S=\pi r^2$ と求められるんだね。覚えておこう。より詳しい円の解説は **P140** で行う。

$(ex1)$ 半径 **5**(cm) の円の周の長さ l と面積 S を求めると，

周長 $l=2\pi r=2\pi\times 5=10\pi$ (cm) であり，（r に 5）

面積 $S=\pi r^2=\pi\times 5^2=25\pi$ (cm²) となるんだね。大丈夫？（r^2 に 5^2）

次，(道のり)と(速さ)と(時間)の関係について，公式を示そう。

(道のり)と(速さ)と(時間)

一定の(速さ)で，ある(時間)進んだときの(道のり)について，次の公式が成り立つ。

(Ⅰ) (道のり)＝(速さ)×(時間)　　(Ⅱ) (時間)＝(道のり)÷(速さ)

(Ⅲ) (速さ)＝(道のり)÷(時間)

例題で練習しておこう。

(*ex*1) 車で時速**50km**の早さで**3**(時間)走ったときの(道のり)(**km**)を求めると，

（**50**(**km**/時)とも表す）

(道のり)＝(速さ)×(時間)＝**50**×**3**＝**150**(**km**)となる。

（(速さ)＝**50**(**km**/時)，(時間)＝**3**時間）

(*ex*2) **300**(**m**)の道のりを毎秒**6m**の速さで走ったときにかかる時間(秒)は，

$$(時間)=(道のり)\div(速さ)=\mathbf{300}\div\mathbf{6}=\frac{\mathbf{300}}{\mathbf{6}}=\mathbf{50}(秒)$$ となる。

（(道のり)＝**300**(**m**)，(速さ)＝**6**(**m**/秒) ← 毎秒**6m**の速さのこと）

(*ex*3) バスで**200**(**km**)の道のりを**8**時間かけて行ったとき，バスの(速さ)(**km**/時)を求めると，

$$(速さ)=(道のり)\div(時間)=\mathbf{200}\div\mathbf{8}=\frac{\mathbf{200}}{\mathbf{8}}=\mathbf{25}(\mathbf{km}/時)$$ である。

（(道のり)＝**200**(**km**)，(時間)＝**8**(時間)）

では最後に，食塩水の濃度についても，公式を示しておこう。

食塩水の濃度(%)

食塩x(g)と水y(g)の食塩水の濃度(%)は，次の公式で求められる。

$$(食塩水の濃度)=\frac{(食塩の重さ)}{(食塩水の重さ)}\times 100$$

（パーセント % 表示なので，**100**をかけた）

$$=\frac{x}{x+y}\times 100=\frac{100x}{x+y}\ (\%)$$

これも，例題で練習してみようか。

$(ex1)$ 食塩 **10(g)** と水 **190(g)** でできた食塩水の濃度(%)を求めてみると，

$x=10(g)$, $y=190(g)$ を公式に代入(だいにゅう)して， ← x や y にある数値を入れることを **"代入する"** という。

$$(\text{濃度})=\frac{100x}{x+y}=\frac{100\times10}{10+190}=\frac{1000}{200}=5(\%)$$ になるんだね。

$(ex2)$ 濃度 **4(%)** の **300(g)** の食塩水に含まれる食塩の重さ **(g)** を求めると，

$$(\text{食塩の重さ})=\underbrace{(\text{食塩水の重さ})}_{300(g)}\times\underbrace{\frac{(\text{濃度})}{100}}_{\frac{4}{100}}=\overset{3}{\cancel{300}}\times\frac{4}{\cancel{100}}=12(g)$$ となる。

どう？ 道のりと速さと時間の関係 (**P64** 参照) や，食塩水の濃度の問題については，今はまだ公式が覚えづらいと感じている人が多いだろうね。でも，これらは後の章の解説のところで，また詳しく解説するので，そのときは，これらもよりシンプルに理解できるようになるはずだ。だから，心配は不要です。今は，この例題を自力で解けるように練習しておいてくれたら十分です。

今日の授業もかなり盛りだく山な内容だったから，疲れたかもしれないね。でも，これらは，これから中 **1** 数学を学んでいく上で大事な基礎となるものだから，反復練習して，シッカリマスターしておいてくれ！

それでは，次回の授業でまた会いましょう。それまで，みんな元気でな…。

5th day / 文字と式の応用

おはよう！みんな今日も元気そうで何よりだね。前回の授業では，“**文字と式**”の基本について解説したんだけれど，実はもうこれで，文字と式についての主要な解説は終わっているんだね。

今日の授業では，“**文字と式**”の応用ということで，まず，$2x+1$ や $\frac{1}{2}x-3$ などのような x の1次式（いちじしき）の変形について解説しよう。これは，次の章で扱う“**1次方程式**（いちじほうていしき）”の前準備ということなんだね。次に，ここでは，“**等式**（とうしき）”や“**不等式**（ふとうしき）”についても教えよう。さらに，文字式を用いて表す数量のより本格的な問題についても解説するつもりだ。

今回の授業も，内容満載だけれど，また分かりやすく解説しよう。

● 1次式の計算を練習しよう！

文字と式の計算では，かけ算(×)と割り算(÷)を初めに行うことにより，文字と数字の固まりが出来，それらをたし算(+)や引き算(−)でつないでいるように感じたと思う。たとえば，$\frac{xy}{2}+3x^2-2y$ の場合，3つの固まり，つまり $\frac{xy}{2}$ と $3x^2$ と $-2y$ をそれぞれ“**項**（こう）”と呼ぶんだね。

（$\frac{xy}{2}$：項，$3x^2$：項，$-2y$：項 ← ⊖の場合は，符号まで含む。）

ここで，x の“**1次式**”とは $ax+b$ (a, b：定数)の形の式のことで，ax と b がそれぞれ項であり，x にかかっている定数 a のことを“**係数**（けいすう）”といい，また定数 b のことを“**定数項**（ていすうこう）”というんだね。x の1次式を具体的に示すと，次の通りだ。

（ax：項，b：項，a：係数，b：定数項，ax：これが x の項より，x の1次式という）

(i) $2x+3$ の場合，$2x$ と 3 が項で，2 が係数，3 が定数項となるし，

（2：係数，3：定数項）

(ii) $-\frac{1}{3}x+\frac{1}{2}$ の場合，$-\frac{1}{3}x$ と $\frac{1}{2}$ が項で，$-\frac{1}{3}$ が係数，$\frac{1}{2}$ が定数項となる。また，

（$-\frac{1}{3}$：係数，$\frac{1}{2}$：定数項，$-\frac{1}{3}$：⊖まで含める）

(iii) $\frac{1}{2}x-4$ の場合，$\frac{1}{2}x$ と -4 が項で，$\frac{1}{2}$ が係数，-4 が定数項となる。

（$\frac{1}{2}$：係数，-4：定数項 ← ⊖の場合，符号まで含む。）

それでは，1次式の加法(+)と減法(−)の計算練習をやってみよう。

練習問題 16 　1次式の計算(Ⅰ)　CHECK 1　CHECK 2　CHECK 3

次の式を計算して簡単にしよう。

(1) $2x+4x$　(2) $3x-6x$　(3) $4x-x+2$

(4) $2x+(4x-1)$　(5) $3x-(2x-1)$　(6) $\frac{1}{2}x+1-(2x+2)$

いずれの式も，1次式 $ax+b$ (a, b：定数)の形にまとめればいいんだね。頑張ろう！

(1) $2x+4x=2\times x+4\times x=(2+4)\times x=6x$ ……(答)

共通因数　共通因数のくくり出し　今回は，$ax+0$ の形だね

$2x+4x=x+x+x+x+x+x=6\times x=6x$ と求めることもできる。

(2) $3x-6x=3\times x-6\times x=(3-6)\times x=-3\times x=-3x$ ……(答)

共通因数　$-(6-3)$　共通因数のくくり出し

(3) $4x-x+2=(4-1)\times x+2=3x+2$ ……(答)

$4\times x-1\times x=(4-1)\times x$

(4) $2x+(4x-1)=2\times x+4\times x-1=(2+4)\times x-1=6x-1$ ……(答)

$4x-1$ ← $+(a-b)=+a-b$ となる。

(5) $3x-(2x-1)=3\times x-2\times x+1=(3-2)\times x+1=1\times x+1=x+1$ ……(答)

$-2x+1$ ← $-(a-b)=-a+b$ となる。　これは x と表す。

(6) $\frac{1}{2}x+1-(2x+2)=\frac{1}{2}x+1-2x-2=\frac{1}{2}\times x-2\times x+1-2$

$-2x-2$ ← $-(a+b)=-a-b$ となる。　$-(2-1)=-1$

$=\left(\frac{1}{2}-2\right)\times x-1=-\frac{3}{2}\times x-1=-\frac{3}{2}x-1$ ……(答)

$\frac{1}{2}-\frac{4}{2}=\frac{1-4}{2}=\frac{-3}{2}=-\frac{3}{2}$

どう？1次式の計算にもずい分慣れた？では今度は，乗法(×)や除法(÷)も含めた1次式の計算問題にチャレンジしよう。ン？どうして，x の1次式($ax+b$)ばかりの計算練習をたく山やるのかって!?それは，次章で勉強する x の“**1次方程式**(いちじほうていしき)”を解くための準備になるからなんだね。

練習問題 17	1次式の計算（Ⅱ）	CHECK 1	CHECK 2	CHECK 3

次の式を計算して簡単にしよう。（すべて，$ax+b$ の形にしよう。(a，b：定数)）

(1) $-2x\times2$　(2) $3x\div2$　(3) $2x\times3+1$

(4) $3x\div4+5$　(5) $3(2x+1)$　(6) $2\left(\frac{3}{2}x-2\right)$

(7) $2(x-1)+3(x+2)$　(8) $(4x-2)\div\frac{2}{3}-2(2x+5)$

(9) $\frac{1}{2}(3x+1)-\frac{1}{3}(x-2)$　(10) $\frac{x-1}{2}-\frac{-x+6}{4}\times6$

少し複雑な式だけれど，分配の法則などを利用して，どれも $ax+b$ の形にまとめよう。

(1) $-2x\times2=-2\times x\times2=\underbrace{-2\times2}_{-4}\times x=-4\times x=-4x$ ……………（答）

いずれも，$ax+0$ の形だ

(2) $3x\div2=3\times x\times\frac{1}{2}=3\times\frac{1}{2}\times x=\frac{3}{2}\times x=\frac{3}{2}x$ ……………（答）

逆数をとって，かけ算にする。

(3) $2x\times3+1=2\times3\times x+1=6\times x+1=6x+1$ ……………（答）

(4) $3x\div4+5=3\times x\times\frac{1}{4}+5=3\times\frac{1}{4}\times x+5=\frac{3}{4}x+5$ ……………（答）

逆数をとって，かけ算にする。

(5) $3(2x+1)=3\times2x+3\times1=6x+3$ ………（答）

分配の法則
- $a(b+c)=ab+ac$
- $a(b-c)=ab-ac$

(6) $2\left(\frac{3}{2}x-2\right)=2\times\frac{3}{2}x-2\times2$

$=3x-4$ ……………（答）

(7) $2(x-1)+3(x+2)=2x-2\times1+3x+3\times2=2x-2+3x+6$

$=2x+3x+\underbrace{6-2}_{4}=(2+3)x+4=5x+4$ ……………（答）

共通因数

(8) $(4x-2)\div\frac{2}{3}-2(2x+5)=\frac{3}{2}(4x-2)-2(2x+5)$

$(4x-2)\times\frac{3}{2}=\frac{3}{2}(4x-2)$

分配の法則

・$a(b+c)=ab+ac$

・$a(b-c)=ab-ac$

$=\frac{3}{2}\times4x-\frac{3}{2}\times2-2\times2x-2\times5=6x-3-4x-10$

(6) (3) (4) (10)

$=6x-4x-3-10=(6-4)x-(3+10)=2x-13$ ……………………(答)

(9) $\frac{1}{2}(3x+1)-\frac{1}{3}(x-2)=\frac{1}{2}\times3x+\frac{1}{2}\times1-\frac{1}{3}\times x-\frac{1}{3}\times(-2)$

$\frac{3}{2}$ $\frac{1}{2}$ $+\frac{2}{3}$ ← ⊖を2回かけると⊕になる。

$=\frac{3}{2}x+\frac{1}{2}-\frac{1}{3}x+\frac{2}{3}=\frac{3}{2}x-\frac{1}{3}x+\frac{1}{2}+\frac{2}{3}$

$=\left(\frac{3}{2}-\frac{1}{3}\right)x+\frac{1\times3+2\times2}{2\times3}=\frac{7}{6}x+\frac{7}{6}$ ……………………(答)

$\frac{3\times3-1\times2}{2\times3}=\frac{9-2}{6}=\frac{7}{6}$　$\frac{3+4}{6}=\frac{7}{6}$

(10) $\frac{x-1}{2}-\frac{-x+6}{4}\times6=\frac{1}{2}(x-1)-\frac{3}{2}(-x+6)$

$\frac{1}{2}(x-1)$　$6\times\frac{1}{4}(-x+6)=\frac{3}{2}(-x+6)$ ← 分子の $x-1$ と $-x+6$ は，1まとめのものなので，計算するときは，( )を付ける！

$=\frac{1}{2}\times x-\frac{1}{2}\times1-\frac{3}{2}\times(-x)-\frac{3}{2}\times6=\frac{1}{2}x-\frac{1}{2}+\frac{3}{2}x-9$

$\frac{3}{2}x$ ← ⊖を2回かけると⊕になる。

$=\frac{1}{2}x+\frac{3}{2}x-\frac{1}{2}-9=\left(\frac{1}{2}+\frac{3}{2}\right)x-\left(\frac{1}{2}+9\right)=2x-\frac{19}{2}$ ……………………(答)

$\frac{1+3}{2}=\frac{4}{2}=2$　$\frac{1}{2}+\frac{18}{2}=\frac{1+18}{2}=\frac{19}{2}$

● 数量を1次式で表そう！

それでは，様々な数量を文字の1次式で表す練習を次の例題でしてみよう。

$(ex1)$ 1本 a 円の鉛筆を5本と，1冊が $200-a$ 円のノートを2冊を買うとき，代金の合計を求めると，

$$a\times5+(200-a)\times2=5a+2(200-a)=5\underline{a}+400-2\underline{a}$$
$$=(5-2)a+400=\underline{3a+400}\text{(円)}$$ となるんだね。

（a の1次式）

$(ex2)$ 1個30円の消しゴムを n 個と，1本100円のボールペンを $(n-2)$ 本買うとき，代金の合計を求めると，

$$30\times n+100\times(n-2)=30n+100(n-2)=30\underline{n}+100\underline{n}-200$$
$$=(30+100)n-200=\underline{130n-200}\text{(円)}$$ となる。大丈夫？

（n の1次式）

では次に，割り引き代金の解説もしておこう。10割（または，100%）というのは，全体の1を表す。したがって，1割（または，10%）は0.1を，また，3割（または，30%）は0.3を表すんだね。よって，定価 a 円の2割引き（または，20%引き）の価格は，$\underline{(1-0.2)}\times a=0.8a$(円) ということになるんだね。

（0.8（つまり，定価 a の8割（80%）ということ。））

それでは，次の練習問題で，さらに練習しておこう。

練習問題 18 　**数量の1次式表示**　CHECK 1　CHECK 2　CHECK 3

次の数量を文字式で表そう。

(1) 1個 a 円の商品を2割引きで5個買い，1個 $2a$ 円の商品を4割引きで2個買ったときの代金の合計。

(2) 時速 b km で2時間移動した後，時速 $(10-b)$ km で3時間移動したときの距離の合計。

(3) テーマパークの子供の入場料が x 円で，大人の入場料が $x+500$ 円である。このとき，子供4人と大人2人の入場料の合計。

(1), (2), (3) それぞれ，a と b と x の1次式で表せばいいんだね。

(1) 1個 a(円)の2割引きの価格は，$\underset{(1-0.2)\times a}{\underline{0.8a}}$(円)であり，1個 $2a$(円)の4割引きの価格は，$\underset{(1-0.4)\times 2a}{\underline{0.6\times 2a}}$(円)であるので，それぞれ商品を5個と2個買ったときの代金の合計は，

$$\underset{\substack{0.8\times 5\times a\\=4a}}{\underline{0.8a\times 5}}+\underset{\substack{0.6\times 2\times 2\times a\\=2.4a}}{\underline{0.6\times 2a\times 2}}=4\underline{a}+2.4\underline{a}=\underset{6.4=\frac{64}{10}=\frac{32}{5}}{\underline{(4+2.4)}}a$$

$=\dfrac{32}{5}a$(円)となる。……………………………………………………(答)

(2) (道のり(移動距離))＝(速さ)×(時間)より，

時速 b km で2時間移動した距離は $b\times 2$(km)であり，時速 $(10-b)$km で3時間移動した距離は，$(10-b)\times 3$(km)となる。よって，これらの和が移動距離の合計となるので，

$$b\times 2+(10-b)\times 3=2b+3(10-b)=2\underline{b}+30-3\underline{b}$$

$=\underset{-1\times b=-b}{\underline{(2-3)\times b}}+30=-b+30$(km)となるんだね。……………(答)

(3) 子供1人の入場料が x 円，大人1人の入場料が $x+500$ 円より，子供4人と大人2人の入場料の合計は，

$$\underset{4x}{\underline{x\times 4}}+\underset{2(x+500)}{\underline{(x+500)\times 2}}=4x+\underset{2x+1000}{\underline{2(x+500)}}=\underset{(4+2)x=6x}{\underline{4\underline{x}+2\underline{x}}}+1000$$

$=6x+1000$(円)となる。……………………………………………………(答)

どう？ 様々な数量を1次式の形で表すことにも慣れてきたでしょう？ それでは，次のテーマとして，図形的な数量の問題にもチャレンジしてみよう。

練習問題 19　図形的数量の1次式(I)　CHECK 1　CHECK 2　CHECK 3

右図に示すように，等しい長さの同じ棒を使って正三角形を作る。

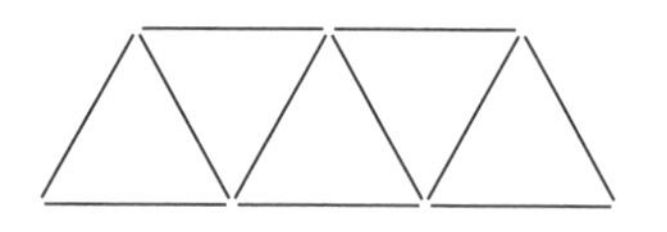

(1) 正三角形が5個できるとき，この棒の本数を求めよう。

(2) 正三角形が n 個できるとき，この棒の本数を求めよう。（ただし，n は自然数）

最初の1つの三角形を作るのに3本の棒が必要だけれど，2個目以降のそれぞれの正三角形を作るのに必要な棒の本数は2本でいいことに気付けばいいんだね。

(1) 図(i)に示すように，1個目の正三角形(3辺の長さが等しい三角形)を作るのに必要な棒の数は3本だけれど，2個目以降の4個の正三角形を作るのに必要な棒の数はそれぞれ2本なんだね。よって，5個の正三角形を作るのに必要な棒の数は，

図(i)

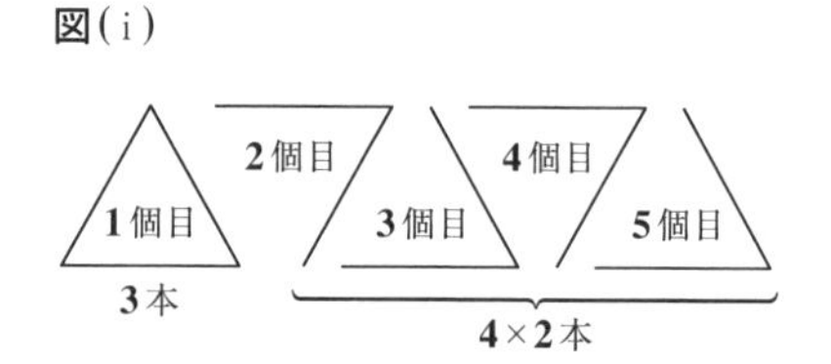

$3+4\times2=3+8=11$(本)となるんだね。……………………………………(答)

(2) 同様に，図(ii)に示すように，n 個の正三角形を作るのに，1個目には3本，2個目から n 個目までの $n-1$ 個の正三角形を作るには各2本の棒が必要なので，n 個の正三角形を作るのに必要な棒の数は，

図(ii)

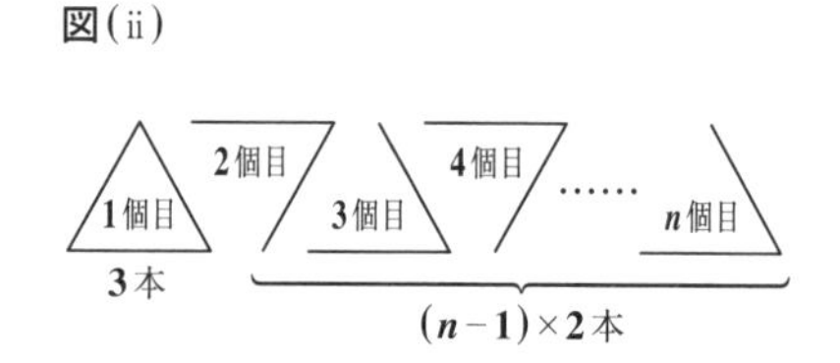

$3+(n-1)\times2=3+2(n-1)=3+2n-2=2n+1$(本)となる。…………(答)

参考

(2)の n 個の正三角形を作るのに必要な棒の数 $2n+1$(本)は，$n=1,\ 2,\ 3,\ \cdots$ のすべての自然数 n について成り立つ式なんだね。よって，$n=5$ を代入すると，(1)の答え $2\times5+1=11$(本)の結果が得られる。どう？ 数学ってよく出来てるでしょう？

練習問題 20 　**図形的数量の1次式(II)** 　CHECK 1 　CHECK 2 　CHECK 3

図(i)の網目部で示すように，幅1(m)の道路が正方形状に敷かれている。この道路の面積を求めよう。
また，$a=5$(m)のときの道路の面積を求めよう。

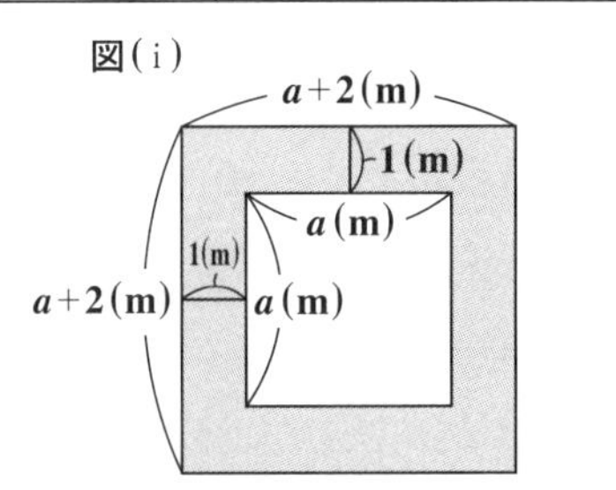

図(i)の道路をうまく分割して求めていこう。解法は1通りだけではないよ。

図(i)の道路を図(ii)に示すように，

4つの a(m)×1(m) の長方形と4つの 1(m)×1(m) の正方形

にパカッと分割して考えると，この道路の面積は，

$4\times a\times 1+4\times 1\times 1=4a+4$ (m^2) ……①

[4×(長方形)+4×(正方形)]　　（m^2：面積の単位）

となる。……………………………………(答)

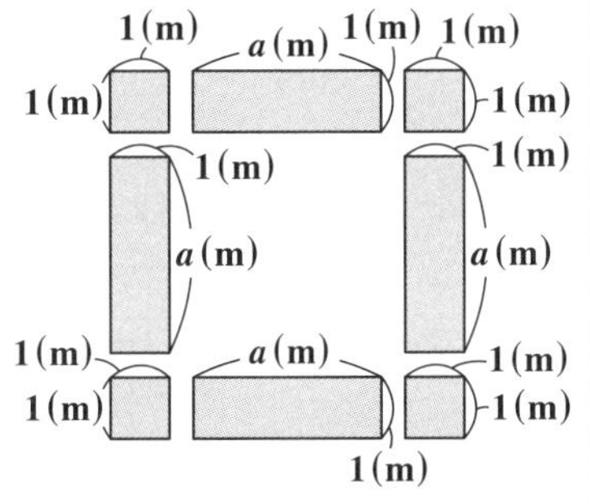

参考

この道路の面積は，図(iii)のように，

パカッと4つの (a+1)×1 の長方形に分割して，

面積は，$4\times(a+1)=4a+4$ (m^2)

と求めてもいいんだね。正しい考え方なら，結果は同じになる。

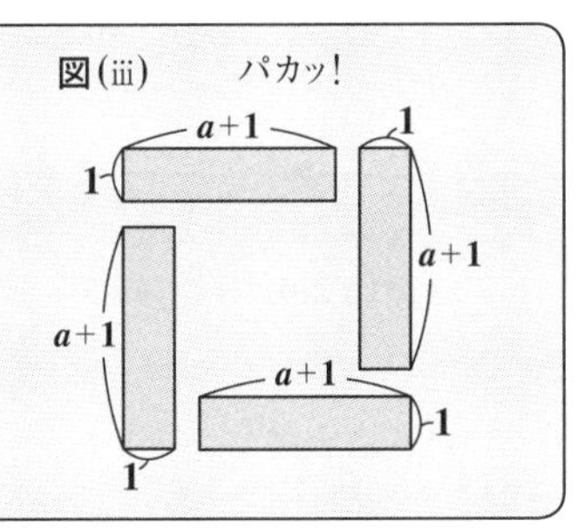

次に，$a=5$(m)のとき，これを①に代入すると，この道路の面積は，

$4\times\underset{a}{5}+4=20+4=24$ (m^2) となる。……………………………(答)

どう？ 結構面白かったでしょう？

● 等式と不等式をマスターしよう！

これまでの授業では主に，ある与えられた式を変形することを勉強してきたわけだけれど，ここでは，**2**つの式(または値)をAとBとおいてAとBの間の関係を表した式，つまり，“**等式**(とうしき)”と“**不等式**(ふとうしき)”について解説しよう。

(Ⅰ) AとBが等しいとき，等式 $A=B$ ……① が成り立つ。

(Ⅱ)(i) AがBより大きいとき，不等式 $A>B$ ……② が成り立つ。（これは，$A=B$となることはない。）

(ii) AがB以上のとき，不等式 $A \geqq B$ ……②´ が成り立つ。（これは，$A=B$となることもある。）

(Ⅲ)(i) AがBより小さいとき，不等式 $A<B$ ……③ が成り立つ。（これは，$A=B$となることはない。）

(ii) AがB以下のとき，不等式 $A \leqq B$ ……③´ が成り立つ。（これは，$A=B$となることもある。）

これだけでは抽象的だって？ そうだね。具体例を示そう。

(ex1) **80**円の鉛筆をx本，**100**円のボールペンをy本買ったときの合計の代金が**700**円であったとき，$80\times x+100\times y$(円)と**700**(円)が等しいと言っているので，

等式：$\underbrace{\underbrace{80x+100y}_{\text{左辺}}=\underbrace{700}_{\text{右辺}}}_{\text{両辺}}$ が成り立つ。

（これは，不等式でも同様に言う！）

（$A=B$の形だね。ここで$A=B$の左側の式Aを“**左辺**(さへん)”，右側の式Bを“**右辺**(うへん)”といい，この両方を併せて“**両辺**(りょうへん)”という。覚えておこう！）

(ex2) **200**円のチョコをa個，**50**円のグミをb個買ったとき，合計の代金が，

(i) **1000**円より大きいとき，不等式：$200a+50b>1000$

(ii) **1000**円以上のとき，不等式：$200a+50b \geqq 1000$

（これは，$200a+50b=1000$となることもあり得る。）

(iii) **1200**円より小さいとき，不等式：$200a+50b<1200$

(iv) **1200**円以下のとき，不等式：$200a+50b \leqq 1200$

（これは，$200a+50b=1200$となることもあり得る。）

どう？ これで，意味は分かったでしょう？ それでは次に，単位を意識した問題も練習しよう。

練習問題 21	等式と不等式	CHECK 1	CHECK 2	CHECK 3

次の文章を等式または不等式で表そう。

(1) xmのリボンから，$y$cmのリボンを切りとると，残りのリボンの長さは**500**cmである。

(2) $a$kmに**300**mを加えても，cm以下である。

(3) a時間b分は**200**分より長い(大きい)。

(1) 1(m) = 100(cm) より，x(m) = $x\times100$(cm) となるし，(2) 1(km) = 1000(m) より，a(km) = $a\times1000$(m) となる。また，(3) 1(時間) = 60 分より，a(時間) = $a\times60$ 分だね。

(1) 1(m) = 100(cm) より，x(m) = $x\times100$(cm) だね。よって，単位を cm(センチメートル) にそろえると，$100x$(cm) のリボンから y(cm) のリボンを切り取ったものが 500(cm) と等しいので，

等式：$100x-y=500$ ……㋐ が成り立つ。……………………………(答)

(2) 1(km) = 1000(m) より，a(km) = $a\times1000$(m) だね。よって，単位を m(メートル) にそろえると，$1000a$(m) に 300(m) を加えても，c(m) 以下より，

不等式：$1000a+300\leqq c$ ……㋑ が成り立つ。……………………………(答)

(3) 1(時間) = 60(分) より，a(時間) = $a\times60$(分) だね。よって，単位を分(ふん)にそろえると，a 時間 b 分 = $60a+b$(分) は 200 分より長い (大きい) ので，

不等式：$60a+b>200$ ……㋒ が成り立つ。……………………………(答)

どう？ これで，単位をそろえて，等式や不等式を作るやり方も分かったでしょう？ ン？ たとえば，(1) を，単位を m(メートル) で表したらどうなるのかって？ よい質問だね。1(m) = 100(cm) ということだから，逆に 1(cm) = $\frac{1}{100}$(m) ということになるんだね。すると，(1) を単位 m(メートル) で表すと，x(m) のリボンから $y\times\frac{1}{100}$(m) のリボンを切り取ると，5(m)(= 500(cm)) になるので，等式：$x-\frac{1}{100}y=5$ ……㋐´ が成り立つんだね。大丈夫？

この㋐と㋐´をみて，何か気付かない？…… そうだね。

$100x-y=500$ ……㋐ の両辺を 100 で割ったものが，つまり，

$$\underbrace{\frac{100x-y}{100}}_{\frac{100x}{100}-\frac{y}{100}=x-\frac{y}{100}}=\underbrace{\frac{500}{100}}_{5}$$

$x-\frac{1}{100}y=5$ となって，㋐´ になっているんだね。

これって，当たり前のことで，たとえば，等式とは $4=4$ みたいに両辺が等しいものだから，この両辺に同じ 2 をかけて，$\underbrace{2\times4}_{8}=\underbrace{2\times4}_{8}$ としても，両辺を同じ 2 で割って，$\underbrace{\frac{4}{2}}_{2}=\underbrace{\frac{4}{2}}_{2}$ としても等しくなる，ということなんだね。

それでは次，(速さ) と (時間) と (道のり) の公式について解説しよう。速さを v(km/時)，時間を t(時間)，そして道のり (移動距離) を x(km) とおくと，公式：$x=vt$ ……(*1) が成り立つのは分かるね。

車を時速 $v=100$(km/時) で $t=5$(時間) 走らせたときの移動距離 x(km) は，$x=v\times t=100\times 5=500$(km) になるからね。

すると，(*1) は等式であり，この両辺を同じ v または t で割っても成り立つ。よって，

(i) $x=vt$ ……(*1) の両辺を v で割ると，

“ゆえに” の記号

$$\frac{x}{v}=\frac{vt}{v} \qquad \therefore t=\frac{x}{v}$$ つまり，$(時間)=\dfrac{(道のり)}{(速さ)}$ の公式が導ける。

等式の場合，左右両辺は同じものだから，入れ替えてもいい。つまり，A=B は B=A としてもいい。

(ii) $x=vt$ ……(*1) の両辺を t で割ると，

ゆえに

$$\frac{x}{t}=\frac{vt}{t} \qquad \therefore v=\frac{x}{t}$$ つまり，$(速さ)=\dfrac{(道のり)}{(時間)}$ の公式が導けるんだね。

これから，公式：$x=vt$ ……(*1) さえ覚えておけば，自動的に，公式

$t=\dfrac{x}{v}$ ……(*2) も $v=\dfrac{x}{t}$ ……(*3) も導けるんだね。

これから，$x=vt$ ……(*1) だけ覚えておけば，(*2) と (*3) は簡単に導けるので，覚えておく必要はないんだね。

さらに，公式：$x=vt$ ……(*1) の単位にも着目してみよう。x(km)，v(km/時)，

これは，$\dfrac{\text{km}}{時間}$ ということ

t(時間) より，$x=v\times t$ の単位は，$(\text{km})=\left(\dfrac{\text{km}}{\cancel{時間}}\right)\times \cancel{時間}$ となって，左右両辺の単位は (km)=(km) とうまく合っていることが分かるんだね。数学って，よく出来てるでしょう？

では，速さ v の単位についても次の例題で練習しておこう。

(ex1) 速さ $v=100$(m/分) は，時速何 km になるか？ 調べてみよう。

$v=100$(m/分)，つまり分速 100m とは，1 分間に 100m 進む速さなので，1 時間 (=60 分) では，$100\times 60=6000$(m)$=6$(km) 進む。よって，速さ $v=100$(m/分) は 6(km/時) すなわち，時速 6km と等しいことが分かる。

$(ex2)$ 速さ $v=5$(m/秒) は，分速何 m になるか？ 調べてみよう。

$v=5$(m/秒) は，1 秒間に 5m 進む速さなので，1 分 (=60 秒) では，$5\times60=300$(m) 進む。よって，速さ $v=5$(m/秒) は 300(m/分)，すなわち，分速 300m と等しいことが分かるんだね。これも大丈夫だった？

それでは，さらに次の練習問題で練習しておこう。

練習問題 22 **速さと時間と道のり** CHECK 1 CHECK 2 CHECK 3

次の文章を等式で表してみよう。

(1) 速さ 50km/時で t 時間進み，速さ $v$km/時で 2 時間進んだとき，全体の移動距離は 300km であった。

(2) 距離 xm を分速 20m で進み，さらに次の ym を分速 10m で進んだときにかかった合計の時間は，50 分であった。

(1) では，公式：$x=v\times t$ を使い，(2) では，公式：$t=\frac{x}{v}$ を利用すればいいんだね。

(1) 速さ 50km/時で t 時間移動すると，移動距離は $50\times t$km であり，次に速さ $v$km/時で 2 時間移動すると，移動距離は $v\times2$km である。そして，この移動距離の合計が 300km より，

等式：$50t+2v=300$ が成り立つ。……………………………………(答)

公式：$x=v\times t$

(2) 分速 20m で距離 xm を進むのに要する時間は $\frac{x}{20}$ 分であり，次に分速 10m で距離 ym を進むのに要する時間は $\frac{y}{10}$ 分である。そして，この合計の所要時間が 50 分なので，

等式：$\frac{x}{20}+\frac{y}{10}=50$ が成り立つ。……………………………………(答)

公式：$t=\frac{x}{v}$

これで，今回の授業も終了です。内容がタップリだったから，みんな少し疲れてるみたいだね。そんなときは，少し休んでもいいよ。でも，休んで元気を取り戻したら，今日の内容の復習をシッカリやることだね。数学の面白さがだんだん分かってくるはずだ。

では，次回の授業でまた会おうな。みんな，元気で…，バイバーイ。

1. 文字同士の表記法

$a\times b=ab$　　$a\div b=\dfrac{a}{b}$ $(b\neq 0)$ などと表す。

2. 公式

(1) $na=a+a+\cdots+a$ (n 個の a の和)

(2) $a^n=a\times a\times\cdots\times a$ (n 個の a の積)

(3) 交換の法則：$a+b=b+a$，$ab=ba$

(4) 分配の法則：$a(b+c)=ab+ac$，$a(b-c)=ab-ac$

(5) 円周の長さ $l=2\pi r$，円の面積 $S=\pi r^2$ (r：半径，π：円周率)

(6) 道のりを x(km)，速さを v(km/時)，時間を t(時間) とおく。

(i) $x=vt$,　(ii) $t=\dfrac{x}{v}$,　(iii) $v=\dfrac{x}{t}$

(7) $(\text{食塩水の濃度})=\dfrac{(\text{食塩の重さ})}{(\text{食塩水の重さ})}\times 100$ (%)

3. 1次式の変形

(ex) $2x+1-5x+4=-3x+5$，$\dfrac{1}{2}x-1-2(x+2)=-\dfrac{3}{2}x-5$ など…。

4. 数量の1次式表示

(ex) 1本 a 円の鉛筆5本と1冊 $(200-a)$ 円のノート2冊を買ったときの，代金の合計 $5a+2(200-a)=3a+400$ (円)

5. 等式と不等式

(1) 等式 $A=B$
- A：左辺，B：右辺（あわせて両辺）

(2) 不等式 (i) $A>B$，(ii) $A\geqq B$，(iii) $A<B$，(iv) $A\leqq B$

(ex) xm のリボンから，$y$cm のリボンを切りとると，残りのリボンの長さが500cm であるとき，等式：$100x-y=500$ が成り立つ。

(ex) a 時間 b 分は200分より長い場合，
不等式：$60a+b>200$ が成り立つ。

第3章
CHAPTER

3 方程式

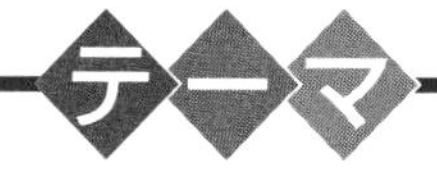

◆ 方程式の基本

1次方程式の解法（天秤法）

(ex) $3x-1=6 \quad x=\frac{6+1}{3}$

比例式：$a:b=c:d$ ならば，$ad=bc$

◆ 方程式の応用

- 代金の方程式
- 増減と分配の方程式
- 分配と過不足の方程式
- 速さと時間と道のりの方程式　など

6th day / 方程式の基本

みんな，おはよう！さァ，今日から，“方程式(ほうていしき)”の解き方(解法(かいほう))について解説しよう。前回勉強した等式 $A=B$ には，実は(i)恒等式(こうとうしき)と(ii)方程式(ほうていしき)の2つがあるんだけれど，まずこの2つの違いについて教えよう。

次に，方程式(xの1次方程式)の解法については，天秤法により，ヴィジュアルに解説しよう。方程式の解き方が分かって，実際に自分で解けるようになると，数学がさらに面白くなるから，楽しみながらこの講義を受けてくれ。では早速始めよう！

● 方程式の解法は，天秤（てんびん）法で考えよう！

等式と呼ばれるものは，$A=B$ の形をしている。そして，この等式には，(i)**恒等式**(こうとうしき)と(ii)**方程式**(ほうていしき)の2種類があることに気を付けよう。

(i) **恒等式**とは，左右両辺がまったく同じ式のことで，たとえば，

交換法則 $a+b=b+a$ や分配の法則 $a(b+c)=ab+ac$ などが，その例だね。これらの両辺はまったく同じ式なので，a，b，それに c にどんな値を代入しても成り立つ。さらに $x+4=x+4$ ……① も左右両辺がまったく同じ式なので恒等式だ。①の恒等式では，両辺がまったく同じ式だから，当然 x にどんな値を代入しても成り立つ。たとえば，

・$x=1$ のとき，①は $1+4=1+4$ となって成り立つし，

・$x=100$ のとき，①は $100+4=100+4$ となって，これも成り立つ。

… 以下同様だね。

(ii) これに対して，**方程式**の例を下に示そう。 ［x^1(xの一乗)の式のこと］

$x-3=-2x+3$ ……② これは，xの1次式の方程式なので，これを“**xの1次方程式**”という。この②の x に様々な値を代入してみると，

・$x=1$ のとき，$1-3 \neq -2\times1+3$，$-2 \neq 1$ となって，成り立たない。

・$x=2$ のとき，$2-3 = -2\times2+3$，$-1=-1$ となって，成り立つ。

・$x=10$ のとき，$10-3 \neq -2\times10+3$，$7 \neq -17$ となって，成り立たない。…

さらに，x にいろんな値を代入していっても，$x=2$ のときしか②は成り立たない。この $x=2$ のように方程式が成り立つ x の値を“**解**(かい)”と呼び，この解を求めることを“**方程式を解く**”という。実際に方程式を解くときは，もちろん上記のように適当に x に値を代入して調べたりしない。

［まだ値の分かっていない，この x のことを“**未知数**(みちすう)”ともいう。］

キチンとした解法があるんだね。これから，この方程式を解くための式変形の公式を天秤の図と共に下に示そう。

方程式を解くための式変形の公式

方程式 $A=B$ が与えられたとき，次式が成り立つ。

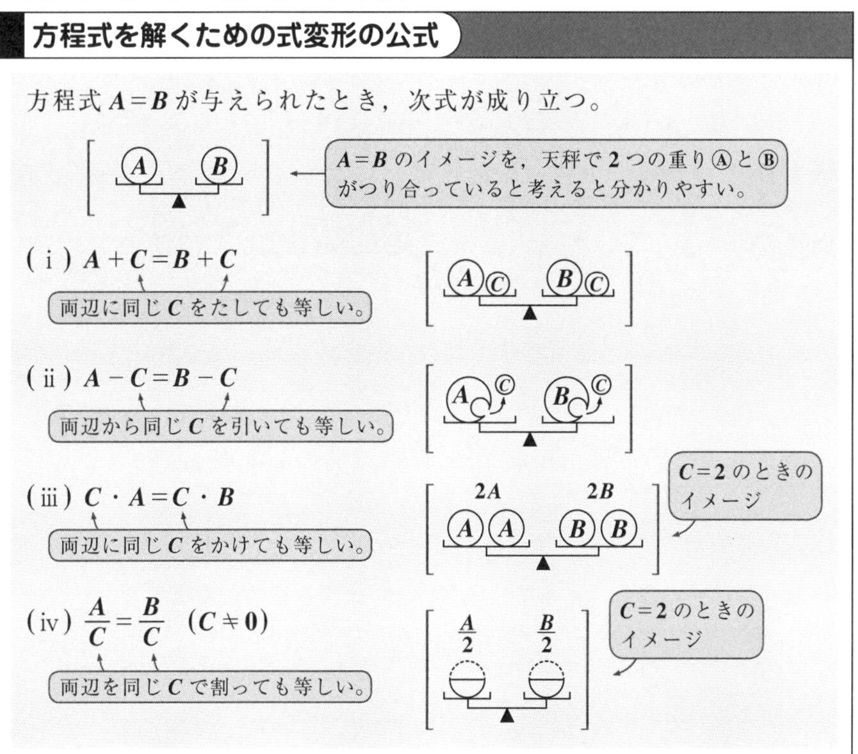

方程式 $A=B$ が与えられたならば，(i) この両辺に同じ C をたしても，(ii) この両辺から同じ C を引いても，(iii) この両辺に同じ C をかけても，(iv) この両辺を同じ $C(\neq 0)$ で割っても等しいことが，天秤のイメージから分かるね。では，これらの公式を使って簡単な方程式を解いてみよう。

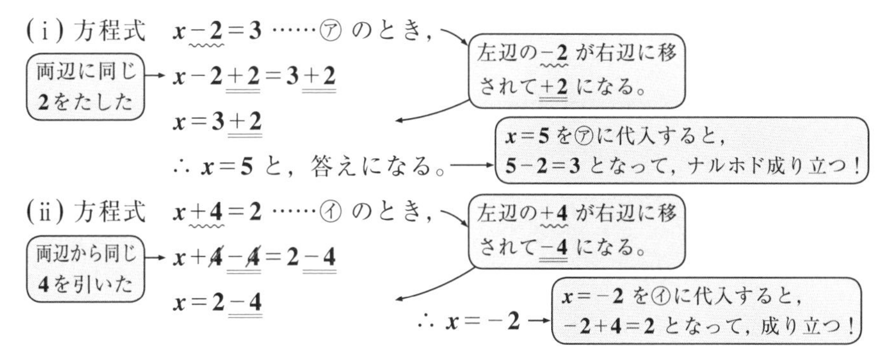

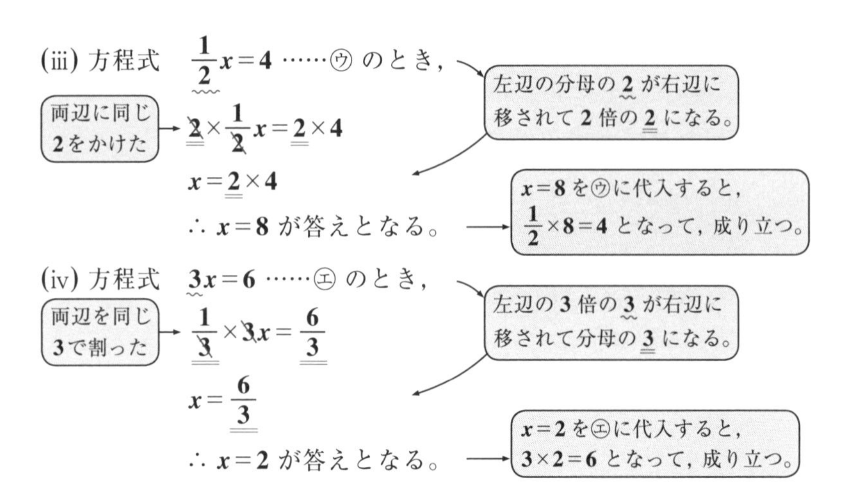

どう？(ⅰ)～(ⅳ)の方程式の変形公式を使うと，ある数が 1 つの辺から他の辺に移されるとき，(ⅰ)引き算はたし算に，(ⅱ)たし算は引き算に，

（これを“移項（いこう）”という。）（$x-2=3$ より，$x=3+2$）（$x+4=2$ より，$x=2-4$）

(ⅲ)割り算はかけ算に，そして，(ⅳ)かけ算は割り算に，変化することが分か

（$\frac{1}{2}x=4$ より，$x=2\times4$）（$3x=6$ より，$x=\frac{6}{3}$）

るでしょう？このように，x の 1 次方程式の変形を繰り返して，$x=$(解)の形にもち込めばいいんだね。それでは，

$x-3=-2x+3$ ……② (P68) の方程式をキチンと解いて，解を求めると，

$x+2x=3+3$ ←（右辺の $-2x$ を左辺に移項して $+2x$ になった。左辺の -3 を右辺に移項して $+3$ になった。）

（$(1+2)x=3x$）

$3x=6$

∴ $x=\frac{6}{3}=2$ となって，答えだ。←（左辺の 3 倍の 3 が右辺に移項して分母の 3 になった。）

そして，この $x=2$ を②に代入すると，$2-3=-2\times2+3$，$-1=-1$ となって，成り立つことが分かるんだね。大丈夫？それでは，例題で練習してみよう。

$(ex1)$ $2x+3=7-x$ を解いてみると,　“ゆえに”の記号。答えの前に書くことが多い。

$2x+x=7-3$　　$3x=4$　　$\therefore x=\frac{4}{3}$

右辺の $-x$ は左辺で $+x$ になり,
左辺の $+3$ は右辺で -3 となる。

左辺の 3 倍の 3 は
右辺の分母の 3 になる。

$(ex2)$ $x-1=2x-5$ を解いてみると,　“ゆえに”記号

$-1+5=2x-x$　　$x=5-1$　　$\therefore x=4$ が答えだね。大丈夫?

右辺の -5 は左辺で $+5$ になり,
左辺の $+x$ は右辺で $-x$ となる。

左・右両辺を
入れ替えてもいい。

$\because A=B$ を $B=A$ とできる。

“なぜなら”記号

● 様々な1次方程式を解いてみよう!

1次方程式の解法の解説も終わったので,これから練習問題で様々な形の1次方程式の問題を解いてみることにしよう。

練習問題 23　1次方程式(Ⅰ)　CHECK 1　CHECK 2　CHECK 3

次の方程式を解いてみよう。

(1) $5x+3=2x-4$　　(2) $3x-2=-x+4$

(3) $5(x+1)=-3(x-2)+3$　　(4) $2(x-1)=-(x+1)+2$

(5) $\frac{1}{2}(4x+2)=4(x+2)$　　(6) $-\frac{1}{3}(6x+9)=4(x-1)+5$

1次方程式の移項による変形を行って,$x=$(解)の形にもち込めばいいんだね。頑張ろう!

(1) $5x+3=2x-4$ を変形して,

$5x-2x=-4-3$　　$3x=-7$　　$\therefore x=-\frac{7}{3}$ である。……………………(答)

$(5-2)x=3x$　　$-(4+3)=-7$

(2) $3x-2=-x+4$ を変形して,

$3x+x=4+2$　　$4x=6$　　$\therefore x=\frac{6}{4}=\frac{3}{2}$ である。……………………(答)

$3x+1\times x$
$=(3+1)x=4x$

6

分配の法則

・$a(b+c)=ab+ac$

・$a(b-c)=ab-ac$

(3) $5(x+1)=-3(x-2)+3$ を変形して，

$5(x+1)$ ＝ $5x+1\times5$，$-3(x-2)$ ＝ $-3x-3\times(-2)$

$5x+5=-3x+6+3$ より，

$5x+5=-3x+9$　　$5x+3x=9-5$

$5x+3x$ ＝ $(5+3)x$，$9-5$ ＝ 4

$8x=4$　　$\therefore\ x=\dfrac{4}{8}=\dfrac{1}{2}$ である。……………………………………………(答)

(4) $2(x-1)=-(x+1)+2$ を変形して，$2x-2=-x-1+2$

$2(x-1)$ ＝ $2x-2$，$-(x+1)$ ＝ $-1\times(x+1)=-x-1$，$-1+2$ ＝ 1

$2x-2=-x+1$　　$2x+x=1+2$　　$3x=3$　　$\therefore\ x=\dfrac{3}{3}=1$ ……………(答)

$2x+x$ ＝ $(2+1)x$，$1+2$ ＝ 3

(5) $\dfrac{1}{2}(4x+2)=4(x+2)$ を変形して，$2x+1=4x+8$

$\dfrac{1}{2}(4x+2)$ ＝ $\dfrac{1}{2}\times4x+\dfrac{1}{2}\times2=2x+1$，$4(x+2)$ ＝ $4x+4\times2=4x+8$

$1-8=4x-2x$　　$2x=-7$　　$\therefore\ x=-\dfrac{7}{2}$ である。……………………(答)

$1-8$ ＝ -7，$4x-2x$ ＝ $(4-2)x=2x$　　左・右の辺を入れ替えた

(6) $-\dfrac{1}{3}(6x+9)=4(x-1)+5$ を変形して，$-2x-3=4x-4+5$

$-\dfrac{1}{3}(6x+9)$ ＝ $-\dfrac{1}{3}\times6x-\dfrac{1}{3}\times9=-2x-3$，$4(x-1)$ ＝ $4x-4$，$-4+5$ ＝ $+1$

$-2x-3=4x+1$　　$-3-1=4x+2x$　　$6x=-4$

$-3-1$ ＝ $-1(3+1)=-4$，$4x+2x$ ＝ $(4+2)x=6x$　　左・右の辺を入れ替えた

$\therefore\ x-\dfrac{-4}{6}=-\dfrac{2}{3}$ である。……………………………………………………(答)

どう？ これで，1次方程式の解法にもかなり慣れてきたでしょう？

では次，分数を含む1次方程式を解く練習をしてみよう。

練習問題 24	1次方程式(Ⅱ)	CHECK 1	CHECK 2	CHECK 3

次の方程式を解いてみよう。

(1) $\frac{1}{3}x+1=\frac{1}{2}x-\frac{1}{3}$　　(2) $\frac{x}{4}-1=x-\frac{2}{3}$

(3) $\frac{3x+1}{4}=\frac{1-x}{6}$　　(4) $\frac{x+1}{2}=\frac{x-2}{5}+1$

両辺に分数を含む方程式になっているけれど，このような場合は，両辺に分母の最小公倍数をかけて計算すると，計算が楽になるんだね。

(1) $\frac{1}{3}x+1=\frac{1}{2}x-\frac{1}{3}$ ……① について，①の両辺に $\underline{6}$ をかけて，
（分母の2と3の最小公倍数）

$6\left(\frac{1}{3}x+1\right)=6\left(\frac{1}{2}x-\frac{1}{3}\right)$
（$6\times\frac{1}{3}x+6\times1=2x+6$）（$6\times\frac{1}{2}x-6\times\frac{1}{3}=3x-2$）

$2x+6=3x-2$
（$2x$ は右辺に移項して $-2x$，-2 は左辺に移項して $+2$）

$6+2=3x-2x$
（8）（$(3-2)x=1\times x=x$）

$\therefore x=8$ ……………………………………(答)
（左辺と右辺を入れ替えた）

(2) $\frac{x}{4}-1=x-\frac{2}{3}$ ……② について，②の両辺に $\underline{12}$ をかけて，
（分母の3と4の最小公倍数）

$12\left(\frac{x}{4}-1\right)=12\left(x-\frac{2}{3}\right)$
（$12\times\frac{x}{4}-12=3x-12$）（$12x-12\times\frac{2}{3}=12x-8$）

$3x-12=12x-8$
（$3x$ は右辺に移項して $-3x$，-8 は左辺に移項して $+8$）

$-12+8=12x-3x$
（$-(12-8)=-4$）（$(12-3)x=9x$）

$-4=9x$　　$9x=-4$　　$\therefore x=-\frac{4}{9}$ …………(答)
（左辺と右辺を入れ替えた）

(3) $\dfrac{3x+1}{4}=\dfrac{1-x}{6}$ ……③ について，③の両辺に 12 をかけて，

分母の 4 と 6 の最小公倍数

$\overset{3}{\cancel{12}}\times\dfrac{3x+1}{\cancel{4}}=\overset{2}{\cancel{12}}\times\dfrac{1-x}{\cancel{6}}$　　$3(3x+1)=2(1-x)$ ← 分子の式は 1 かたまりなので，(　)を付ける。

$9x+3=2-2x$　　$9x+2x=2-3$　　$(9+2)x=2-3$

$11x=-1$　　$\therefore\ x=\dfrac{-1}{11}=-\dfrac{1}{11}$ となる。……………………………(答)

(4) $\dfrac{x+1}{2}=\dfrac{x-2}{5}+1$ ……④ について，④の両辺に 10 をかけて，

分母の 2 と 5 の最小公倍数

$\overset{5}{\cancel{10}}\times\dfrac{x+1}{\cancel{2}}=10\times\left(\dfrac{x-2}{5}+1\right)$　　$5(x+1)=\overset{2}{\cancel{10}}\times\dfrac{x-2}{\cancel{5}}+10$

$5(x+1)=2(x-2)+10$　　$5x+5=2x\underbrace{-4+10}_{6}$

$5x+5=2x+6$　　$5x-2x=6-5$　　$3x=1$

$\therefore\ x=\dfrac{1}{3}$ となる。大丈夫だった？………………………………(答)

次に，小数を含む 1 次方程式も解いてみよう。

練習問題 25　1 次方程式 (Ⅲ)　CHECK 1　CHECK 2　CHECK 3

次の方程式を解いてみよう。

(1) $0.4x+1.5=0.6x-0.1$　　(2) $2x-0.4=1.2(x-1)$

(3) $0.11x-0.04=0.2x+0.15$　　(4) $0.02(x+3)=0.14x-0.12$

(1), (2) に含まれる小数は，小数第 1 位のものなので，両辺に 10 をかけよう。(3), (4) に含まれる小数は，小数第 2 位のものなので，両辺に 100 をかければいいね。

(1) $0.4x+1.5=0.6x-0.1$ ……㋐ について，㋐の両辺に 10 をかけて，

これで，係数や定数項が整数になる。

$\underbrace{10\times(0.4x+1.5)}_{4x+15}=\underbrace{10\times(0.6x-0.1)}_{6x-1}$　　$4x+15=6x-1$

$15\underline{+1}=6x\underline{-4x}$　　$2x=16$　　$\therefore\ x=\dfrac{16}{2}=8$ ……………………………(答)

$\underline{-1}$ は左辺に移項して $\underline{+1}$
$4x$ は右辺に移項して $-4x$

左辺と右辺を入れ替えた

(2) $2x-0.4=1.2(x-1)$ ……④ について，④の両辺に 10 をかけて，

$10(2x-0.4)=\underbrace{10\times1.2}_{12}(x-1)$　　$\underbrace{10(2x-0.4)}_{20x-4}=\underbrace{12(x-1)}_{12x-12}$

$20x\underline{-4}=12x-12$　　$\underbrace{20x-12x}_{(20-12)x=8x}=\underbrace{-12+4}_{-(12-4)=-8}$　　$8x=-8$

$\therefore\ x=\dfrac{-8}{8}=-1$ となる。……………………………………(答)

(3) $0.11x-0.04=0.2x+0.15$ ……⑦ について，⑦の両辺に 100 をかけて，

$\underbrace{100(0.11x-0.04)}_{11x-4}=\underbrace{100(0.2x+0.15)}_{20x+15}$　　$11x-4=20x+15$

$\underbrace{-4-15}_{-(4+15)=-19}=\underbrace{20x-11x}_{(20-11)x=9x}$　　$9x=-19$

左辺と右辺を入れ替えた

$\therefore\ x=\dfrac{-19}{9}=-\dfrac{19}{9}$ である。……………………………………(答)

(4) $0.02(x+3)=0.14x-0.12$ ……㊤ について，㊤の両辺に 100 をかけて，

$\underbrace{100\times0.02}_{2}(x+3)=\underbrace{100(0.14x-0.12)}_{14x-12}$　　$\underbrace{2(x+3)}_{2x+6}=14x-12$

$2x+6=14x\underline{-12}$　　$6\underline{+12}=14x-2x$　　$18=\underbrace{(14-2)x}_{12x}$

$\underline{-12}$ は左辺に移項して $\underline{+12}$
$2x$ は右辺に移項して $-2x$

$12x=18$　　$\therefore\ x=\dfrac{18}{12}=\dfrac{3\times\cancel{6}}{2\times\cancel{6}}=\dfrac{3}{2}$ となる。……………………(答)

左辺と右辺を入れ替えた

どう？これで，1 次方程式の解法にもかなり自信が付いたでしょう？

● 比例式による方程式も解いてみよう！

比として，$1:2$ が与えられたとき，これと $2:4$ や，$5:10$ なども等しいので，$1:2=2:4=5:10=\cdots$ などと表せるのはいいね。これと同様に分数 $\frac{1}{2}$ も $\frac{1}{2}=\frac{2}{4}=\frac{5}{10}=\cdots$ などと表せるので，比と分数の間に類似性があることが分かるでしょう？ 一般に，比 $a:b$ に対して，分数 $\frac{a}{b}$ $(b\neq 0)$ のことを "**比の値**（ひ の あたい）" というんだね。

これから，$a:b$ と $c:d$ が等しいとき，すなわち $a:b=c:d$ ……① が成り立つとき，比の値も等しくなるので，$\frac{a}{b}=\frac{c}{d}$ ……② が成り立つ。ここで，②の両辺に bd をかけると，

$\frac{a}{b}\times bd=\frac{c}{d}\times bd$ より，$\underbrace{ad}_{\text{外項の積}}=\underbrace{bc}_{\text{内項の積}}$ ……(*) が成り立つ。ここで，

$a:b=c:d$ ……①の外側同士の積 ad を "**外項の積**（がいこう の せき）"（外項の積）といい，内側同士の積 bc を "**内項の積**（ないこう の せき）"（内項の積）といい，①が成り立つとき，$ad=bc$ ……(*) が成り立つんだね。

以上をまとめて示しておこう。

比例の式

比の方程式 $a:b=c:d$ ……① が成り立つならば，

$\underbrace{ad}_{\text{外項の積}}=\underbrace{bc}_{\text{内項の積}}$ ……(*) が成り立つ。← (*)の公式は，"(外項の積)ad と (内項の積)bc が等しい" と覚えよう！

それでは，(*)の公式を実際に次の例題で使ってみよう。

$(ex1)$ $x:6=2:3$ のとき，x の値を求めてみよう。

$\underbrace{x\times 3}_{\text{外項の積}}=\underbrace{6\times 2}_{\text{内項の積}}$ より，$3x=12$ $\therefore x=\frac{12}{3}=4$ となるんだね。大丈夫？

$(ex2)$ $(x-1):2=x:5$ のとき，x の値を求めてみよう。

$(x-1)\times 5 = 2\times x$ より，$5(x-1)=2x$　　$5x-5=2x$

（外項の積）（内項の積）

$5x-2x=5$　　$3x=5$　　$\therefore x=\dfrac{5}{3}$ となる。

$(ex3)$ $(2x-1):3=(x+1):4$ のとき，x の値を求めてみよう。

$(2x-1)\times 4 = 3(x+1)$　　$4(2x-1)=3(x+1)$　　$8x-4=3x+3$

（外項の積）（内項の積）

$8x-3x=3+4$　　$5x=7$　　$\therefore x=\dfrac{7}{5}$ となるんだね。大丈夫だった？

● 方程式の中の定数の値を求めよう！

これは，初めから，例題で解説しよう。たとえば，文字定数 a を含む方程式 $x+a=3x-a$ ……① (a：定数) について，この①の解が $x=2$ であることが分かっているとき，定数 a の値を求めることができるんだね。

$x=2$ は，①の解なので，これを①に代入しても，①は成り立つ。よって，

$2+a=3\times 2-a$ より，$a+2=-a+6$ ……② となる。←（これは，a の方程式だね。）

②は a の方程式より，②を解くと，$a+a=6-2$，$2a=4$ より，

a の値が，$a=\dfrac{4}{2}=2$ と求まるんだね。では，例題を解いてみよう。

$(ex1)$ 方程式 $ax+1=x+3a-7$ ……③ (a：定数) の解が $x=-2$ のとき，定数 a の値を求めてみよう。

$x=-2$ は③の解なので，これを③に代入しても成り立つ。よって，

$a\times(-2)+1=-2+3a-7$　　$-2a+1=3a-9$ ←（a の方程式）

よって，この a の方程式を解くと，$1+9=3a+2a$ より，$5a=10$

$\therefore a=\dfrac{10}{5}=2$ となるんだね。大丈夫だった？

以上で，今日の授業は終了です！今日の方程式で様々な1次方程式の問題が解けるようになって面白かったと思う。でも，頭に定着させるためには反復練習が大事だから，頑張ってくれ！では，次回の授業でまた会おう！

元気でな…。

7th day／方程式の応用

みんな，おはよう！ 調子はいい？ 前回の授業では，与えられた1次方程式を解く練習をしたわけだけど，今回の授業では，与えられるのは文章なんだね。文章から求めたい数(これを，“**未知数**(みちすう)”という)を自分で x とおき，この x の方程式を立てて，答えを求めることになるんだね。一般に文章題と言われる応用問題をこれから解くことになる。

したがって，今回の授業では，様々なタイプの文章題を例題や練習問題でタップリ解いていくことにしよう。

● 方程式を立てて解いてみよう！

それではまず，手始めに，次の文章題を実際に解いてみよう。

(ex1) ある数を3倍して1をたしたら10になる。このとき，ある数を求めよう。まず，ある数を x とおくと，x を3倍して1をたしたもの，つまり $3x+1$ が10と等しいといっているので，方程式が，

$3x+1=10$ ……① と立てられる。①を解いて，

$3x=10-1$　$3x=9$　$\therefore x=\dfrac{9}{3}=3$ より，ある数は3である。……(答)

問題文では「ある数を求めよう」となっていて，x は自分でおいたものだから，答えは「$x=3$」とはせずに「ある数は3」と答えよう。

(ex2) ある数から2を引いた差を3で割ったものが，ある数に1をたしたものと等しいとき，ある数を求めよう。

ある数を x とおくと，

$\dfrac{x-2}{3}=x+1$ ……② となる。②を解いて，

$\dfrac{x-2}{3}$：x から2を引いた差を3で割ったもの
$x+1$：x に1をたしたもの

文章題の解き方
(i) 未知数を x とおく。
(ii) x の方程式を立てる。
(iii) 方程式を解いて x の値を求める。
(iv) 問題文に合せて答える。

$x-2=3(x+1)$　　$x-2=3x+3$

$-2-3=3x-x$　$2x=-5$　$\therefore x=-\dfrac{5}{2}$ より，求める数は $-\dfrac{5}{2}$ である。

$-2-3=-(2+3)=-5$　$3x-x=(3-1)x=2x$

………(答)

ン？ このくらいならチョロイって!? いいね。さらに本格的な文章題を解いていこう。

● ものを買ったときの代金の問題を解いてみよう！

では，1次方程式の文章題としてよく問われるものとして，買い物の代金やおつりの問題を，次の練習問題で解いてみよう。

練習問題 26 代金の方程式  CHECK 1  CHECK 2  CHECK 3

次の各問いに答えよう。

(1) 1冊180円のノートを何冊か買い，それを120円の袋に入れてもらった。このときの代金の合計は1200円であった。買ったノートの冊数を求めよう。

(2) 1個120円のキーウィーと1個200円のリンゴを合せて12個買ったら，代金は合計で2000円であった。このとき，買ったキーウィーとリンゴの個数を求めよう。

(3) 1個の定価150円のチョコレートを何割引きかで9個買ったら，代金は1080円だった。このとき，何割引きであったか求めよう。

(4) 1本80円の鉛筆を何本か買い，1本120円のボールペンを鉛筆の2倍の本数買って，1000円札を渡したら，おつりが360円であった。このとき，買った鉛筆とボールペンの本数を求めよう。

(1)では，買ったノートの冊数を x と，(2)では，買ったキーウィーの個数を x と，また，(3)では，チョコレートの割引き率を x(割)とし，そして，(4)では，買った鉛筆の本数を x とおけばいいんだね。頑張ろう！

(1) 1冊180円で買ったノートの冊数を x とおくと，

$180x+120=1200$ ……㋐ となる。

（180円のノート x 冊と120円の袋の代金の合計）

㋐の両辺は60で割れるので，

$\frac{180x+120}{60}=\frac{1200}{60}$

$\frac{180}{60}x+\frac{120}{60}=20$ ←（割り算の分配の法則）

$3x+2=20$　$3x=20-2$　$3x=18$　よって，$x=\frac{18}{3}=6$ より，

買ったノートの冊数は6冊である。 ……………………………………(答)

(2) 1個120円のキーウィーを x 個買い，1個200円のリンゴを $(12-x)$ 個買った

（キーウィーとリンゴを合計で12個買っているので，キーウィーを x 個とすると，リンゴは $12-x$ 個となる。）

ものとすると，そのときの合計の代金が2000円より，

$120x+200(12-x)=2000$ ……㋑ となる。

㋑の両辺を20で割ると，

$\frac{120x+200(12-x)}{20}=\frac{2000}{20}$

(割り算の分配の法則)

よって，

$\frac{120}{20}x+\frac{200}{20}(12-x)=100$

よって，$6x+10(12-x)=100$

$6x+120-10x=100$　$(6-10)x+120=100$　（$-4x$）

$120-100=4x$　$4x=20$　$\therefore x=\frac{20}{4}=5$（キーウィー）

∴キーウィーは **5** 個，リンゴは **7** 個買った。…………………………(答)

（$12-x=12-5$）

(3) **1** 個の定価 **150** 円のチョコレートを x 割引きで **9** 個買った代金が **1080** 円より，

（x 割引き $=\left(1-\frac{x}{10}\right)$）

$150\times\left(1-\frac{x}{10}\right)\times 9=1080$ ……ⓤ となる。この両辺を **90** で割ると，

$\frac{15\times 90}{90}\left(1-\frac{x}{10}\right)=\frac{1080}{90}$　　$15\left(1-\frac{x}{10}\right)=12$　　$15-\frac{3}{2}x=12$

$15-12=\frac{3}{2}x$　　$\frac{3}{2}x=3$　　$\therefore\ x=3\times\frac{2}{3}=2$　（両辺に $\frac{2}{3}$ をかけた）

よって，この **9** 個のチョコレートを **2** 割引きで買ったことになる。……(答)

(4) **1000** 円渡して，おつりが **360** 円ということは，$1000-360=640$(円)が鉛筆とボールペンの代金になるんだね。つまり，（これを先に求めよう。）

1 本 **80** 円の鉛筆を x 本買い，**1** 本 **120** 円のボールペンを $2x$ 本買ったときの代金が **640** 円より，

$80x+120\times 2x=640$ ……ⓔ となる。

よって，$x+3x=8$ より，$4x=8$

（$x+3x=(1+3)x=4x$）

$\therefore\ x=\frac{8}{4}=2$（鉛筆）となる。

ⓔの両辺は **80** で割れるので，
$\frac{80x+240x}{80}=\frac{640}{80}$
(割り算の分配の法則)
よって，
$\frac{80}{80}x+\frac{240}{80}x=8$

これから，買った鉛筆は **2** 本で，ボールペンは **4** 本である。…………(答)

どう？文章題の解き方にもずい分慣れてきた？このように，文章題で x の方程式を立てて解く際に，結構係数の値が大きいので，割り算の分配の法則が必要となるんだね。これは右に公式として示しておくね。

割り算の分配の法則
$\frac{b+c}{a}=\frac{1}{a}(b+c)$
$=\frac{b}{a}+\frac{c}{a}$ となるので，
・$\frac{b+c}{a}=\frac{b}{a}+\frac{c}{a}$ と計算できるし，
分子が引き算のときも同様に，
・$\frac{b-c}{a}=\frac{b}{a}-\frac{c}{a}$ となる。

● 様々な量の増減や分配の文章題も解いてみよう！

では次は，お金だけでなく，年齢やゲームの得点など，様々な量の増減や分配についての文章題にチャレンジしてみよう。

練習問題 27　様々な量の増減など　CHECK 1　CHECK 2　CHECK 3

次の各問いに答えよう。

(1) 初めにA君とB君は共に30枚の画用紙をもっていた。その後B君はA君にある枚数の画用紙を与えたため，A君の画用紙の枚数はB君の画用紙の枚数の3倍になった。B君がA君に与えた画用紙の枚数を求めよう。

(2) A君は3000円，B君は500円を持っていたが，どちらも同じ金額のお小づかいをもらったため，A君のもっているお金はB君のもっているお金の3倍になった。2人がもらったお小づかいの金額を求めよう。

(3) あるゲームを行って，A君とB君の両方が得た得点の合計は65点である。そして，B君の得点は，A君の得点を$\frac{1}{2}$倍して20たしたものである。このとき，A君とB君の得点を求めよう。

(4) 現在A君は13歳で，A君の祖母(そぼ)は59歳である。この祖母の年齢がA君の年齢のちょうど3倍となるのは何年後になるか求めよう。

(1)では，A君がB君に与えた画用紙の枚数をxとし，(2)では，お小づかいの金額をxとし，また，(3)では，Aの得点をxとし，そして，(4)では，これからx年後として，式を立ててみよう。

(1) A君とB君ははじめ30枚ずつの画用紙をもち，その後，B君はA君にx枚の画用紙を与えたため，A君は$30+x$枚，B君は$30-x$枚の画用紙をもつことになり，A君の画用紙の枚数はB君の画用紙の枚数の3倍になっているので，

$\underbrace{30+x}_{\text{Aの画用紙}}=3(\underbrace{30-x}_{\text{Bの画用紙}})$ ……① となる。よって，$30+x=90-3x$

$x+3x=90-30$　　$4x=60$　　$\therefore x=\frac{60}{4}=15$ となる。

よって，B君がA君に与えた画用紙は15枚である。……………………(答)

どう？式を立てるのにも慣れてきた？

(2) 初めに A 君は 3000 円，B 君は 500 円もっていて，その後，2 人は同じ x 円のお小づかいをもらったので，A 君は $3000+x$ 円，B 君は $500+x$ 円のお金をもったことになる。そして，このとき，A 君のお金は B 君のお金の 3 倍になるので，

$3000+x=3(500+x)$ ……② となる。$3000+x=1500+3x$

$3000-1500=3x-x$　　$2x=1500$　　$\therefore x=\dfrac{1500}{2}=750$ となる。

よって，A 君と B 君がもらったお小づかいは 750 円である。…………(答)

(3) あるゲームを行って，A 君と B 君が得た得点の合計は 65 点であり，A 君の得点を x 点とすると，B 君の得点は問題文より，$\dfrac{1}{2}x+20$ 点となる。よって，

$x+\dfrac{1}{2}x+20=65$ ……③ となる。$\left(1+\dfrac{1}{2}\right)x=65-20$

（A の得点）（B の得点）　$\left(1+\dfrac{1}{2}\right)x$ ＝ $\dfrac{3}{2}x$，$65-20$ ＝ 45

$\dfrac{3}{2}x=45$　　$\therefore x=45\times\dfrac{2}{3}=30$ となる。

よって，A 君の得点は 30 点であり，B 君の得点は 35 点である。……(答)

（A の得点 $65-30$ ＝ 35）
もちろん，$\dfrac{1}{2}\times30+20$ から求めても同じだ。

(4) 現在，A 君は 13 歳，A 君の祖母 (おばあちゃん) は 59 歳であり，x 年後はそれぞれ $13+x$ 歳，$59+x$ 歳になる。そして，このとき，祖母の年齢が A 君の年齢の 3 倍になるとして，方程式を立てると，

$59+x=3(13+x)$ ……④ となる。$59+x=39+3x$

$59-39=3x-x$　　$2x=20$　　$\therefore x=\dfrac{20}{2}=10$ となる。

（$(3-1)x=2x$）

よって，祖母の年齢が A 君の年齢のちょうど 3 倍となるのは 10 年後である。

………(答)

実際に 10 年後，A 君は $13+10=23$ 歳であり，祖母は $59+10=69$ 歳になるので，$69=3\times23$ と，ナルホド祖母の年齢は A 君の年齢の 3 倍になるんだね。大丈夫？

● 分配と集金の過不足についての問題も解いてみよう！

では次のテーマに入ろう。果物やお菓子や文具などを，子供やお皿や袋などに分配して，その過不足についての問題もよく出題されるので，ここでシッカリ練習しておこう。

練習問題 28　配分と過不足の問題　CHECK 1　CHECK 2　CHECK 3 

次の各問いに答えよう。

(1) 何人かの子供達にみかんを配るとき，3 個ずつ配ると 6 個余り，4 個ずつ配ると 4 個不足する。このとき，みかんの個数と子供達の人数を求めよう。

(2) 何人かの生徒達にボールペンを配るとき，5 本ずつ配ると 8 本余り，6 本ずつ配ると 4 本不足する。このとき，ボールペンの本数と生徒達の人数を求めよう。

(3) 何枚かの皿にお菓子をのせるとき，4 個ずつのせると 23 個余り，7 個ずつのせると 22 個不足する。このとき，お菓子の個数とお皿の枚数を求めよう。

(4) いくつかの皿にりんごをのせるとき，7 個ずつのせるとりんごが 13 個余り，9 個ずつのせると 1 枚だけ皿が余り，それ以外の皿には 9 個ずつのりんごをのせられた。このとき，りんごの個数と皿の枚数を求めよう。

(5) いくつかの袋に鉛筆を入れるとき，9 本ずつ入れると鉛筆が 6 本不足し，11 本ずつ入れると袋が 2 つだけ余り，それ以外の袋には 11 本ずつの鉛筆が入れられた。このとき，鉛筆の本数と袋の数を求めよう。

慣れないと難しく感じるだろうね。**(1)** では，未知数として，子供の人数をとるか，みかんの個数をとるか迷うかもしれない。そんなときは，小さな数の方を未知数 x にすると，方程式が立てやすくなるんだね。子供の数を x として，みかんの数の方程式を立てていけばいい。他の問題も同様だよ。頑張ろうな！

(1) 子供の人数を x 人とおいて，x 人の子供達に，

(i) **3** 個ずつみかんを配ると，みかんは **6** 個余るので，みかんの個数は，

$3x+6$ 個となる。次に，

(ii) **4** 個ずつみかんを配ると，みかんは **4** 個不足するので，みかんの個数

$4x-4$ 個となるんだね。

よって，(i)(ii) の式は同じみかんの個数を表しているので，

$3x+6=4x-4$ 　　よって，$6+4=4x-3x$ 　　$\therefore x=10$ ← 子供の人数

（$4x-3x$ の注：$(4-3)x=x$）

よって，子供の数は **10** 人であり，みかんの個数は **36** 個である。………(答)

$x=10$ を，$3x+6$ に代入しても $3\times10+6=36$ となり，$4x-4$ に代入しても $4\times10-4=36$ となる。

(2) 生徒の人数を x 人とおいて，x 人の生徒達に，

(i) **5** 本ずつボールペンを配ると **8** 本余るので，ボールペンの本数は，

$5x+8$ 本となる。次に，

(ii) **6** 本ずつボールペンを配ると **4** 本不足するので，ボールペンの本数は，

$6x-4$ 本となる。

よって，(i)(ii)の式は同じボールペンの個数を表しているので，

$5x+8=6x-4$　　よって，$8+4=6x-5x$　　$\therefore x=12$ ← 生徒の人数

$(6-5)x=x$

よって，生徒の人数は **12** 人であり，ボールペンの本数は **68** 本である。

$x=12$ を，$5x+8$ に代入しても，$5\times12+8=60+8=68$ となるし，また，$6x-4$ に代入しても，$6\times12-4=72-4=68$ となる。

………(答)

(3) 皿の枚数を x 枚とおいて，この x 枚の皿に，

(i) **4** 個ずつお菓子をのせると，**23** 個余るので，お菓子の個数は，

$4x+23$ 個となるし，また，

(ii) **7** 個ずつお菓子をのせると，**22** 個不足するので，お菓子の個数は，

$7x-22$ 個となる。

よって，(i)(ii)の式は同じお菓子の個数を表しているので，

$4x+23=7x-22$　よって，$23+22=7x-4x$　$3x=45$　$\therefore x=\dfrac{45}{3}=15$ ← 皿の枚数

$(7-4)x=3x$

よって，皿の枚数は **15** 枚で，お菓子の個数は **83** 個である。…………(答)

$x=15$ を，$4x+23$ に代入して，$4\times15+23=60+23=83$ となるし，また，$7x-22$ に代入して，$7\times15-22=105-22=83$ となる。

(4) 皿の枚数を x 枚とおいて，この x 枚の皿に，

(i) **7** 個ずつりんごをのせると，りんごが **13** 個余るので，りんごの個数は，

$7x+13$ 個となるし，

(ii) **9** 個ずつりんごをのせると，皿が **1** 枚だけ余り，$x-1$ 枚の皿にちょうど **9** 個ずつのりんごがのるので，りんごの個数は $9(x-1)$ 個となる。

よって，(ⅰ)(ⅱ)の式は同じりんごの個数を表しているので，

$7x+13=9(x-1)$　よって，$7x+13=9x-9$　$13+9=9x-7x$

$(9-7)x=2x$

$\therefore 2x=22$ より，$x=\frac{22}{2}=11$ 皿の枚数

よって，皿の枚数は **11** 枚で，りんごの個数は **90** 個である。…………(答)

$x=11$ を，$7x+13$ に代入して，$7\times11+13=77+13=90$ となるし，また，$9(x-1)$ に代入しても，$9(11-1)=9\times10=90$ となる。

(5) 袋の個数を x 個とおいて，この x 個の袋に，

(ⅰ) **9** 本ずつ鉛筆を入れると，鉛筆が **6** 本不足するので，鉛筆の本数は，

$9x-6$ 本となるし，また，

(ⅱ) **11** 本ずつ鉛筆を入れると，袋が **2** 個だけ余り，$x-2$ 個の袋にちょうど **11** 本ずつの鉛筆が入るので，鉛筆の本数は，$11(x-2)$ 本となる。

よって，(ⅰ)(ⅱ)の式は同じ鉛筆の本数を表しているので，

$9x-6=11(x-2)$　$9x-6=11x-22$　$22-6=11x-9x$

$(11-9)x=2x$

$\therefore 2x=16$ より，$x=\frac{16}{2}=8$ 袋の数

よって，袋の数は **8** 個で，鉛筆の本数は **66** 本である。……………………(答)

$x=8$ を，$9x-6$ に代入して，$9\times8-6=72-6=66$ となるし，また，$11(x-2)$ に代入しても，$11(8-2)=11\times6=66$ となる。

では次のテーマ，“**集金**”の問題を解いてみよう。

練習問題 29　集金の問題　CHECK 1　CHECK 2　CHECK 3

次の各問いに答えよう。

(1) ある生徒数のクラスのクラス会の費用を集めるために，生徒から **130** 円ずつ集めると **140** 円不足し，**150** 円ずつ集めると **300** 円余る。このとき，このクラスの生徒数とクラス会の費用を求めよう。

(2) ある人数のグループの団体旅行の費用を集めるために，グループの人達から **15000** 円ずつ集めると **8000** 円不足し，**20000** 円ずつ集めると **32000** 円余る。このとき，このグループの人数と団体旅行の費用を求めよう。

集金の問題の場合，集めるべき費用に対して，集金額が(ⅰ)不足する場合はその分をたし，(ⅱ)余る場合はその分を引くことになる。これは，分配の問題とは逆になっているので，注意する必要があるんだね。

(1) クラスの生徒数を x 人とおくと，集めるべきクラス会の費用は，

(ⅰ) x 人の生徒から **130** 円ずつ集めると，**140** 円不足するので，その分をたして，$130x+140$ 円となる。また，

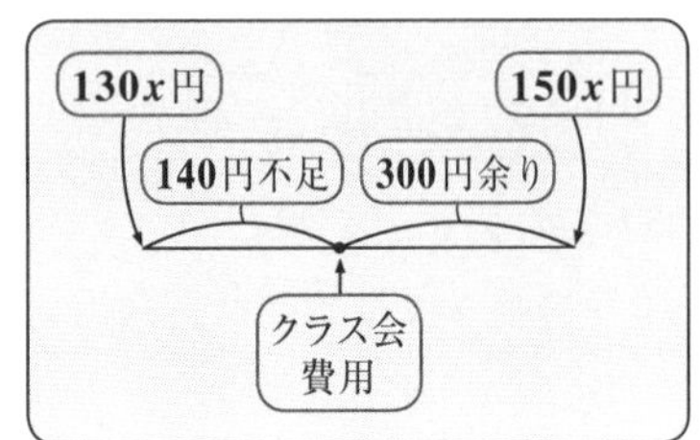

(ⅱ) x 人の生徒から **150** 円ずつ集めると，**300** 円余るので，その分を引いて，$150x-300$ 円となる。

(何故こうなるのか？右図で分かるでしょう。)

(ⅰ)(ⅱ)の式は，同じ集めるべきクラス会の費用なので，

$130x+140=150x-300$ となる。よって，$13x+14=15x-30$

$14+30=15x-13x$　$2x=44$　$\therefore x=\frac{44}{2}=22$ ← クラスの生徒数

$(15-13)x=2x$

よって，クラスの生徒数は **22** 人で，クラス会の費用は **3000** 円である。

$x=22$ を，$150x-300$ に代入して，$150\times22-300=3300-300=3000$ となる。 ………(答)

(2) グループの人数を x 人とおくと，集めるべき団体旅行の費用は，

(ⅰ) x 人から **15000** 円ずつ集めると，**8000** 円不足するので，その分をたして，$15000x+8000$ 円となる。また，

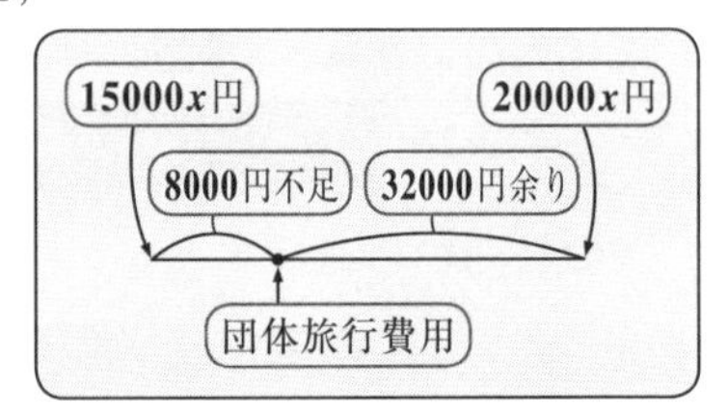

(ⅱ) x 人から **20000** 円ずつ集めると，**32000** 円余るので，その分を引いて，$20000x-32000$ 円となる。

(ⅰ)(ⅱ)の式は，同じ集めるべき団体旅行の費用なので，

$15000x+8000=20000x-32000$ となる。両辺を **1000** で割って，

$15x+8=20x-32$　　$8+32=20x-15x$　　$5x=40$

$\therefore x=\frac{40}{5}=8$ ← グループの人数　　$(20-15)x=5x$

よって，グループの人数は **8** 人で，団体旅行の費用は **128000** 円である。

$x=8$ を，$15000x+8000$ に代入して，$15000\times8+8000=120000+8000=128000$ となる。 ………(答)

かなり問題のレベルも上がってきたけれど，面白くなってきたでしょう？

● 速さと時間と道のりの文章題も解いてみよう！

また，道のり(x)，速さ(v)，時間(t)の問題にチャレンジしよう。使う公式は，

(i) $x=vt$，(ii) $t=\dfrac{x}{v}$，(iii) $v=\dfrac{x}{t}$ の3つだね。

(i) $x=vt$ より，
・vを移項して，
(ii) $t=\dfrac{x}{v}$となり，
・tを移項して，
(iii) $v=\dfrac{x}{t}$となる。

また，単位についても，次の3通りがあるので注意しよう。

(i) x(m)，v(m/秒)，t(秒)，(ii) x(m)，v(m/分)，t(分)，

(iii) x(km)，v(km/時)，t(時間)

では，これから実際に問題を解いてみよう。

練習問題 30　速さと時間と道のり (I)　CHECK 1　CHECK 2　CHECK 3

次の各問いに答えよう。

(1) まず，ある速さで10分間歩いた後で，分速60mで20分間歩いた結果，2000mの道のりを移動していた。初めの速さを求めよう。

(2) 自転車に乗って，まず，分速200mで数分間走り，次に分速150mで，前の2倍の時間を走った結果，4000mの道のりを移動していた。それぞれの速さで何分間ずつ走ったか，求めてみよう。

(3) 全部で9kmの道のりの内，まず初めの数kmを時速4kmで移動し，次に残りの道のりを時速3kmで移動するのにかかった時間は2.5時間であった。このとき，時速4kmで移動した道のりを求めよう。

(1)では，初めの速さを分速v(m)とおき，(2)では，分速200mで移動した時間をt(分)とおこう。また，(3)では，時速4kmで移動した道のりをx(km)とおいて解いてみよう。

(1) まず，速さ v(m/分) で10分歩き，次に速さ 60(m/分) で20分間歩いた
（v(m/分)：分速のことで，これが未知数）（60(m/分)：分速60mのこと）

結果，トータルの移動距離（道のり）は2000(m)であるので，

$v\times10+60\times20=2000$，すなわち $10v+1200=2000$ となる。よって，（まず，両辺を10で割る。）

$v+120=200$ より，$v=200-120=80$(m/分)
（未知数vの方程式）

よって，初めの速さは分速 **80m** である。…………………………………(答)

(2) 初めに，分速 **200m** の速さで t 分間走り，次に分速 **150m** で $2t$ 分間走った結果の道のり (移動距離) が **4000m** より，

$200t+\underbrace{150\times2t}_{300t}=4000$ となる。両辺を **100** で割ると，（未知数 t の方程式）

$\underbrace{2t+3t}_{5t}=40$　　$5t=40$　　$\therefore\ t=\dfrac{40}{5}=8$(分) である。

よって，初めに分速 **200m** で **8** 分走り，次に分速 **150m** で **16**（2×8）分走った。

………(答)

(3) 全部で **9km** の道のり (移動距離) の内，初めに **4(km/時)**（時速 **4km** のこと）で移動する道のりを x **km**（これが，今回の未知数）とおくと，その後，**3(km/時)**（時速 **3km** のこと）で移動する道のりは $(9-x)$**km** となる。よって，公式 $t=\dfrac{x}{v}$ を用いると，初めの x**km** を移動する時間は $\dfrac{x}{4}$ 時間であり，次の $(9-x)$**km** を移動する時間は $\dfrac{9-x}{3}$ 時間であり，これらの和が $\dfrac{5}{2}(=2.5)$ 時間と問題文で与えられているので，

$\dfrac{x}{4}+\dfrac{9-x}{3}=\dfrac{5}{2}$ となる。この両辺に **12** をかけて，

$12\left(\dfrac{x}{4}+\dfrac{9-x}{3}\right)=\underbrace{12\times\dfrac{5}{2}}_{30}$　　$3x+4(9-x)=30$

$3x+36-4x=30$　　$\underbrace{3x-4x}_{(3-4)x=-x}+36=30$　　$-x+36=30$

$36-30=x$　　$\therefore\ x=6\text{km}$

よって，初めに時速 **4km** で移動した道のりは **6km** である。…………(答)

ン？結構難しかったって？そうだね。でも，反復練習すれば，みんな解けるようになるからね。**1** 回でマスターしようとせず，繰り返し解いてみることだね。では，さらに練習しておこう。

練習問題 31　速さと時間と道のり (Ⅱ)　CHECK 1　CHECK 2　CHECK 3

兄は分速 200m で，また弟は分速 60m で移動するものとして，以下の各問いに答えよう。

(1) 2340m 離れた A 地点と B 地点がある。兄は A 地点から B 地点へ，また弟は B 地点から A 地点へ同時に移動し始めたとき，兄と弟が出会うのは 2 人が出発して何分後になるか，求めよう。

(2) 1 周 2000m の池の周りの道に A 地点がある。

(i) A 地点から弟がまず右まわりに出発し，その 3 分後に兄が A 地点から左まわりに出発する。このとき，兄と弟が初めて出会うのは兄が出発して何分後になるか，求めよう。

(ii) A 地点から兄がまず右まわりに出発し，その 3 分後に弟が A 地点から同じ右まわりに出発する。このとき，兄が弟に初めて追いつくのは弟が出発して何分後になるか，求めよう。

(1) では，2 人が出発して，出会うまでの時間を x 分とし，(2)(i) では，兄が出発して 2 人が出会うまでの時間を x 分とし，(2)(ii) では，弟が出発して，兄が弟に追いつくまでの時間を x 分とおいて解いていけばいいんだね。図も利用すると分かりやすいはずだ。

(1) 兄弟 2 人が同時に出発して出会うまでの時間を x 分とおくと，図 (1) より明らかに，次の方程式が立てられる。

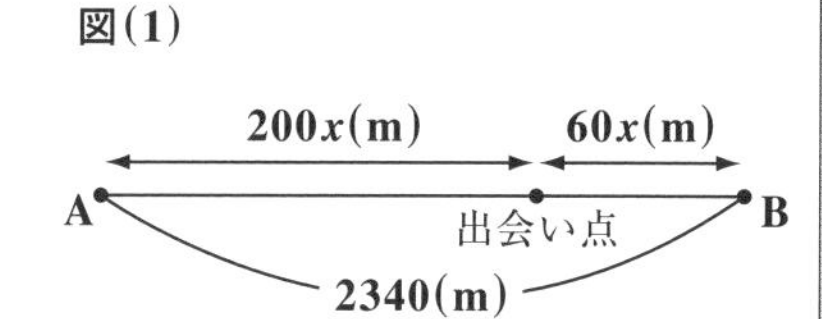

$\underbrace{200x+60x}_{260x}=2340$

両辺を 20 で割ると，

$13x=117$ より，$\therefore x=\dfrac{117}{13}=9$

$$\begin{array}{r} 9 \\ 13\,\overline{)\,117} \\ 117 \\ \hline 0 \end{array}$$

よって，2 人が出発して 9 分後に 2 人は出会う。……………………(答)

このように，図のイメージがあると，解きやすくなるでしょう。次の (2) は，池のまわりを移動する問題なので，これも図を描いて考えてみよう。

(2)(ⅰ) 1周 2000m の池のまわりを図(2)(ⅰ)のように，弟が A 地点から右まわりに，またその 3 分後に兄が A 地点から左まわりに出発し，兄の出発の x 分後に 2 人が出会うものとすると，

図(2)(ⅰ)

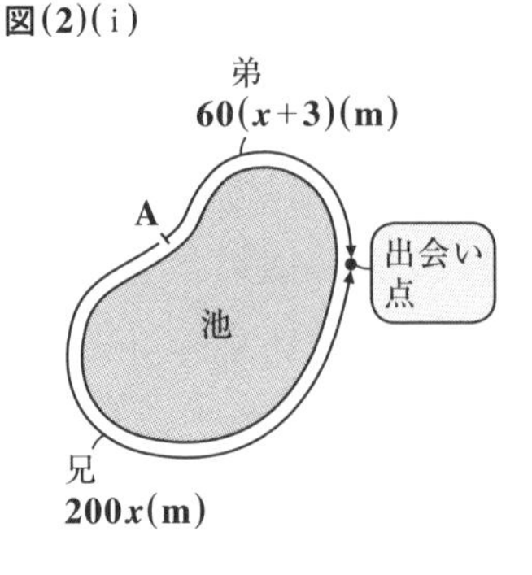

・弟の道のりは $60\times(x+3)$m

・兄の道のりは $200\times x$m

であり，この和が池の周長の 2000m となるので，

$60(x+3)+200x=2000$ となる。この両辺を 20 で割って，

$3(x+3)+10x=100$　　$3x+10x+9=100$　　$13x=100-9$

$(3+10)x=13x$

$13x=91$　　$\therefore x=\dfrac{91}{13}=7$ となる。

よって，2 人が出会うのは，兄が出発して 7 分後である。…………(答)

(ⅱ) 図(2)(ⅱ)のように，A 地点から兄が右まわりに出発し，その 3 分後に弟が A 地点から同様に出発し，x 分後に，弟は兄から追いつかれることになるものとすると，

図(2)(ⅱ)

弟 60x(m)

A

追いつき点

池

兄 200(x+3)(m)

・兄の道のりは $200(x+3)$(m)

・弟の道のりは $60x$(m)

であり，この差が池の周長 2000m となる。(つまり，兄は弟より 2000m だけ大きく移動している。) よって，

$200(x+3)-60x=2000$ となる。この両辺を 20 で割って，

$10(x+3)-3x=100$　　$10x-3x+30=100$

$(10-3)x=7x$

$7x=100-30$　　$7x=70$　　$\therefore x=\dfrac{70}{7}=10$ となる。

よって，弟が出発して 10 分後に，兄は弟に追いつく。……………(答)

● 比を使った方程式も解いてみよう！

では最後に，比を利用した方程式の問題にもチャレンジしておこう。

$(ex1)$ **8** 分で **1200m** 移動する速さは，時速何 **km** となるか，求めてみよう。

時速とは，**1** 時間（$=60$ 分）に移動する距離のことだから，これを x(m) とおくと，$8:1200=60:x$ となる。よって，$\underbrace{8x}_{外項の積}=\underbrace{60\times1200}_{内項の積}$ より，

$x=\dfrac{\overset{30}{\cancel{60}}\times\overset{300}{\cancel{1200}}}{8}=9000$m となる。よって，**1** 時間に **9km**（$=9000$m）進むので，この速さは，時速 **9km** になるんだね。大丈夫？

$(ex2)$ 初め **A** 君は **2400** 円，**B** 君は **1800** 円をもっている。この後，**1** 本 **80** 円の鉛筆を **A** 君は何本か買い，**B** 君は **A** 君の **2** 倍の本数の鉛筆を買ったため，**A** 君と **B** 君のもっているお金の比は **2：1** になった。**A** 君と **B** 君の買った鉛筆の本数を求めよう。

A 君が x 本，**B** 君が $2x$ 本の鉛筆を買った後では，

(i) **A** 君のお金は $2400-80x$ 円，(ii) **B** 君のお金は $1800-\underbrace{160x}_{80\times2x}$ 円となる。そして，この比が **2：1** より，

$(2400-80x):(1800-160x)=2:1$ となる。よって，

$1\times(2400-80x)=2(1800-160x)$　　$\underbrace{2400}_{30\times80}-80x=\underbrace{3600}_{45\times80}-\underbrace{320x}_{4\times80}$

この両辺を **80** で割ると，$30-x=45-4x$　　$\underbrace{4x-x}_{(4-1)x=3x}=45-30$

$3x=15$　　$\therefore x=\dfrac{15}{3}=5$ となる。

よって，**A** は $\underbrace{5}_{x}$ 本，**B** は $\underbrace{10}_{2x}$ 本の鉛筆を買った。

今日の授業はこれで終了です！みんな，少し疲れちゃったみたいだね。かなりハードな授業だったからね。だから，シッカリ休みをとって，元気を回復したら，また練習して，シッカリマスターしてくれ。こんな応用問題がスラスラ解けるようになると，そりゃースバラシイからね。では，次回の授業でまた会おう！バイバーイ…。

1. 1次方程式の解法（天秤法）

等式（方程式）$A=B$ が成り立つとき，次の式が成り立つ。

(i) $A+C=B+C$　　(ii) $A-C=B-C$

(iii) $CA=CB$　　(iv) $\dfrac{A}{C}=\dfrac{B}{C}$　$(C\neq 0)$

これから，1次方程式の変形（移項）の仕方が導ける。

$\left((ex)\ 3x-2=-x+4\right.$ より，$4x=6$　$\left.\therefore x=\dfrac{3}{2}\right)$

2. 比例の式

$a:b=c:d$ ならば，$ad=bc$ が成り立つ。

3. 方程式の応用（文章題の解法）

(i) 代金の問題

$\left((ex)\ 180x+120=1200\right.$ より，$3x+2=20$　$3x=18$　$\left.\therefore x=\dfrac{18}{3}=6\right)$

(ii) 量の増減と分配の問題

$\left((ex)\ 30+x=3(30-x)\right.$ より，$30+x=90-3x$　$4x=60$　$\left.\therefore x=\dfrac{60}{4}=15\right)$

(iii) 分配と過不足の問題

$((ex)\ 3x+6=4x-4$ より，$x=4+6=10)$

(iv) 集金の問題

$\left((ex)\ 130x+140=150x-300\right.$ より，$2x=44$　$\left.\therefore x=\dfrac{44}{2}=22\right)$

(v) 速さと時間と道のりの問題

$((ex)\ 10v+1200=2000$ より，$v=200-120$　$\therefore v=80)$

(vi) 比例の問題

$\Big((ex)\ (2400-80x):(1800-160x)=2:1$ より，

$2400-80x=2(1800-160x)$　$30-x=45-4x$

$3x=15$　$\therefore x=5\Big)$

第 4 章
CHAPTER

4 比例と反比例

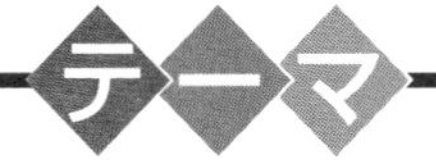

◆ **比例と比例の関数**

$\left(y=ax \quad (a：\text{比例定数})(x,\ y：\text{変数})\right)$

◆ **反比例と反比例の関数**

$\left(y=\dfrac{a}{x} \quad (a：\text{比例定数})(x,\ y：\text{変数})\right)$

8th day / 比例と比例の関数

みんな，おはよう！ さァ，今日から気分も新たに，"**比例と反比例**" の解説に入ろう。この比例と反比例は，いずれも "**関数**" の形で表すことができるんだね。ン？ 関数って何，って顔をしてるね。関数とは，簡単に言えば，**2**つの変数xとyの関係式のことで，一般には$y=(x$の式$)$の形で表されるんだね。

ン？ まだ抽象的だって？ いいよ，具体的に関数の例を示すと，$y=5x$や$y=\frac{2}{x}$や$y=-x+1$や$y=x^2+2x$，… などなど，いくらでも示すことができる。でも，中**1**数学で勉強するのは，これらの中でも最もシンプルな，比例を表す関数$y=ax$（a：定数）と反比例を表す関数$y=\frac{a}{x}$（a：定数）なんだね。

（$y=5x$は，この**1**例）　（$y=\frac{2}{x}$は，この**1**例）

それではまず，今日の授業では，比例とその関数$y=ax$について，グラフまで含めて詳しく解説しよう。みんな，準備はいい？

● まず，関数と変域を押さえよう！

図**1**に示すように，部屋の床に距離が**2m**(=**200cm**)となるように**2**点**A**，**B**を定め，この線分**AB**上を（直線の**1**部のこと）速さ**5cm/秒**（秒速**5cm**のこと）でおもちゃの車を点**A**から点**B**に向けて走らせることにする。$x=0$秒のときに，この車は点**A**にあり，この車の移動距離(道のり)をy**cm**とすると，$x=0$秒のとき$y=0$**cm**であり，さらに，

図1 比例関係

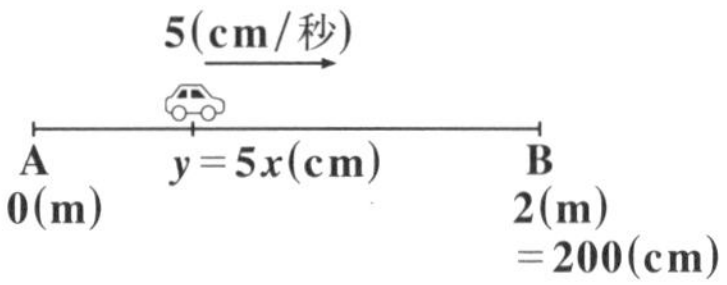

- $x=1$秒のとき，$y=5$**cm**
- $x=2$秒のとき，$y=10$**cm**
- $x=3$秒のとき，$y=15$**cm**

→ これから，$y=5x$と表されることがわかるね。$x=1, 2, 3, \cdots$を代入すると，順にyは$y=5, 10, 15, \cdots$となるからね。

よって，これから，$y=5x$ の関係式が成り立つことが分かるね。ここで，x と y は値が変化するので，これらを“**変数**”という。では，ここで“**関数**”の定義を下に示そう。

関数の定義

> **2** つの変数 x と y があって，x の値を決めると，それによって，y の値がただ **1** つ決まるとき，y は x の“**関数**”である，という。

したがって，$y=5x$ も，x の値が $x=1$ や 2，… などと決められると，y の値も $y=5$ や 10，… などと決まるので，y は x の関数といえるんだね。大丈夫？

ここで，今回の場合，$x=40$ のとき，$y=5\times40=200(\mathrm{cm})$ となって，車はB点に達するので，x の取り得る値の範囲は $0\leqq x\leqq40$ となる。これを，x の“**変域**”ということも覚えておこう。そして，もし，この x の変域の指定がない場合は，x は自由に値を取り得ることになる。

では，今回の問題をまとめると，道のり $y(\mathrm{cm})$ は，時間 x(秒) の関数であり，$y=5x$ ……① $(0\leqq x\leqq40)$ と表される。

そして，いったん①のように表されると，たとえば，

・$x=13$ のときは，①より，$y=5\times13=65$ となるし，また，

・$x=\dfrac{11}{3}$ のときは，①より，$y=5\times\dfrac{11}{3}=\dfrac{55}{3}$ となる。どう？ いったん関数にしてしまうと，いろんな計算ができるようになって，面白いでしょう？

今回の問題では，車の移動と線分ABの範囲に限定していたけれど，右図のように，Aより左側に車があるときを，負(⊖)の時間とすると，①式の x に⊖の値，たとえば -2 や -5 などを代入したっていいんだね。また，この車をBの右側にさらに走らせることにすると，当然，x に 40 より大きな値を代入して，y の値を求めることもできるんだね。大丈夫だった？

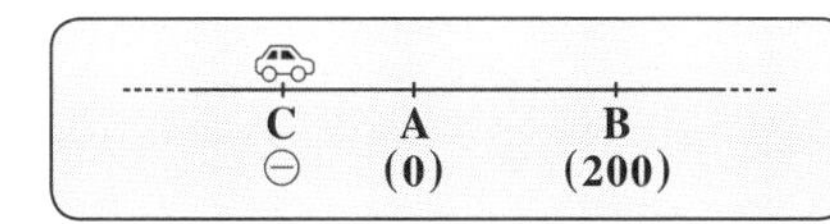

● 比例を表す関数は $y=ax$ だ！

では次，**2** つの変数 x と y の比が一定であるとし，$x:y=1:a$ ……② (a：定数) とおく。ここで，x と y は変数で，a は定数であることに注意しよう。

（x：変数，y：変数，a：定数）

すると，$x:y=1:a$ ……②より，$y\times1=a\times x$，すなわち，比例を表す関数：$y=ax$ が導ける。以上をまとめておこう。

比例と比例を表す関数

y が x の関数で，$y=ax$ ……(*) であるとき，y は x に比例するという。
また，a は定数で，“**比例定数**(ひれいていすう)” という。

したがって，前に解説したおもちゃの自動車の例題の関数は $y=5x$ だったから，この (*) の a が 5 のときの比例を表す関数だったんだね。

それでは，いくつか例題で練習しておこう。

(ex1) $y=2x$ ……㋐ の場合，(i) $x=-2$ のときと，(ii) $x=4$ のときの y の値を求めよう。

関数が与えられたら，x に値を代入すると，ただ 1 つの y の値が定まるんだね。よって，

(i) $x=-2$ のとき，これを㋐に代入して，$y=2\times(-2)=-4$ となる。

(ii) $x=4$ のとき，これを㋐に代入して，$y=2\times4=8$ となる。大丈夫？

(ex2) $y=\frac{2}{3}x$ ……㋑ の場合，(i) $x=6$ のときの y の値と，(ii) $y=\frac{1}{2}$ のときの x の値を求めよう。

(i) $x=6$ のとき，これを㋑に代入して，$y=\frac{2}{3}\times6=4$ となる。

(ii) 逆に，㋑に y の値を代入することにより，x の値を求めることもできるんだね。

$y=\frac{1}{2}$ を㋑に代入して，$\frac{1}{2}=\frac{2}{3}x$　この両辺に $\frac{3}{2}$ をかけて，

$\frac{3}{2}\times\frac{1}{2}=\frac{3}{2}\times\frac{2}{3}x$　　$\therefore x=\frac{3}{4}$ となる。

($\frac{3}{2}$：$\frac{2}{3}$ の逆数)

どう？比例の関数にも慣れてきた？(ex2)(ii) のように，比例や反比例の計算では，分数同士の割り算もよく出てくるので，ここで “**繁分数**(はんぶんすう)” の計算のやり方についても教えておこう。分数同士の割り算のやり方としては，

$\frac{b}{a}\div\frac{d}{c}=\frac{b}{a}\times\frac{c}{d}=\frac{bc}{ad}$ ……㋒ となることは既に教えた。しかし，この $\frac{b}{a}\div\frac{d}{c}$ は，

($\frac{d}{c}$ の逆数をとって，かけ算にする。)

$\frac{b}{a}$ を $\frac{d}{c}$ で割るので，そのとき素直に，

$\dfrac{\frac{b}{a}}{\frac{d}{c}}$ と"**繁分数**(はんぶんすう)"で表すこともできる。この繁分数は次のように「分子の分母

(分子も分母も分数になって，繁雑な分数だから，繁分数と呼ぶんだろうね。)

は下へ，分母の分母は上へ」と口ずさみながら次にように計算できる。すると，

(分母の分母は上へ)(分子の分母は下へ)

$\dfrac{\frac{b}{a}}{\frac{d}{c}} = \dfrac{bc}{ad}$ となって，㋒と同じ結果が導けただろう？

では，$(ex2)$(ⅱ) $\dfrac{2}{3}x = \dfrac{1}{2}$ をもう1度，繁分数のやり方で解いてみよう。

(上へ)(下へ)

$x = \dfrac{\frac{1}{2}}{\frac{2}{3}} = \dfrac{1 \times 3}{2 \times 2} = \dfrac{3}{4}$ と計算できる。ン？また1つ賢くなったって？

いいね(^o^)/

● 比例の式 $y = ax$ の問題を解こう！

それでは，練習問題で，さらに練習しておこう。

練習問題 32 比例の関数(Ⅰ) CHECK 1 CHECK 2 CHECK 3

y が x に比例し，$x = 3$ のとき $y = 6$ である。このとき，次の各問いに答えよう。

(1) y を x の式で表そう。

(2)(ⅰ) $x = 5$ のときと，(ⅱ) $x = -\dfrac{1}{3}$ のときの y の値を求めよう。

(3)(ⅰ) $y = \dfrac{3}{4}$ のときと，(ⅱ) $y = -3$ のときの x の値を求めよう。

y と x は比例するので，$y = ax$ が成り立つ。(1)で，a の値を求め，(2)では，x の値を代入して，y の値を求めよう。そして，(3)では，逆に y の値を代入して，x の値を求めればいいんだね。

(1) y が x に比例するので，$y = ax$ ……① と表せる。

$x = 3$ のとき $y = 6$ より，これらを①に代入して，$6 = a \times 3$ $\therefore a = \dfrac{6}{3} = 2$

(まず，比例定数を求める！)

よって，①は，$y = 2x$ ……①′ となる。 ……………………………………(答)

(2) $y=2x$ ……①′ より,

(i) $x=5$ のとき，これを①′ に代入して，

$y=2\times5=10$ となる。……(答)

(ii) $x=-\frac{1}{3}$ のとき，これを①′ に代入して，

$y=2\times\left(-\frac{1}{3}\right)=-\frac{2}{3}$ となる。……(答)

x が負でも計算できる。

(3) $y=2x$ ……①′ より,

(i) $y=\frac{3}{4}$ のとき，これを①′ に代入して，

$\frac{3}{4}=2x$ より，$x=\frac{3}{8}$ となる。……(答)

$\frac{\frac{3}{4}}{2}=\frac{3}{8}$

(ii) $y=-3$ のとき，これを①′ に代入して，

$-3=2x$ より，$x=\frac{-3}{2}=-\frac{3}{2}$ となる。……(答)

では，もう 2 題練習しよう。

練習問題 33　比例の関数 (II)　CHECK 1　CHECK 2　CHECK 3

y が x に比例し，$x=6$ のとき $y=-3$ である。このとき，次の各問いに答えよう。

(1) y を x の式で表そう。

(2)(i) $x=7$ のときと，(ii) $x=-10$ のときの y の値を求めよう。

(3)(i) $y=\frac{1}{3}$ のときと，(ii) $y=-\frac{3}{4}$ のときの y の値を求めよう。

前問と同様の問題だけれど，$y=ax$ の a が負の値であることに注意しよう。

(1) y が x に比例するので，$y=ax$ ……㋐ と表せる。

a は負のときもある。

$x=6$ のとき $y=-3$ より，$-3=a\times6$　$\therefore a=\frac{-3}{6}=-\frac{1}{2}$

よって，㋐は，$y=-\frac{1}{2}x$ ……㋐′ となる。……(答)

(2) $y=-\frac{1}{2}x$ ……㋐′ より,

(i) $x=7$ のとき，これを㋐′に代入して,

$y=-\frac{1}{2}\times 7=-\frac{7}{2}$ となる。 ……………………………………………(答)

(ii) $x=-10$ のとき，これを㋐′に代入して,

$y=-\frac{1}{2}\times(-10)=\frac{10}{2}=5$ となる。 ……………………………………(答)

⊖を **2** 回かけると⊕

(3) $y=-\frac{1}{2}x$ ……㋐′ より,

(i) $y=\frac{1}{3}$ のとき，これを㋐′に代入して,

$\frac{\frac{1}{3}}{-\frac{1}{2}}=-\frac{1\times 2}{1\times 3}=-\frac{2}{3}$

$\frac{1}{3}=-\frac{1}{2}x$ より，$x=-\frac{2}{3}$ となる。……………………………………(答)

(ii) $y=-\frac{3}{4}$ のとき，これを㋐′に代入して,

$\frac{-\frac{3}{4}}{-\frac{1}{2}}=\frac{3\times 2}{1\times 4}=\frac{6}{4}=\frac{3}{2}$

⊖の数同士の割り算は⊕になる。

$-\frac{3}{4}=-\frac{1}{2}x$ より，$x=\frac{3}{2}$ となる。 ……………………………………(答)

練習問題 34　比例の関数(Ⅲ)

ある天然水 400ml が 80 円で販売されている。天然水の量を x(ml)，販売価格を y(円) とおくと，y は x に比例する。このとき,

(1) y を x の式で表そう。

(2) $x=1600$ml のとき，価格 y 円を求めよう。

(3) $y=2100$ 円のとき，水の量 $x$ml を求めよう。

これも比例関係 $y=ax$ の問題だね。(1)で，a の値を求め，(2)，(3)では，それぞれ y と x の値を求めよう。

(1) y は x に比例するので，$y=ax$ ……① とおける。

$x=400$(ml)（ミリリットル）のとき，$y=80$(円) より，これらを①に代入して,

$\underline{80}=a\times\underline{400}$　　$\therefore a=\frac{80}{400}=\frac{8}{40}=\frac{1}{5}$ より，

これを $y=ax$ ……①に代入して，$y=\frac{1}{5}x$ ……①′となる。……………(答)

(2) $x=1600$(ml)(ミリリットル)のとき，これを①′に代入して，

$y=\frac{1}{5}\times 1600=\frac{1600}{5}=320$(円)となる。…………………………………(答)

(3) $y=2100$(円)のとき，これを①′に代入して，

$2100=\frac{1}{5}x$　　$\therefore x=5\times 2100=10500$(ml)となる。……………………(答)

どう？このくらい練習すれば，比例の関数の問題にも自信が付いたでしょう？

● 座標について解説しよう！

それではここで話が変わるけれど，"**座標**(ざひょう)"について解説しよう。関数とは，x と y の関係式：$y=(x$ の式)のことで，x の値が与えられれば，y の値がただ1つ決まるものだと解説した。したがって，例として，$x=2$ のとき，$y=3$ となったとしよう。このとき，これらは，"**xy 座標系(ざひょうけい)の点 P(2, 3)**"として表すことができるんだね。（2：x座標，3：y座標）ン？何のことかよく分からないって？いいよ，これから詳しく解説しよう。

図2に示すように，横に… −2, −1, 0, 1, 2, …と目盛りのついた数直線を引き，これを"**x 軸**(エックスじく)"と呼び，さらに，x 軸の"**原点**(げんてん)"を通るように，x 軸と垂直に同様の数直線を引き，これを **y 軸**とする。この x 軸と y 軸を併せて"**座標軸**(ざひょうじく)"といい，この xy 座標軸によって設定された平面を **xy 座標平面**(ざひょうへいめん)または **xy 座標系**(ざひょうけい)と呼ぶことも覚えておこう。この xy 座標平面により平面に，町でいうならば番地が設定されたようなものなんだね。従って，点 P(2, 3) は，x 座標が 2，y 座標が 3 ということなので，図2に示すように，点 P の xy 平面上での位置が確定するんだね。

図2 xy 座標系と点

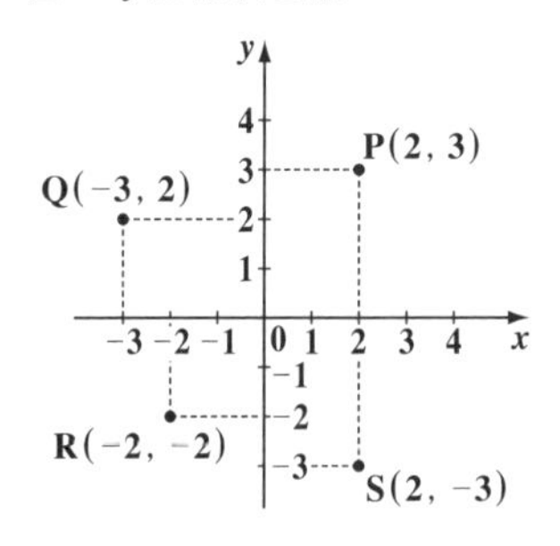

同様に，点 Q$(-3, 2)$，点 R$(-2, -2)$，点 S$(2, -3)$ も図 2 の xy 平面上に示

（"xy 座標平面" のことを簡単にこう呼んでもいい。）

しておいた。ここで，点 Q$(-3, 2)$ と点 S$(2, -3)$ は，x 座標と y 座標が入れ替わっているが，xy 平面上ではまったく異なる点であることに注意しよう。

では，次の練習問題で練習しておこう。

練習問題 35　点の座標　CHECK 1　CHECK 2　CHECK 3

右図の xy 座標平面上に 10 点 A, B, C, D, E, F, G, H, I, J を示す。これら各点の座標を表してみよう。

x 軸上の点 G と H の y 座標は 0 であり，y 軸上の点 I と J の x 座標は 0 となるんだね。

与えられた図より，各点の座標を求めると，

点 A$(5, 2)$，点 B$(2, 5)$，点 C$(-3, 3)$，点 D$(-2, -2)$，点 E$(2, -1)$，点 F$(3, -2)$ である。さらに，x 軸上の 2 点 G と H の座標は，G$(4, 0)$，H$(-1, 0)$

（x 軸上の点の y 座標は 0 となる。）

であり，また，y 軸上の 2 点 I と J の座標は，I$(0, 4)$，J$(0, -1)$ である。

（y 軸上の点の x 座標は 0 となる。）　………(答)

ン？ 点の座標での表し方は分かったけれど，これと比例の関数 $y=ax$ と何の関係があるのかって？ いいよ，これから解説していこう。

● 比例の関数 $y=ax$ は，xy 平面上で直線になる！

1 例として，x と y の比例関係を表す関数 $y=2x$ ……① について調べてみよう。x の値を $x=-2, -1, 0, 1, 2$ と変化させたとき，① より，y の値は順に $y=-4, -2, 0, 2, 4$ となる。よって，この①の関数は，点 $(-2, -4)$，

（$2\times(-2)$）（$2\times(-1)$）（2×0）（2×1）（2×2）

点 $(-1, -2)$，点 $(0, 0)$，点 $(1, 2)$，点 $(2, 4)$ を通るので，これらの点を xy 平面上に図示して，関数 $y=2x$ のグラフを調べてみよう。

すると，図3に示すように，これらの点を結ぶと，$y=2x$ は，原点 $(0, 0)$ を通る直線となることが分かると思う。

一般に，比例を表す関数

$y=ax$ ……② (a：定数)

は，$x=0$ のとき，$y=a\times0=0$ となるので，原点 $(0, 0)$ を通る直線となるんだね。

図3 $y=2x$ のグラフ

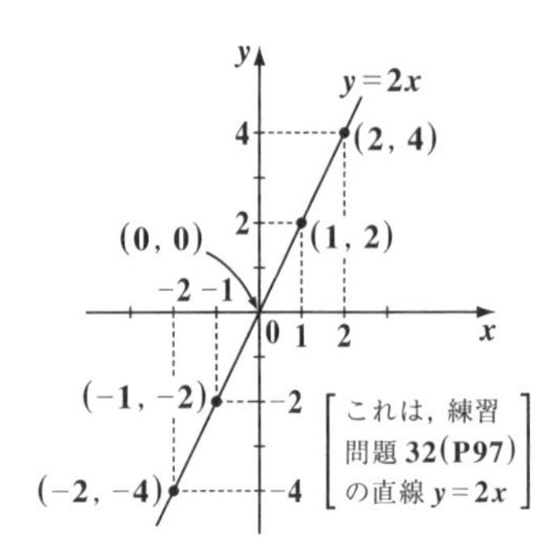

そして，直線であるならば，2点が決まると，その2点を結ぶことにより，1つの直線が決定できる。したがって，$y=ax$ ……②の直線のグラフを xy 平面上に描きたかったならば，原点ともう1つの点を求めればいいんだね。そのもう1点は，$x=1$ のとき，②より，$y=a\times1=a$ より，点 $(1, a)$ をとればいいんだね。よって，

(i) $a>0$ のときは，

右図に示すように，原点から「右に1行って，上に a だけ上がった」点 $(1, a)$ を取り，原点とこの $(1, a)$ を結ぶことにより，直線 $y=ax$ ……② が描かれる。

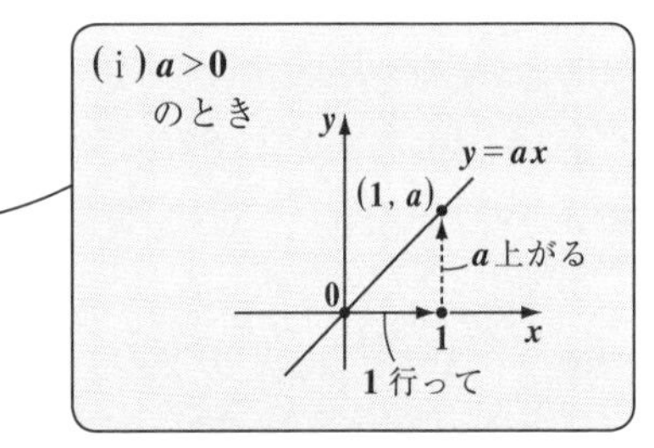

(ii) $a<0$ のときは，

右図に示すように，原点から「右に1行って，下に $|a|$ だけ下がった」点 $(1, a)$ を取り，原点とこの $(1, a)$ を結ぶことにより，直線 $y=ax$ ……② が描かれるんだね。

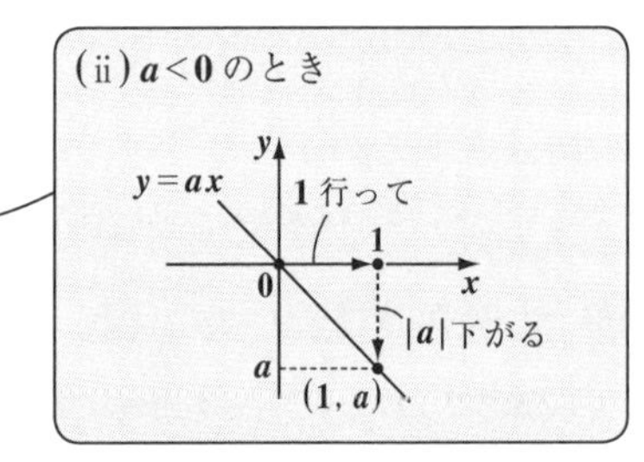

このように，直線 $y=ax$ ……②の a を“**傾き**”と呼ぶ。そして，この直線 $y=ax$ は，「原点を通る傾き a の直線」というので，覚えておこう。

では，例題で実際に xy 平面上に，直線 $y=ax$ のグラフを描いてみよう。

(*ex*1) 直線 $y=3x$ のグラフを描こう。

直線 $y=3x$ は，原点を通り，

傾き 3 の直線より，そのグラフは，

"右に 1 行って，上に 3 上がる"

図(i)のようになる。…………(答)

図(i)

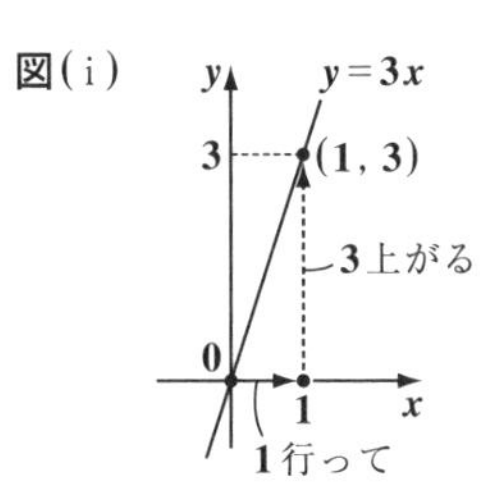

(*ex*2) 直線 $y=-2x$ のグラフを描こう。

直線 $y=-2x$ は，原点を通り，

傾き -2 の直線より，そのグラフは，

"右に 1 行って，下に $2\ (=|-2|)$ 下がる"

図(ii)のようになる。…………(答)

図(ii)

y=−2x
y
1行って
0
1
x
2下がる
−2
(1, −2)

以上より，傾き a が，

(i) $a>0$ のときは，上(のぼ)り**勾配**(こうばい)の直線になり，また，

（傾きのこと）

(ii) $a<0$ のときには，下(くだ)り勾配の直線になることが分かるんだね。

では，この傾き a が分数の場合の直線についても，そのグラフの描き方を示そう。

(*ex*3) 直線 $y=\frac{2}{3}x$ のグラフを描こう。

直線 $y=\frac{2}{3}x$ は，原点を通り，

傾き $\frac{2}{3}$ の直線より，そのグラフは，

"右に 1 行って，上に $\frac{2}{3}$ 上がる" というより，
"右に 3 行って，上に 2 上がる" 傾きと考えよう。

図(iii)のようになる。…………(答)

図(iii)

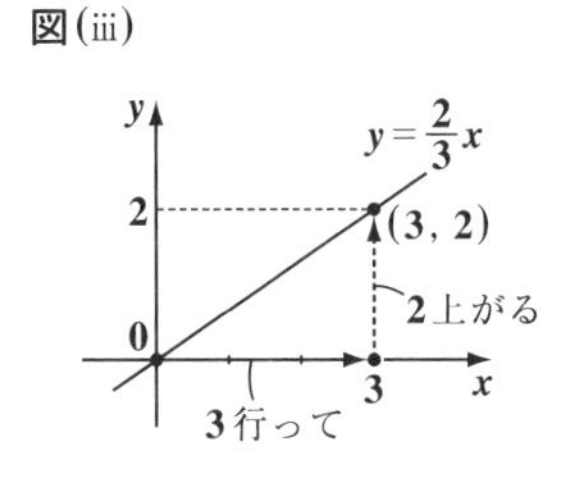

（傾きが分数 $\frac{2}{3}$ のときは，傾きも比なので，$1:\frac{2}{3}=3:2$ より，右に 3 行って上に 2 上がると考えて，原点 $(0,0)$ と点 $(3,2)$ を結んで直線を描く方が，描きやすいんだね。）

(*ex*4) 直線 $y=-\frac{1}{2}x$ のグラフを描こう。

直線 $y=-\frac{1}{2}x$ は，原点を通り，

傾きが $-\frac{1}{2}$ の直線より，そのグラフ

これは⊖の分数より，"右に **2** 行って，下に **1** $(=|-1|)$ 下がる"

は，図(iv)のようになる。…………(答)

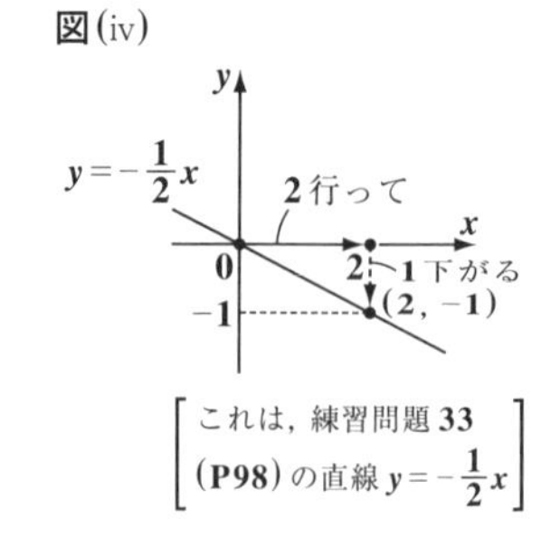

[これは，練習問題 **33** (**P98**) の直線 $y=-\frac{1}{2}x$]

どう？これで，比例の関数 $y=ax$ が，xy 平面上では原点を通る傾き a の直線を表していることが分かったでしょう？そして，(i) $a>0$ のときは，上り勾配の直線であり，(ii) $a<0$ のときは，下り勾配の直線であることも分かったんだね。

ン？では，$a=0$ のときはどうなるのかって？良い質問だね。$y=ax$ の傾き a が 0 のときは，$y=0\times x=0$，すなわち $y=0$ となって，これはもう，比例の関数ではないんだけれど，原点を通る傾き 0 の直線なので，これは x 軸そのものを表すことになる。大丈夫？

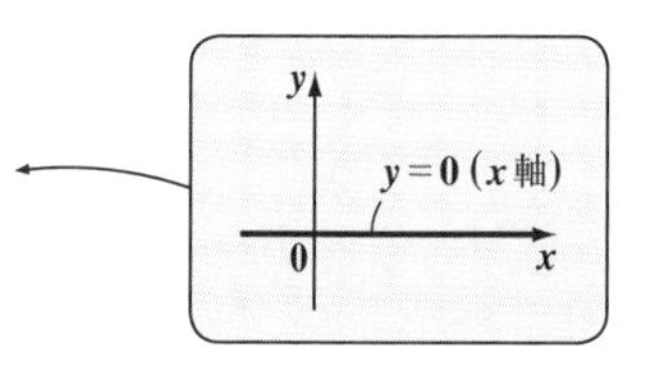

では，y 軸を表す式はどうなるかって？ y 軸上の点はすべて x 座標が 0 となるんだったね。したがって，y 軸を表す式は，$x=0$ となるんだね。

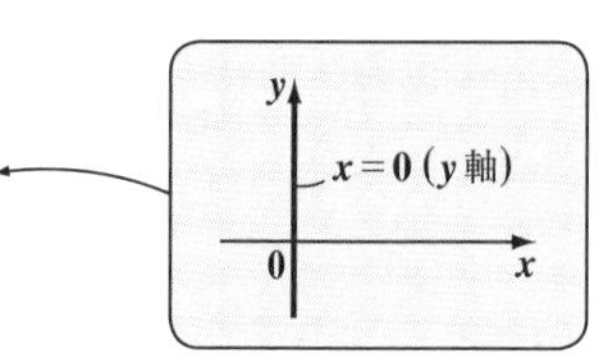

これでまた **1** つ賢くなったね (^o^)!

では，話を $y=ax$ $(a\neq0)$ に戻して，次の練習問題を解いてみよう。

練習問題 36	比例の関数のグラフ	CHECK 1	CHECK 2	CHECK 3

あるお菓子 75g が 120 円で販売されている。お菓子の量を x(g)，販売価格を y(円) とおくと，y は x に比例する。(ただし，$x\geqq0$) このとき，

(1) y を x の式で表そう。

(2) (1) で求めた比例の関数のグラフを xy 平面上に図示せよ。

まず，y は x に比例するので，$y=ax$ とおける。そして，(1) で，これに $x=75$，$y=120$ を代入して，比例定数 a の値を求めよう。(2) では，このグラフを xy 平面上に描けばいい。

(1) 販売価格 y(円) とお菓子の量 x(g) は比例関係にあるので，←計り売りのお菓子だね。

$y=ax$ ……① $(x\geqq 0)$ と表せる。
変域

ここで，$x=75$(g) のとき $y=120$(円) より，これらを①に代入して，

$120=a\times 75$　よって，$a=\frac{120}{75}=\frac{24}{15}=\frac{8}{5}$ ……② となるので，

②を①に代入して，

$y=\frac{8}{5}x$ ……①′ $(x\geqq 0)$ となる。 ……………………………………………(答)

(2) $y=\frac{8}{5}x$ ……①′ $(x\geqq 0)$ は，原点を通り，

傾き $\frac{8}{5}$ の半直線である。

右に5行って，上に8上がる。

$x\geqq 0$ より，これは半直線になる。

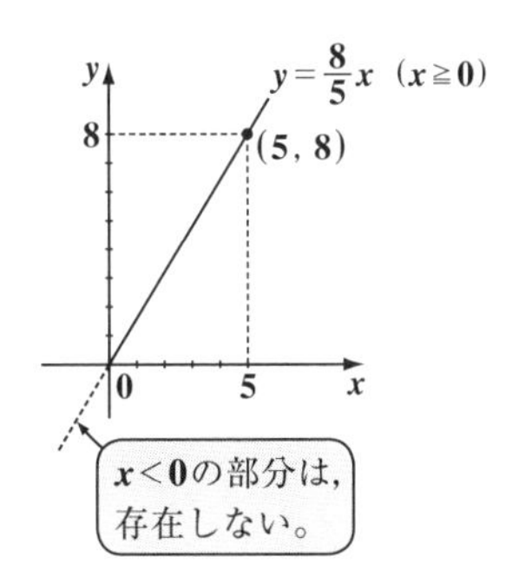

よって，変域 $0\leqq x$ における①′のグラフは右図のようになる。 ……………………(答)

それでは，今日の授業の最後の問題として，(道のり)＝(速さ)×(時間) の問題を解いてみよう。前に，道のりを x，速さを v，時間を t とおいて，公式 $x=vt$ の形で解説したけれど，次の練習問題では，道のりを y，速さを a，時間を x とおいて，$y=ax$(比例の関数) の形で解くことになる。文字の置き方は変わっても同様のことを表していることが分かるでしょう？

練習問題 37　道のりと速さと時間

CHECK 1　CHECK 2　CHECK 3

兄と弟が同時に家を出発し，家から 800m 離れた学校に向かう。出発してから x 分後の家からの移動距離を ym として，兄と弟が学校に着くまでの x と y の関係のグラフを右図に示す。このとき，

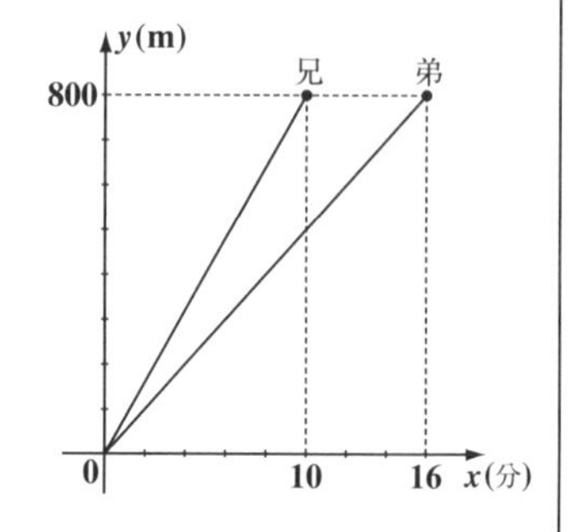

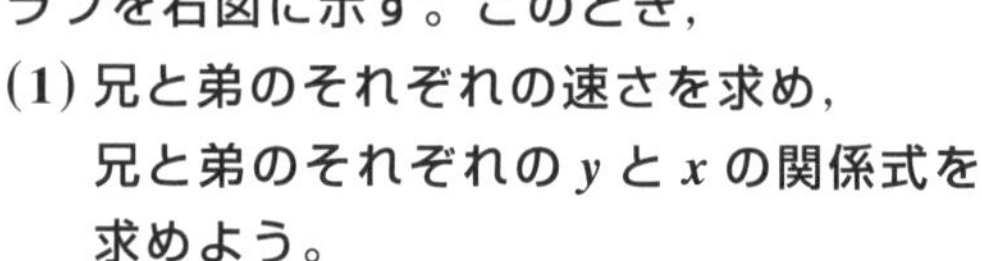

(1) 兄と弟のそれぞれの速さを求め，兄と弟のそれぞれの y と x の関係式を求めよう。

(2) 兄が学校に着いたとき，弟は家から何 m のところにいるか調べよう。

(3) 兄と弟の間が 150m 離れるのは，家を出てから何分後か，調べよう。

(1) y が道のり (m)，x が時間 (分) より，$y=ax$ とおくと，a は速さを表す。この兄と弟の速さをグラフから求めよう。**(2)** では，兄は $x=10$(分) に学校に着くので，そのときの弟の家からの道のり y(m) を求めればいい。**(3)** では，x 分後に兄と弟の間の距離が **150 m** になったとして解こう。

(1) 道のりを y(m)，時間を x(分)，速さを a(m/分) とおくと，

$y=ax$ ……① となる。

(i) グラフより，兄の場合，$x=10$(分) のとき，$y=800$(m) となるので，

これらを①に代入して，$800=a\times10$　$\therefore a=\frac{800}{10}=80$(m/分)

………(答)

よって，兄の x と y の関係式は，$y=80x$ ……② である。…………(答)

(ii) グラフより，弟の場合，$x=16$(分) のとき，$y=800$(m) となるので，

これらを①に代入して，$800=a\times16$　$\therefore a=\frac{800}{16}=50$(m/分)

………(答)

よって，弟の x と y の関係式は，$y=50x$ ……③ である。…………(答)

(2) 図(ⅰ)より，兄が学校に着くのは，$x=10$(分)のときであり，このとき弟の家からの移動距離 y(m)は，$x=10$ を③に代入して求めればいい。よって，
$y=50\times10=500$(m)より，弟は家より 500(m)のところにいる。
………(答)

図(ⅰ)

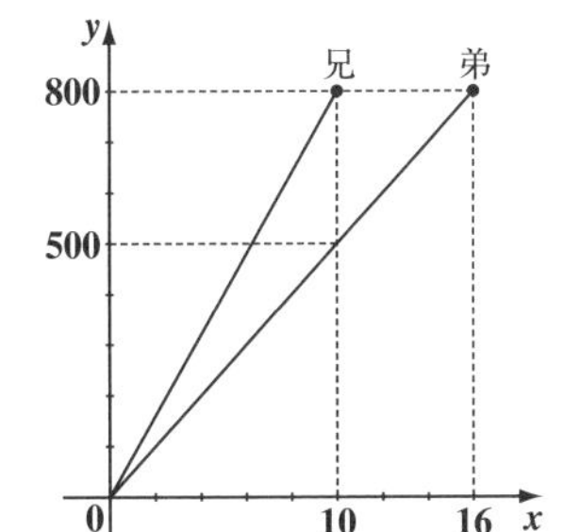

(3) 兄と弟の間が 150(m)離れるときの時間を x(分)とすると，②，③より，

兄の移動距離は，$y=80x$
弟の移動距離は，$y=50x$

となる。よって，図(ⅱ)示すように，この差が 150(m)となる時間 x(分)を求めればいいので，次の方程式が成り立つ。

図(ⅱ)

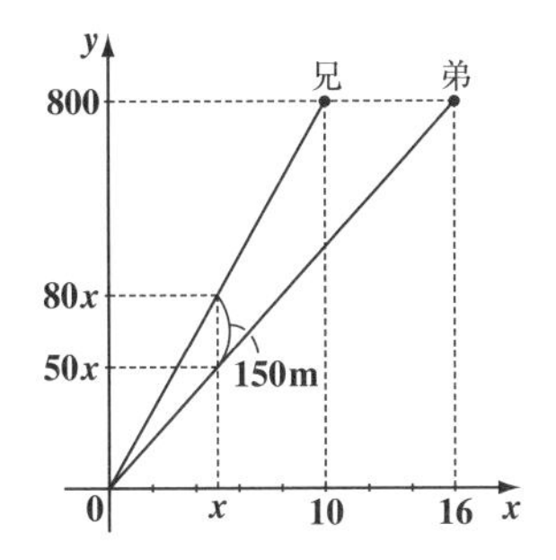

$80x-50x=150$　よって，

$(80-50)x=30x$

$30x=150$ より，$x=\dfrac{150}{30}=5$(分)となる。

よって，兄と弟の間の距離が 150(m)となるのは，5 分後である。……(答)

以上で，今日の授業は終了です。今回は比例の関数 $y=ax$ と，その xy 平面上におけるグラフまで勉強したので，かなり盛りだく山だったと思う。だから，今日習った内容は，最低でも 3 回は反復練習しよう。この繰り返し学習により，本当にマスターできるわけだからね。

それでは，次回の授業まで，みんな元気でな…。また会おう。さようなら…。

9th day / 反比例と反比例の関数

みんな，おはよう！元気だった？前回は，比例と比例の関数について，詳しく解説したけれど，今日の授業では，“**反比例**(はんぴれい)”と“**反比例の関数**(かんすう)”，および，このグラフについて分かりやすく教えよう。

比例の関数は$y=ax$（a：定数）の形をしており，xが2倍，3倍，…となると，yも同様に2倍，3倍，…となるんだったね。これに対して，xとyが反比例の関係であるときは，xが2倍，3倍，…となると，逆にyは$\frac{1}{2}$倍，$\frac{1}{3}$倍，…となるんだね。そして，yがxと反比例するときの関数は$y=\frac{a}{x}$（a：定数，$x \neq 0$）となるんだね。

これから，この反比例と反比例の関数について，例題をたく山解きながら，詳しく丁寧に解説しよう。

● 反比例と反比例を表す関係を調べよう！

2つの変数xとyの間に“**反比例**”の関係があるとき，xの値が2倍，3倍，…となると，yの値は逆に$\frac{1}{2}$倍，$\frac{1}{3}$倍，…となるんだね。この反比例の関係については，面積が一定の長方形の例でまず示すことにしよう。

図1 反比例の関数
（面積一定の長方形）

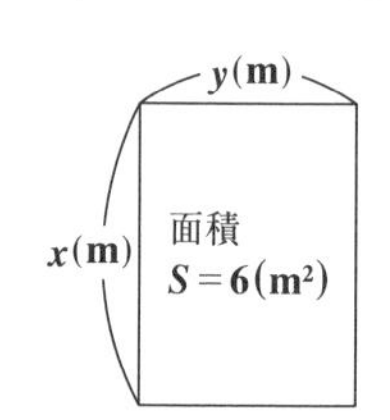

図1に示すように，たてがx(m)，横がy(m)の長方形があり，この面積Sが一定の$S=6$(m²)であったとする。すると，次の式が成り立つのは大丈夫だね。

$xy=6$ ……① ($x>0$，$y>0$)

（xとyは，たてと横の長さだから，いずれも⊕となる。）

①の両辺をx(>0)で割ると，

$y=\frac{6}{x}$ ……② となる。この②こそ，反比例を表す関数になるんだね。

（関数：$y=$(xの式)の形のもの）

$\cdot\, x=1$ のとき，これを②に代入すると，$y=\dfrac{6}{1}=6$ となる。

$\cdot\, x=2$ のとき，これを②に代入すると，$y=\dfrac{6}{2}=3$ となる。

$\cdot\, x=3$ のとき，これを②に代入すると，$y=\dfrac{6}{3}=2$ となる。

$\cdot\, x=4$ のとき，これを②に代入すると，$y=\dfrac{6}{4}=\dfrac{3}{2}$ となる。

………………………………………………………………

どう？ このように $x=1, 2, 3, 4, \cdots$ と，つまり，2倍，3倍，4倍，…と大

2倍　3倍　4倍

きく変化させていくと，y は逆に $y=6, 3, 2, \dfrac{3}{2}, \cdots$ と，すなわち $\dfrac{1}{2}$ 倍，$\dfrac{1}{3}$

$\dfrac{1}{2}$倍　$\dfrac{1}{3}$倍　$\dfrac{1}{4}$倍

倍，$\dfrac{1}{4}$ 倍，…と小さくなっていくので，この場合，“**y は x に反比例する**”と言えるんだね。

一般に，$xy=a$（a：定数），すなわち $y=\dfrac{a}{x}$ $(x \neq 0)$ が成り立つとき，y は x に反比例するという。さっき解説した例では，$a=6$ の場合だったんだね。

では，以上をまとめて下に示そう。

反比例と反比例の関数

y が x の関数で，$y=\dfrac{a}{x}$ ……$(**)$ であるとき，y は x に反比例するという。

また，a は定数で，“**比例定数**（ひれいていすう）”という。

> a は，反比例定数とは言わない。おそらく，$y=a\times\dfrac{1}{x}$ として，y と $\dfrac{1}{x}$ が比例するので，a を比例定数と呼ぶんだろうね。

それでは，これからいくつか例題で練習しておこう。

(ex1) $y=\dfrac{2}{x}$ ……㋐ の場合，(ⅰ) $x=-2$ のときと，(ⅱ) $x=4$ のときの y の値を求めよう。

(ⅰ) $x=-2$ を㋐に代入して，$y=\dfrac{2}{-2}=-\dfrac{2}{2}=-1$ となる。…………(答)

㋐では，x は分母にあるので，$x \neq 0$ ではあるけれど，⊖の値を取り得る。

(ⅱ) $x=4$ を，㋐に代入して，$y=\dfrac{2}{4}=\dfrac{1}{2}$ となる。……………………(答)

(ex2) $y=\dfrac{2}{3x}$ ……㋑ の場合，(ⅰ) $x=6$ のときの y の値と，(ⅱ) $y=\dfrac{1}{2}$ のときの x の値を求めてみよう。

これは，$y=\dfrac{\frac{2}{3}}{x}$，すなわち $a=\dfrac{2}{3}$ のときの $y=\dfrac{a}{x}$ (反比例の関数) なんだね。

(ⅰ) $x=6$ のとき，これを㋑に代入すると，$y=\dfrac{2}{3\times 6_3}=\dfrac{1}{9}$ となる。

………(答)

(ⅱ) $y=\dfrac{1}{2}$ のとき，これを㋑に代入して，x の値を求めると，

$\dfrac{1}{2}=\dfrac{2}{3x}$　　$\dfrac{1}{2}=\dfrac{2}{3}\times\dfrac{1}{x}$　　両辺に $6x$ をかけると，

$\dfrac{1}{2}\times\overset{3}{6}x=\dfrac{2}{3}\times\dfrac{1}{x}\times\overset{2}{6}x$ より，$3x=4$　∴ $x=\dfrac{4}{3}$ となる。………(答)

$\dfrac{1}{2}=\dfrac{2}{3}\times\dfrac{1}{x}$ は，x を移項して，$\dfrac{1}{2}x=\dfrac{2}{3}$ より，$x=\dfrac{\frac{2}{3}}{\frac{1}{2}}=\dfrac{2\times 2}{1\times 3}=\dfrac{4}{3}$ と求めてもいい。

(繁分数の計算)

それでは，練習問題で反比例の問題をさらに解いてみよう。

練習問題 38	反比例の関数(I)	CHECK 1	CHECK 2	CHECK 3

y が x に反比例し，$x=3$ のとき $y=3$ である。このとき，次の各問いに答えよう。

(1) y を x の式で示そう。

(2)(i) $x=4$ のときと，(ii) $x=-\frac{1}{2}$ のときの y の値を求めよう。

(3)(i) $y=\frac{3}{4}$ のときと，(ii) $y=-2$ のときの x の値を求めよう。

y が x に反比例するので，$y=\frac{a}{x}$ が成り立つ。(1)では，a の値を求め，(2)では，x の値を代入して y の値を求めよう。(3)では，逆に y の値を代入して，x の値を求めよう。

(1) y が x に反比例するので，$y=\frac{a}{x}$ ……① (a：定数)，($x \neq 0$) と表せる。

$x=3$ のとき，$y=3$ より，これらを①に代入して，$3=\frac{a}{3}$ ←まず，比例定数を求める。

$\therefore a=3\times3=9$ ……② となる。

②を①に代入して，$y=\frac{9}{x}$ ……①′ となる。……………………(答)

(2) (i) $x=4$ のとき，これを①′に代入して，y の値を求めると，

$y=\frac{9}{4}$ となる。……………………(答)

(ii) $x=-\frac{1}{2}$ のとき，これを①′に代入して，y の値を求めると，←x は⊖にもなり得る。

$y=\frac{9}{-\frac{1}{2}}=-\frac{9}{\frac{1}{2}}$ ←繁分数の計算 $\frac{\frac{b}{a}}{\frac{d}{c}}=\frac{bc}{ad}$

$=-\frac{9\times2}{1}=-18$ となる。……………………(答)

(3) (ⅰ) $y=\frac{3}{4}$ のとき，これを①′に代入して，x の値を求めると，

$y=\frac{9}{x}$ ……①′

$\frac{3}{4}=\frac{9}{x}$　　x を移項して，$\frac{3}{4}x=9$　　$x=\frac{9}{\frac{3}{4}}$ 繁分数の計算

$\therefore x=\frac{9\times4}{3}=3\times4=12$ となる。……………………………(答)

(ⅱ) $y=-2$ のとき，これを①′に代入して，x の値を求めると，

$-2=\frac{9}{x}$　　x を移項して，$-2x=9$

$\therefore x=\frac{9}{-2}=-\frac{9}{2}$ となる。……………………………(答)

ではさらに，もう 2 題，練習問題を解いてみよう。

練習問題 39　反比例の関数 (Ⅱ)　CHECK 1　CHECK 2　CHECK 3

y は x に反比例し，$x=6$ のとき $y=-2$ である。このとき，次の各問いに答えよう。

(1) y を x の式で示そう。

(2)(ⅰ) $x=3$ のときと，(ⅱ) $x=-8$ のときの y の値を求めよう。

(3)(ⅰ) $y=\frac{1}{3}$ のときと，(ⅱ) $y=-\frac{3}{2}$ のときの x の値を求めよう。

y は x に反比例するので，まず $y=\frac{a}{x}$ とおき，(1)では，a の値を求めよう。そして，(2)では，この反比例の式に x の値を代入して，y の値を求め，(3)では，y の値を代入して，x の値を求めればいいんだね。頑張ろう！

(1) y は x と反比例するので，$y=\frac{a}{x}$ ……㋐ (a：定数)，($x\neq0$) と表せる。

さらに，これは，$xy=a$ ……㋐′と表すこともできる。← ㋐′の形の式も便利で利用できる。

$x=6$ のとき，$y=-2$ より，これらを㋐′に代入すると，

$6\times(-2)=a$ より，$a=-12$ ……④ となる。

（比例定数 a は㊀の場合もある。）

（$y=\frac{-12}{x}=-\frac{12}{x}$）

④を㋐に代入して，$y=-\frac{12}{x}$ ……㋒ となる。……………………………(答)

(2) (i) $x=3$ のとき，これを㋒に代入して，y の値を求めると，

$y=-\frac{12}{3}=-4$ となる。……………………………………………(答)

(ii) $x=-8$ のとき，これを㋒に代入して，y の値を求めると，

$y=-\frac{12}{-8}=\frac{12^{3}}{8_{2}}=\frac{3}{2}$ となる。………………………………………(答)

（㊀の数を㊀の数で割ると㊉になる。）

(3) (i) $y=\frac{1}{3}$ のとき，これを㋒に代入して，x の値を求めると，

$\frac{1}{3}=-\frac{12}{x}$　　x を移項して，$\frac{1}{3}x=-12$ より，

（繁分数の計算）

$x=-\frac{12}{\frac{1}{3}}=-12\times3=-36$ となる。……………………………(答)

(ii) $y=-\frac{3}{2}$ のとき，これを㋒に代入して，x の値を求めると，

$-\frac{3}{2}=-\frac{12}{x}$　　両辺に -1 をかけて，x を移項すると，$\frac{3}{2}x=12$ より，

（繁分数の計算）

$x=\frac{12}{\frac{3}{2}}=\frac{12\times2}{3}=\frac{24}{3}=8$ となる。……………………………(答)

正・負や繁分数の計算など，様々な要素の計算が入っているけれど，迅速に正確に計算できるように，何度でも反復練習しよう。

練習問題 40　反比例の関数(Ⅲ)　 

右図に示す AB＝AC の二等辺三角形 ABC の底辺の長さは $x$cm，高さは $y$cm であり，その面積 S は一定で，$S=\frac{5}{4}\text{cm}^2$ である。このとき，

(1) y を x の式で表そう。

(2) $x=10$cm のとき，高さ $y$cm を求めよう。

(3) $y=5$cm のとき，底辺の長さ $x$cm を求めよう。

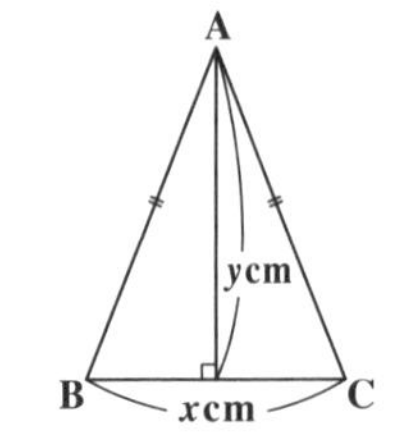

三角形の面積 S は，$S=\frac{1}{2}\times$(底辺)$\times$(高さ) より，$\frac{5}{4}=\frac{1}{2}xy$，すなわち $xy=\frac{5}{2}$ となる。これから，y は x と反比例の関係にあることが分かるんだね。

(1) △ABC は AB＝AC の二等辺三角形で，底辺の長さが $x$cm，高さが $y$cm より，

この面積 $S=\frac{1}{2}xy$ ……① となる。←(△の面積)$=\frac{1}{2}\times$(底辺)$\times$(高さ)

ここで，S は定数 $S=\frac{5}{4}$ と与えられているので，これを①に代入して，

$\frac{5}{4}=\frac{1}{2}xy$　　この両辺に 2 をかけて，

$xy=\frac{5}{2}$ ……②　　$\therefore y=\frac{5}{2x}$ ……③ となる。 ………(答)

($xy=a$ の形)

($y=\frac{\frac{5}{2}}{x}$ より，$y=\frac{a}{x}$ の形)

$xy=a$，または $y=\frac{a}{x}$ (a：定数)となれば，これは，x と y が反比例の関係であることを示している。

(2) $x=10$ のとき，これを③に代入して，y の値を求めると，

$y=\frac{5}{2\times10}=\frac{5}{20}=\frac{1}{4}$ となる。 ………(答)

(3) $y=5$ のとき，これを②に代入して，x の値を求めると，←今回は，②式を利用した方が早い。

$x\times5=\frac{5}{2}$　　$\therefore x=\frac{5}{2\times5}=\frac{1}{2}$ となる。 ………(答)

参考

同じ三角形の面積で比例の関数となる典型的な問題について紹介しておこう。

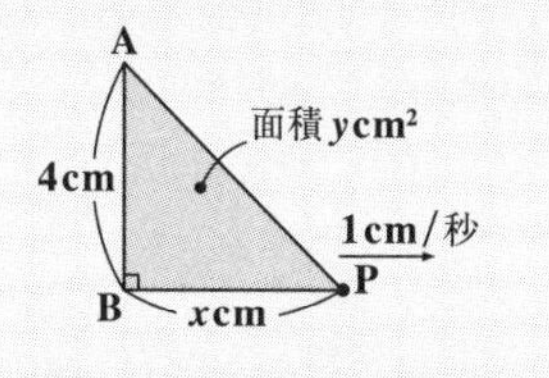

右図に示すように，AB＝4cm であり，初めに点 B にあった動点 P が 1cm/秒の速さで，線分 AB と垂直な向きに動いていくものとする。x 秒後の直角三角形 ABP の面積を $y\,\mathrm{cm}^2$ とするとき，y を x の式で表そう。

（"秒速 1cm" のこと）

（1秒後に BP＝1，2秒後に BP＝2，… より，x 秒後に BP＝x となる。）

x 秒後の線分 BP の長さは $x$cm となるので，△ABP の面積 $y\,\mathrm{cm}^2$ は，

$y=\frac{1}{2}\times x\times 4$ より，$y=2x$ となって，y は x に比例する関数となるんだね。

（(三角形の面積)＝$\frac{1}{2}$×(底辺)×(高さ)）

● 反比例の関数のグラフを描こう！

比例の関数 $y=ax$ は，xy 平面上で原点を通る傾き a の直線になるんだったね。これに対して，反比例の関数 $y=\frac{a}{x}$（a：定数）($x\neq 0$) が xy 平面上でどのようなグラフになるのか，まず例を使って調べてみよう。

(ex1) 反比例の関数 $y=\frac{6}{x}$ ……① ($x\neq 0$) が通る点をいくつか調べて，この関数が xy 平面上に描くグラフを求めてみよう。ここで，①に

・$x=1$ を代入すると，$y=\frac{6}{1}=6$　　・$x=2$ を代入すると，$y=\frac{6}{2}=3$

・$x=3$ を代入すると，$y=\frac{6}{3}=2$　　・$x=6$ を代入すると，$y=\frac{6}{6}=1$

となる。

よって，①は xy 平面上の点 (1, 6) と (2, 3) と (3, 2) と (6, 1) を通ることが分かったので，これらの点を xy 平面上にとって，これらを滑らかな曲線で結んだものが，変域 $x>0$ における $y=\frac{6}{x}$ のグラフになるんだね。

次に，$y=\frac{6}{x}$ ……① に，

・$x=-1$ を代入すると，$y=\frac{6}{-1}=-6$　・$x=-2$ を代入すると，$y=\frac{6}{-2}=-3$

・$x=-3$ を代入すると，$y=\frac{6}{-3}=-2$　・$x=-6$ を代入すると，$y=\frac{6}{-6}=-1$

となる。

よって，①は xy 平面上の点 $(-1, -6)$，$(-2, -3)$，$(-3, -2)$，$(-6, -1)$ を通ることも分かる。よって，これらの点を xy 平面上にとって，これらを滑らかな曲線で結ぶと，変域 $x<0$ におけるもう 1 つの曲線が図(i)に示すように描かれるんだね。

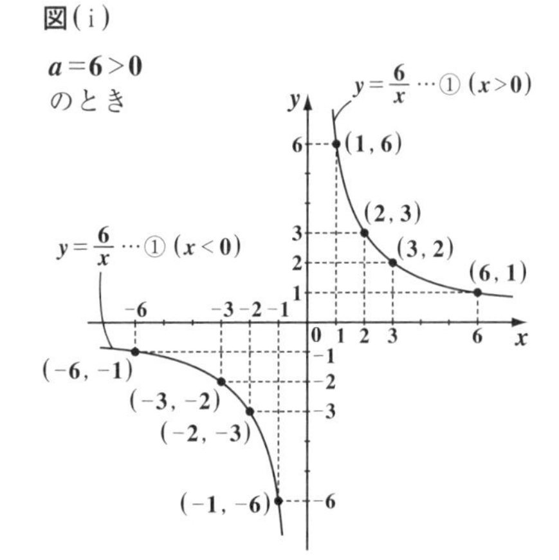

このように，反比例の関数 $y=\frac{6}{x}$ は，$x>0$ の変域と $x<0$ の変域で 2 つの同じ形をした，原点に関して対称な双子のような曲線が描かれる。よって，この曲線を“**双曲線**(そうきょくせん)”と呼ぶことも覚えておこう。

$y=\frac{a}{x}$ で，$a=-4$(負)の関数

(ex2) 反比例の関数 $y=-\frac{4}{x}$ ……② $(x \neq 0)$ が通る点をいくつか調べて，この関数が xy 平面上に描くグラフを求めてみよう。ここで，②に

・$x=1$ を代入すると，$y=-\frac{4}{1}=-4$　・$x=2$ を代入すると，$y=-\frac{4}{2}=-2$

・$x=4$ を代入すると，$y=-\frac{4}{4}=-1$ となる。また，

・$x=-1$ を代入すると，$y=\frac{-4}{-1}=4$　・$x=-2$ を代入すると，$y=\frac{-4}{-2}=2$

・$x=-4$ を代入すると，$y=\frac{-4}{-4}=1$ となる。

以上より，今回の $y=-\dfrac{4}{x}$ ……② もまた，

(ⅰ) $x>0$ のとき，

点 $(1,\ -4)$，$(2,\ -2)$，$(4,\ -1)$ を結ぶことにより，**1** つの曲線が描けるし，また，

(ⅱ) $x<0$ のとき，

点 $(-1,\ 4)$，$(-2,\ 2)$，$(-4,\ 1)$ を結ぶことにより，もう **1** つの原点に関して対称な曲線が描けるんだね。

図(ⅱ)
$a=-4<0$ のとき

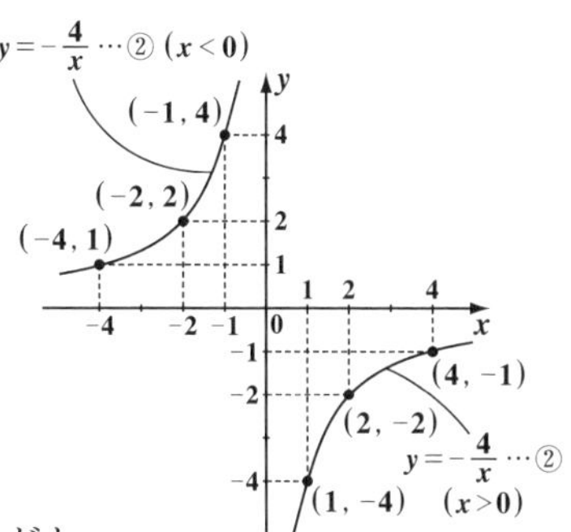

つまり，$y=-\dfrac{4}{x}$ ……②も双子のような曲線，すなわち “**双曲線**” を描くことになるんだね。

以上の **2** つの反比例の関数 $y=\dfrac{a}{x}$ は，xy 平面上で双曲線を描くことが分かったんだけれど，比例定数 a の正・負 (⊕または⊖) の違いによって，描かれる双曲線の位置が異なることに気付いたと思う。$y=\dfrac{a}{x}$ について，(ⅰ) $a>0$ のときと，(ⅱ) $a<0$ のときの，それぞれの曲線の違いを図 **2**(ⅰ)と(ⅱ)に示しておいたので，この違いをシッカリ頭に入れておこう。

図 2 $y=\dfrac{a}{x}$ **の 2 種類のグラフ**

(ⅰ) $a>0$ のとき

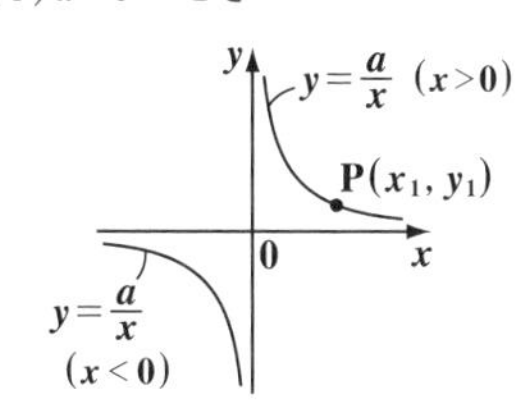

(ⅱ) $a<0$ のとき

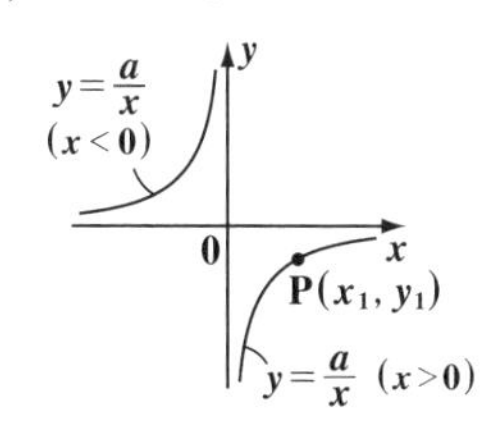

反比例の関数 $y=\dfrac{a}{x}$ は，$xy=a$ と変形できる。したがって，曲線が通る **1** 点の座標 $(x_1,\ y_1)$ が分かれば $x_1y_1=a$ となって，比例定数 a が求められるんだね。

たとえば，図(ⅰ)(**P116**)では，曲線が

点$(2, 3)$を通るので，$a=2\times3=6$と分かるし，また図(ii)(P117)では，曲線が点$(2, -2)$を通るので，$a=2\times(-2)=-4$であることも分かるんだね。

● 比例と反比例のまとめの問題を解いてみよう！

それでは，比例と反比例の関数と，グラフも含めた次のまとめの練習問題を解いてみよう。

練習問題 41　比例と反比例　CHECK 1　CHECK 2　CHECK 3

右図に示すように，xy平面上の点$P(5, 2)$を通る比例の関数①と反比例の関数②がある。このとき，次の各問いに答えよ。

(1) ①と②の比例と反比例の関数を，それぞれ求めよう。

(2) $x=8$のとき，①と②のそれぞれのy座標を求めよう。

(3) $y=-\dfrac{12}{5}$のとき，①と②のそれぞれのx座標を求めよう。

図

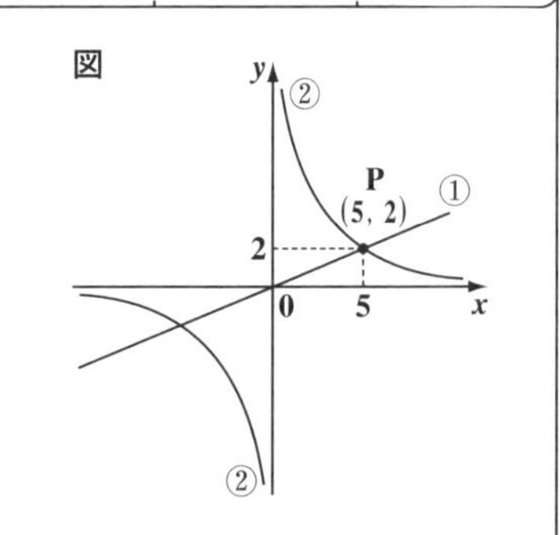

(1) いずれも点$P(5, 2)$を通るので，①の比例定数aと②の比例定数a'を求めよう。
(2) では，xの値が与えられたときのそれぞれのy座標を，また(3)では，yの値が与えられたときのそれぞれのx座標を求めよう。グラフも描いてみるといいと思う。

(1)・①の比例の関数を$y=ax$とおくと，①は点$P(5, 2)$を通るので，

$a=\dfrac{2}{5}$ ←（右に5行って，上に2上がる。）　$\therefore y=\dfrac{2}{5}x$ ……① となる。……………………(答)

・②の反比例の関数を$y=\dfrac{a'}{x}$とおくと，②は点$P(5, 2)$を通るので，

$a'=5\times2=10$ ←（$a'=x_1y_1$）　$\therefore y=\dfrac{10}{x}$ ……② となる。……………………(答)

(2) ・$x=\underline{\underline{8}}$ のとき，これを①に代入して，y 座標を求めると，

$y=\dfrac{2}{5}\times\underline{\underline{8}}=\dfrac{16}{5}$ となる。……………………………………………(答)

・$x=\underline{\underline{8}}$ のとき，これを②に代入して，y 座標を求めると，

$y=\dfrac{10}{\underline{\underline{8}}}=\dfrac{5}{4}$ となる。………………………………………………(答)

以上より，①は点$\left(\underline{\underline{8}},\ \dfrac{16}{5}\right)$を通り，②は点$\left(\underline{\underline{8}},\ \dfrac{5}{4}\right)$を通る。

(3) ・$y=-\dfrac{12}{5}$ のとき，これを①に代入して，x 座標を求めると，

$-\dfrac{12}{5}=\dfrac{2}{5}x$ より，両辺に 5 をかけて，$-12=2x$　$\therefore x=-\dfrac{12}{2}=-6$ となる。
………(答)

・$y=-\dfrac{12}{5}$ のとき，これを②に代入して，y 座標を求めると，

$x=\dfrac{10}{-\dfrac{12}{5}}=-\dfrac{10}{\dfrac{12}{5}}$　繁分数の計算　$y=\dfrac{10}{x}$ より，$x=\dfrac{10}{y}$

$=-\dfrac{\overset{5}{\cancel{10}}\times5}{\underset{6}{\cancel{12}}}=-\dfrac{25}{6}$ ………(答)

以上より，①は点$\left(-6,\ -\dfrac{12}{5}\right)$を通り，②は点$\left(-\dfrac{25}{6},\ -\dfrac{12}{5}\right)$を通る。

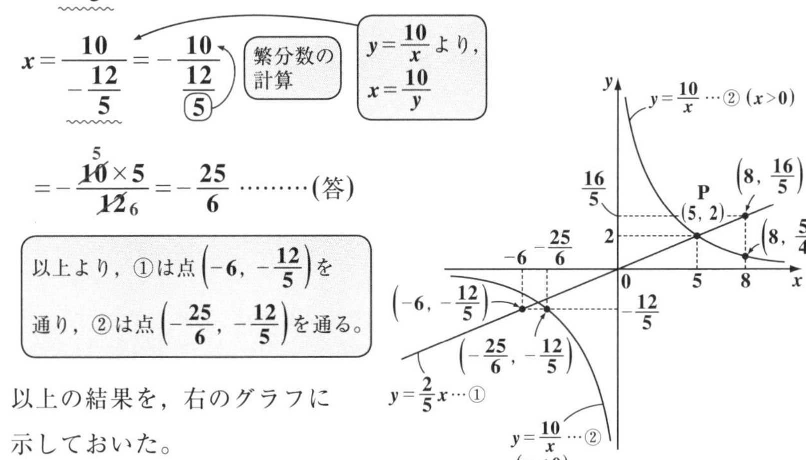

以上の結果を，右のグラフに示しておいた。

これで，今日の授業は終了です。xy 平面上のグラフも描けるようになって面白かったでしょう？ それではまた，次回の授業で会おうな。さようなら…。

比例と反比例　公式エッセンス

1. 関数の定義

2つの変数xとyがあって，xの値を決めると，それによって，yの値がただ1つ決まるとき，yはxの関数であるという。

(ex) $y=3x$，$y=\dfrac{4}{x}$，$y=2x+1$，$y=3x^2-x$，…など。

2. 比例と比例の関数

yがxの関数で，$y=ax$ ……$(*)$ (a：比例定数) であるとき，

yはxに比例するという。

3. 繁分数の計算

分子・分母が分数である（繁分数）場合，次のように計算できる。

$$\frac{\frac{b}{a}}{\frac{d}{c}}=\frac{bc}{ad}\quad\left(これは，\frac{b}{a}\div\frac{d}{c}=\frac{b}{a}\times\frac{c}{d}=\frac{bc}{ad}と同じである。\right)$$

4. xy座標系と点の座標および直線 $y=ax$

x座標とy座標を設定して，xy座標平面を作れば，この平面上に点$(x_1,\ y_1)$を描くことができる。

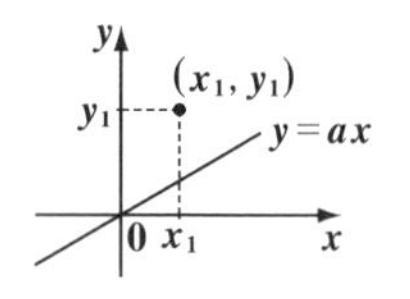

また，$y=ax$は，原点を通る傾きaの直線を表す。

5. 反比例と反比例の関数

yがxの関数で，$y=\dfrac{a}{x}$ ……$(**)$ (a：比例定数) であるとき，

yはxに反比例するという。

6. 反比例の関数のグラフ

反比例の関数$y=\dfrac{a}{x}$ (a：定数)

$(x\neq 0)$をxy平面上に描くと，

右のような双曲線になる。

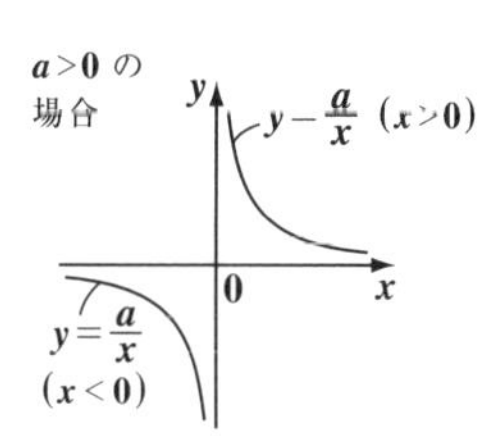

第５章
CHAPTER

5 平面図形

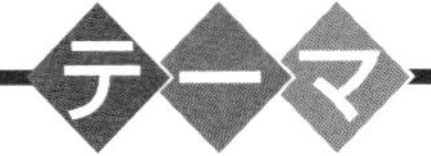

◆ 平面図形の基本
（平行移動，対称移動，回転移動）

◆ 作図
（線分の垂直二等分線，円の接線など）

◆ 円と扇形の計算
（円の面積 πr^2，円周の長さ $2\pi r$）

10th day / 平面図形の基本

みんな，おはよう！元気そうだね。さて，前章の授業では，xy 座標平面と関数のグラフについても学習したね。今回の授業でも，引き続き“**平面図形**”について解説するんだけれど，ここでは一旦座標系から離れて，一般に平面上に描かれる直線や三角形，それに円や扇形の基本について解説するつもりだ。

さらに，今日の授業では，図形の移動として，“**平行移動**”や“**対称移動**”および“**回転移動**”についても教えよう。

今日の授業では，平面図形の基本を解説するけれど，何事も基本が大切で，さらに「基本が固まれば，応用は速い！」ので，平面図形もシッカリ基本を身に付けていこう！

● 直線や角度などの解説から始めよう！

まず，“**平面図形**”の基本として，直線 **AB** と線分 **AB** と半直線 **AB** の解説から始めよう。図 **1**(ⅰ)に示すように，平面上に **2** 点 **A**，**B** が与えられると，この **2** 点を通る直線が定められ，これを**直線 AB** と表す。または，これを直線 l や直線 m などと表すこともある。

図1(ⅰ) **直線 AB**

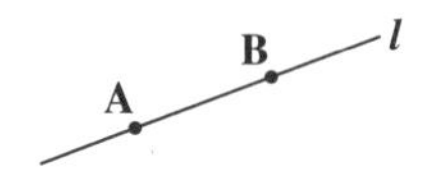

次に，図 **1**(ⅱ)に示すように，直線 **AB** の内，**A** から **B** までの部分を**線分 AB** という。

(ⅱ) **線分 AB**

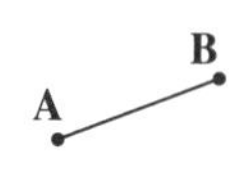

また，図 **1**(ⅲ)に示すように，線分 **AB** の **B** の方をそのまま延長したものを**半直線 AB** という。

(ⅲ) **半直線 AB**

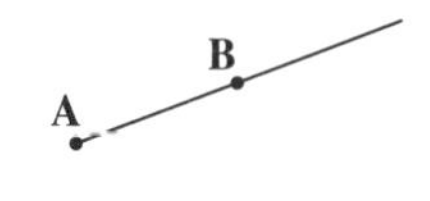

さらに，線分 **AB** を **2** 等分する点 **M** を“**中点**”と呼ぶんだね。

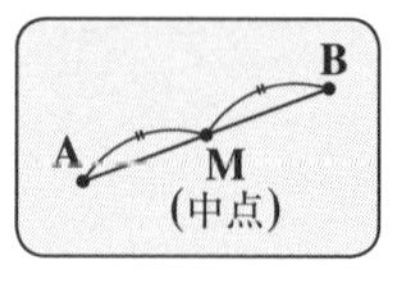

ここで，線分 **AB** の長さが，たとえば **10** のときは，**AB** = **10** と表したりすることも覚えておこう。では，例題を解いてみよう。

(*ex***1**) 線分 **AB** の長さを **2** 倍して，**1** をたしたものが **13** であるとき，**AB** の長さを求めよう。

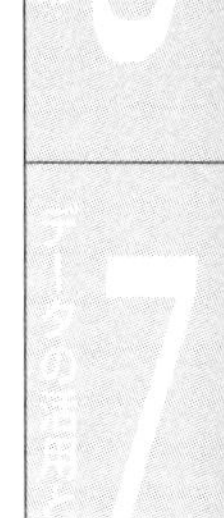

$\mathbf{AB} = x$ とおくと，これを **2** 倍して，**1** をたしたものが **13** より，方程式：$2x + 1 = 13$ となる。これを解いて，

$2x = 13 - 1 \qquad 2x = 12 \qquad x = \dfrac{12}{2} = 6 \qquad \therefore \mathbf{AB} = 6$ ……………………(答)

では次，角(かく)の表し方についても教えよう。図 **2** に示すように，**1** 点 **O** を始点とする半直線 **OX** と **OY** によって出来る角を，∠**XOY**(または∠**YOX**) で表す。そ

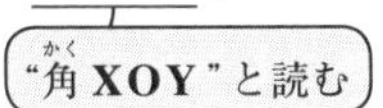

して，この∠**XOY** を x や θ(シータ(ギリシャ文字)) などで表すこともある。

図2 ∠XOY

そして，右図のように，**X, O, Y** が一直線上にあるとき，∠**XOY** = **180°** となる。

また，**OX** と **OY** が**垂直**になるとき，∠**XOY** = **90°** となるんだね。

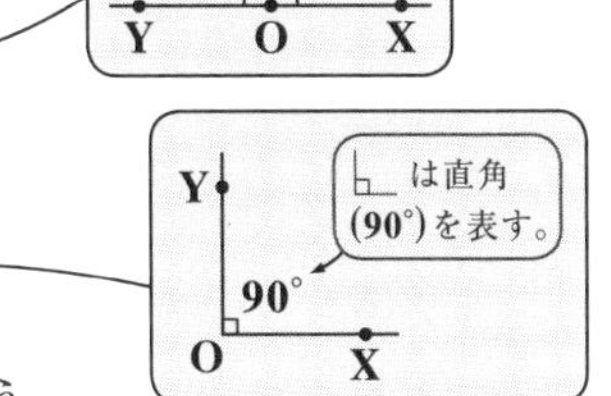

それでは，角についても例題を解いておこう。

(ex2) 右図に示す角，∠**BOY** = x を求めてみよう。

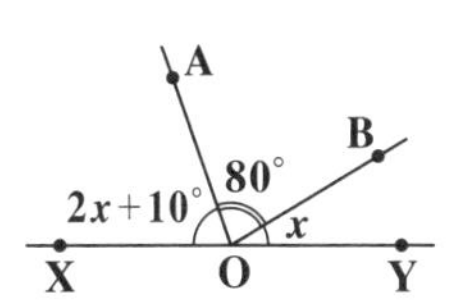

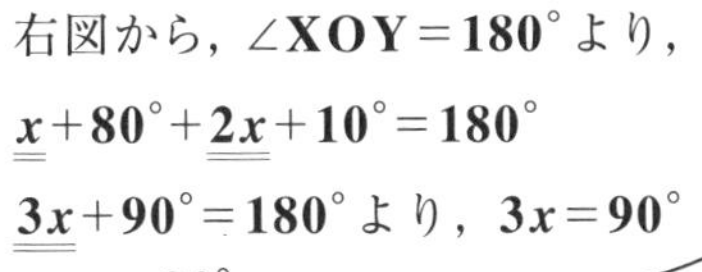

右図から，∠**XOY** = **180°** より，

$x + 80° + 2x + 10° = 180°$

$3x + 90° = 180°$ より，$3x = 90°$

$\therefore x = \dfrac{90°}{3} = 30°$ となる。 $\therefore \angle \mathbf{BOY} = x = 30°$ ……………………(答)

∠**AOX**
$= 2x + 10°$
$= 2 \times 30° + 10°$
$= 70°$ も
分かる。

では次に，**2** つの直線 l と m の位置関係についても解説しよう。図 **3** に示すように，**2** 直線 l と m が与えられて，それらが交わる場合，その交わりの点を "**交点**(こうてん)" という。図 **3** では，交点 **P** と表しているんだね。

図3 2直線 l と m が交わる場合

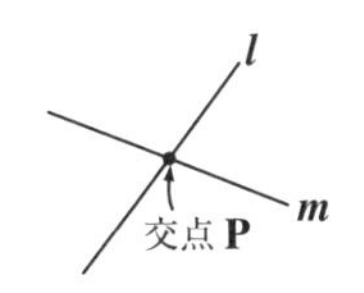

もちろん，l と m が交点をもたない，つまり，l と m が**平行**な場合もあり得る。さらに，l と m が垂直に交わる特別な場合についてもまとめて次に示そう。

2直線 l と m の位置関係

2直線 l と m について,

(i) l と m が平行であるとき,

　$l /\!/ m$　と表す。

“平行”を表す記号

$l /\!/ m$ のとき,図では l と m に矢印を付けて示す。

(ii) l と m が**直交**する(垂直に交わる)とき,

　$l \perp m$　と表す。

“垂直”を表す記号

それでは,例題で練習しておこう。

$(ex3)$ 図(i)に示すように,平行四辺形ABCDがあり,Aから辺BCに下した**垂線**とBCとの交点をHとおく。このとき,辺BCと平行な線分と,垂直な線分を求めよう。

図(i)

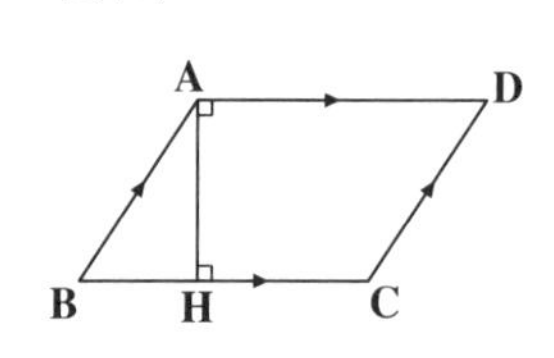

平行四辺形は,向かい合う2組の対辺が平行なので,

BC $/\!/$ AD より,BCと平行な線分はADである。……………………(答)

また,AからBCに下した垂線がAHより,

BC $\perp$ AH　よって,BCと垂直な線分はAHである。………………(答)

2つの平行線ADとBCに垂直な線分AHの長さが,この平行な2直線の距離となる。ここでは,BCを底辺とすると,AHは高さになり,この▱ABCDの面積を S とおくと,S =(底辺)×(高さ)=BC×AH となるんだね。

平行四辺形を表す記号

● 円と扇形の基本も押さえよう!

中心O,半径 r(直径 $d=2r$)の円Cの“**弦**(げん)”や“**弧**(こ)”,および,“**扇形**(おうぎがた)”の基本についても解説しておこう。図4にこの円Cを示す。

　この円Cの周上に2点A, Bをとると，線分ABのことを“弦(げん)”と呼び，AからBまでの円周の1部を“弧(こ)”といい $\overset{\frown}{AB}$ で表す。ただし，右図に示すように，この弧 $\overset{\frown}{AB}$ は2通り存在するので，これは，

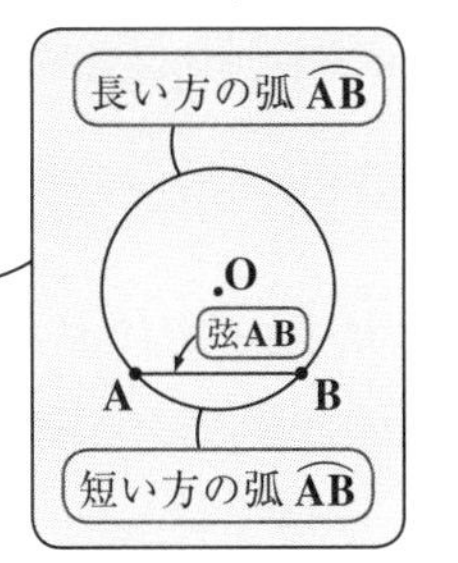

図4 中心O, 半径 r の円C

円C
半径 r　O
直径 $d=2r$

(i)“短い方の弧”と，(ii)“長い方の弧”と区別して表すこともある。

これを“劣弧(れつこ)”といい，　これを“優弧(ゆうこ)”ということもある。

　では次に，図5に示すように，2つの半径OAとOBと弧 $\overset{\frown}{AB}$ で囲まれた図形を“扇形(おうぎがた)”という。そして，∠AOBを“中心角”と呼ぶんだね。

　では，円や中心角について，次の練習問題を解いてみよう。

図5 扇形

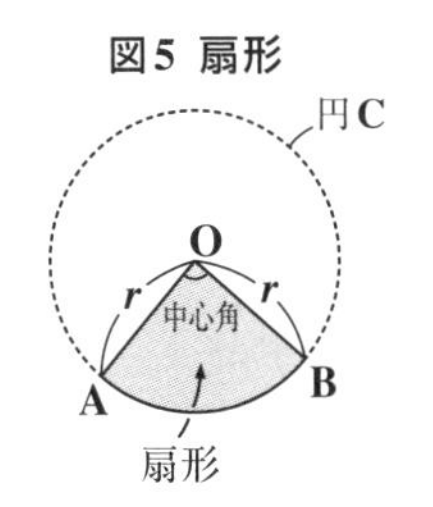

練習問題42	円，中心角	CHECK 1	CHECK 2	CHECK 3

右図に示すように，中心O，半径 $r=2$，∠OBA $=40°$ の円Cがあり，線分PQは円Cの直径を表す。このとき，

(1) OAとOBの長さを求めよう。

(2) 扇形OABの中心角∠AOB $=\theta$ を求めよう。さらに，∠AOP $=x$，∠BOQ $=y$ とおいたとき，角 $x+y$ を求めよう。

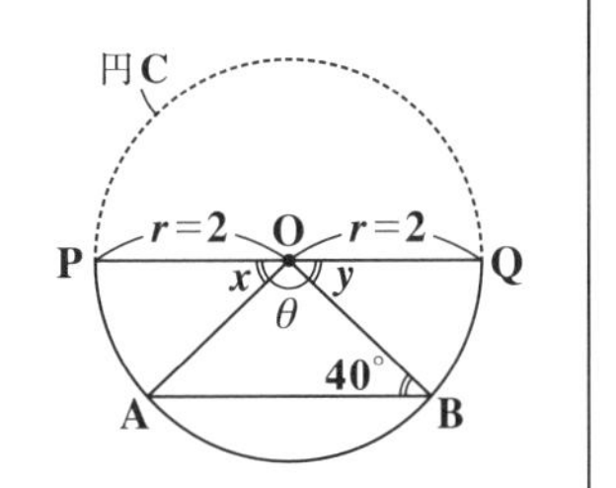

(1) OA＝OB＝(半径)より，△OABは二等辺三角形となる。よって，(2)では，∠OBA＝∠OAB＝40°より，扇形OABの中心角が分かるので，2つの角の和 $x+y$ を求められるんだね。

“三角形”を表す記号

(1) OAとOBは円Cの半径より，OA＝OB＝$r=2$ となる。 ……………(答)

(2) △OABはOA＝OBの二等辺三角形であるので，

　∠OBA＝∠OAB＝40°

　二等辺三角形の2つの底角は等しい。

△**OAB** の **3** つの内角の和は **180°** なので，

中心角∠**AOB**＝θ（シータ(ギリシャ文字)）とおくと，右図より，

$\theta+40^\circ+40^\circ=180^\circ$　よって，

（**40°**＝∠**OAB**，**40°**＝∠**OBA**）

$\theta+80^\circ=180^\circ$ より，$\theta=180^\circ-80^\circ=100^\circ$ となる。

∴∠**AOB**＝θ＝**100°** ……① となる。 ……………………………………(答)

次に，**3** 点 **P**，**O**，**Q** は同一直線上の点なので，∠**POQ**＝**180°** である。

よって，右図より，

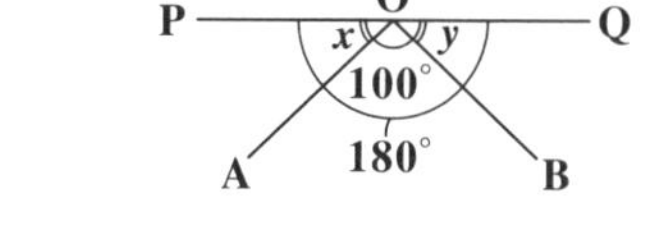

$x+100^\circ+y=180^\circ$ となる。

（x＝∠**AOP**，**100°**＝①より，y＝∠**BOQ**）

よって，**2** つの角の和 $x+y$ は，$x+y=180^\circ-100^\circ=80^\circ$ である。……(答)

どう？ 自力で解けた？

● 図形の移動をマスターしよう！

それでは，今回の授業のメインテーマ“**図形の移動**（ずけい いどう）”について解説しよう。この図形の移動には，“**平行移動**（へいこういどう）”と“**対称移動**（たいしょういどう）”，および“**回転移動**（かいてんいどう）”の **3** 種類があるんだね。

これから，**1** つずつ解説していこう。

図形の平行移動

図形を一定の向きに一定の距離だけ動かす移動を“**平行移動**”という。

［右図は，△**ABC** を平行移動して△**A′B′C′** に動かしたものである。△**ABC** と△**A′B′C′** は，同じ(合同な)三角形(図形)である。］

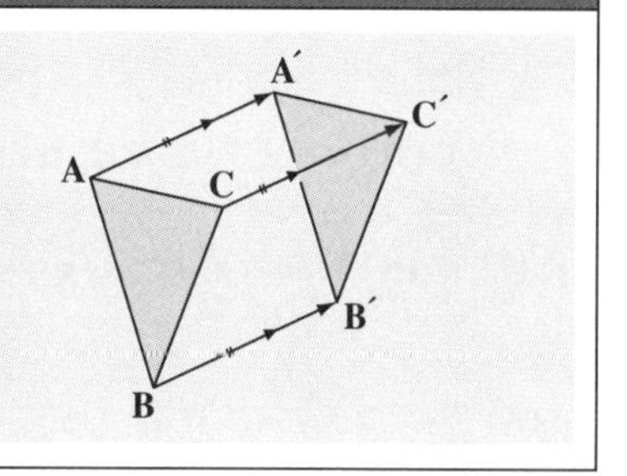

平行移動の場合，**A** から **A′** に，また **B** から **B′** に，そして **C** から **C′** に向かう矢線はみんな同じ長さと向きをもつ。つまり，△**ABC** を一切傾かせることなく，平行にススス…とスライドして△**A′B′C′** の位置にもっていけばいい

んだね。大丈夫？では，練習問題で練習しておこう。

練習問題 43 **平行移動** CHECK 1 CHECK 2 CHECK 3

右の図に示す△ABCを，点Aを点A′に移すように平行移動した△A′B′C′を描いてみよう。

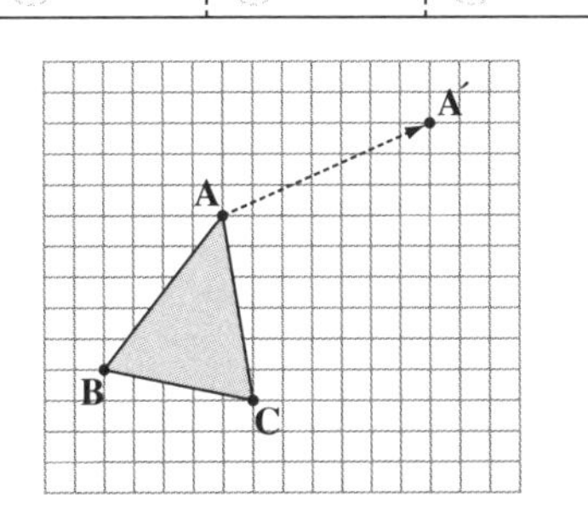

Aから**A′**への矢線は，小さな正方形の辺を右に**7**つ，上に**3**つの方向なので，**B**から**B′**，および**C**から**C′**への矢線も同様にとって，**A′**，**B′**，**C′**の位置を定めて△**A′B′C′**とすればいいんだね。もちろん，**A′**を元にして，△**ABC**と合同な△**A′B′C′**を描いてもいい。

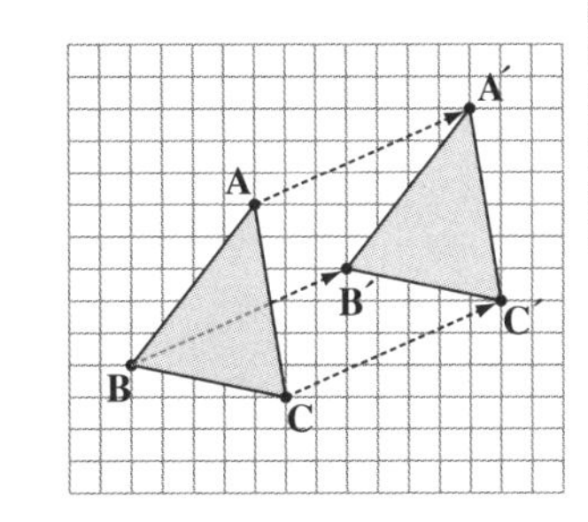

正方形の辺を右に**7**つ，上に**3**つの**A**から**A′**への矢線と同様に，**B**から**B′**への矢線と，**C**から**C′**への矢線をとって，**A′**，**B′**，**C′**の**3**点の位置を定めてから，△**A′B′C′**を描くと右図のようになる。…………(答)

(別解)

Aから**B**へは，左に**4**つ，下に**5**つより，**A′**から**B′**へも同様にして，**B′**の位置を定める。次に，**A**から**C**へは，右に**1**つ，下に**6**つより，**A′**から**C′**へも同様にして，**C′**の位置を定めてから，△**A′B′C′**を描いてもいい。

目がチカチカするけれど，やっている事は単純だから落ち着いて解いていこう。

では次は，"**対称移動**"について解説する。実は対称移動には，"**線対称移動**"と"**点対称移動**"の**2**つがある。これから解説するものは，直線 l に関する図形(△**ABC**)の対称移動なので，これは"**線対称移動**"のことなんだね。

図形の線対称移動

図形を，ある直線 l に関して対称に移す移動を“**線対称移動**”という。

［右図は，△ABC を直線 l に関して線対称移動して△A′B′C′に移したもので，この場合，△ABC は△A′B′C′と左右対称な図形になる。］

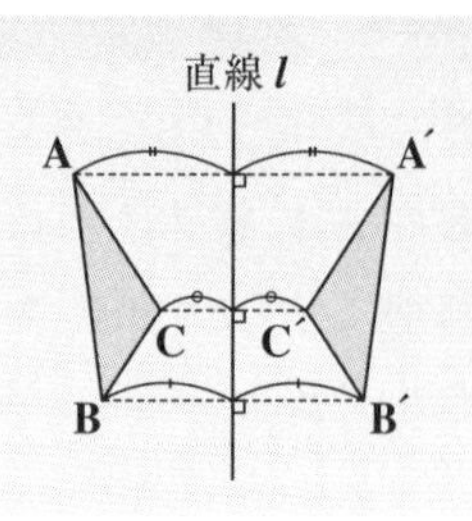

△ABC を直線 l に対して線対称移動するイメージは，△ABC にインクかスミを少し多めに塗り，乾く前に直線 l を折り目として，ペタンと折って開いたときに，インクによって移された図形が，線対称な図形である△A′B′C′になるんだね。したがって，直線 l は3つの線分 AA′と BB′と CC′の垂直二等分線になっていることにも気を付けよう。

それでは，練習問題を解いてみよう。

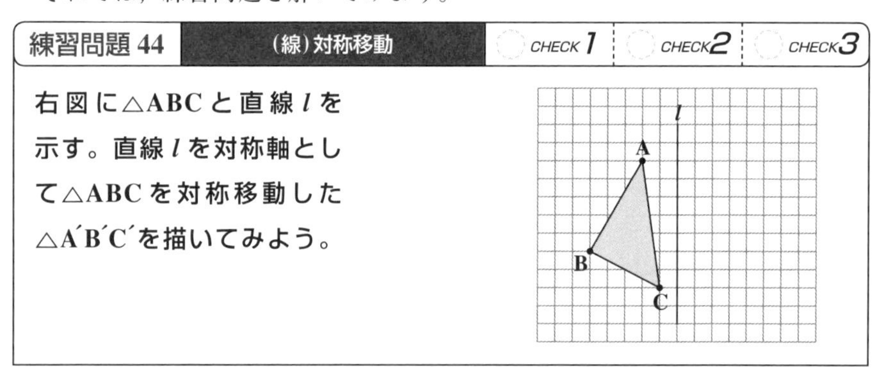

右図に△ABC と直線 l を示す。直線 l を対称軸として△ABC を対称移動した△A′B′C′を描いてみよう。

線対称移動の場合，l を鏡の面のように考えて，点 A, B, C を l に関して対称な位置に移動すればいいんだね。

△ABC と△A′B′C′は対称軸 l に対して左右対称なので，小さな正方形の辺を数えると，点 A は l に対して左に 2 つなので，A′は l に対して右に 2 つとった位置になる。同様に点 B は左に 5 つなので，B′は右に 5 つとった点になる

し，C は左に 1 つなので，C′ は右に 1 つとった点となる。よって，3 点 A′, B′, C′ を線分で結んで，△ABC の l に関して対称な△A′B′C′ は，右図のようになる。 ………………(答)

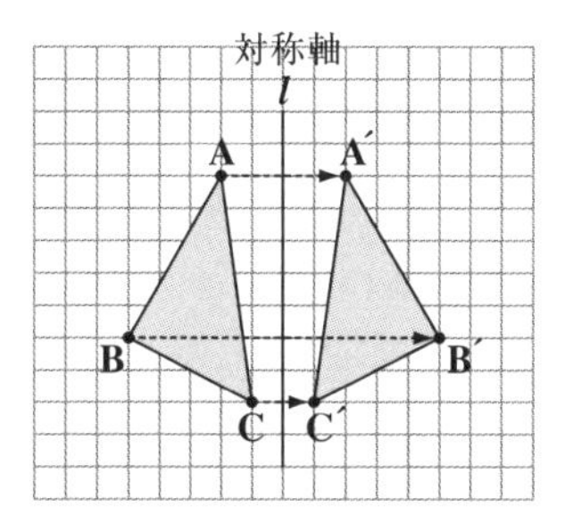

どう？ 簡単だったでしょう？

では次，“**回転移動**” について解説しよう。

図形の回転移動

図形を，ある点 O を中心として，一定の角度だけ回転する移動のことを “**回転移動**” という。

［右図では，回転角が等しいので，
∠AOA′ = ∠BOB′ = ∠COC′
が成り立つ。］

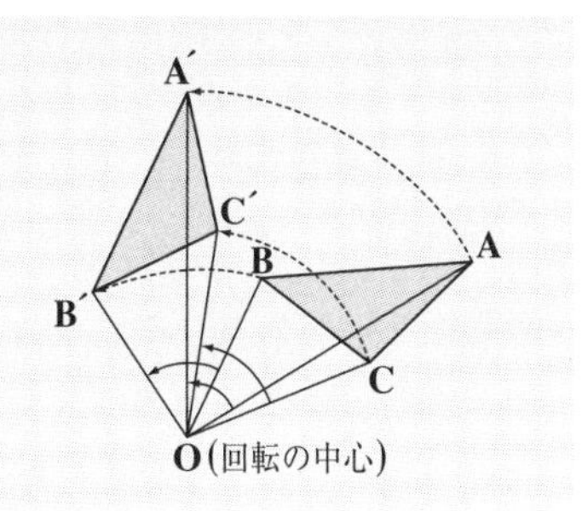

それでは，回転移動の練習問題も解いてみよう。

練習問題 45 回転移動 CHECK 1 CHECK 2 CHECK 3

右図に示す△ABC を，点 B を回転の中心として反時計まわり (左まわり) に 90° だけ回転移動した△A′BC′ を描いてみよう。

点 **B** を中心に，反時計まわりに **90°** だけ回転移動するので，点 **C** を回転した点 **C′** は **B** より上に **6** つ上がった位置にくる。点 **A′** はこれを基にして考えよう。

点 **B** を中心に反時計まわりに **90°** だけ回転移動するので，

・**B** の右に正方形の辺で右に **6** ついった位置にあった点 **C** は，**B** より上に **6** つの位置にきて，点 **C′** となる。

・**C** から **A** には上に **5** つ，左に **2** つであるので，**C′** から **A′** には左に **5** つ下に **2** ついった点が **A′** となる。

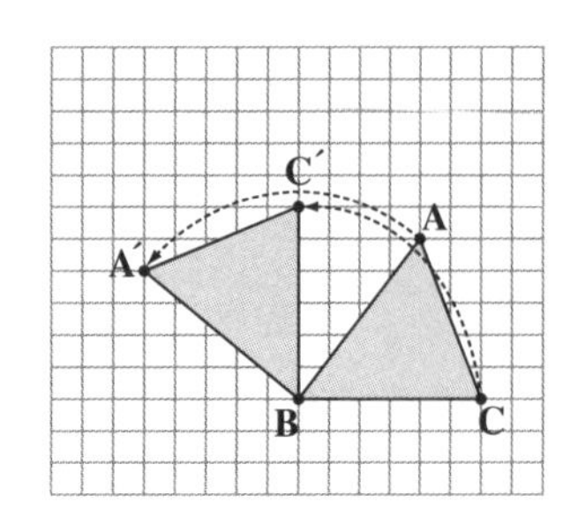

以上より，点 **B**，**C′**，**A′** を結べば，△**ABC** を **B** のまわりに反時計まわりに **90°** 回転移動した△**A′BC′** は，右上図のようになる。 ……………………………(答)

大丈夫だった？ ン？ これまでの解説は分かったけれど，まだ **“点対称移動”** についての解説がなされてないって？ そうだね。実は，

“点対称移動とは，図形をある点 **O** のまわりに **180°** だけ回転する移動” のことなんだね。

図 **6** に△**ABC** を点 **O** のまわりに **180°** 回転移動した，つまり点 **O** に関して点対称移動した△**A′B′C′** の例を示す。この場合，対称点 **O** は **3** つの線分 **AA′** と **BB′** および **CC′** すべての中点になっていることが重要なんだね。よって，線分 **AO** を **O** 側に同じ長さだけ延長した点が **A′** であり，**B′**,**C′** も同様に求めて，各点を結んで△**A′B′C′** とすればいいんだね。大丈夫？

図6 図形の点対称移動

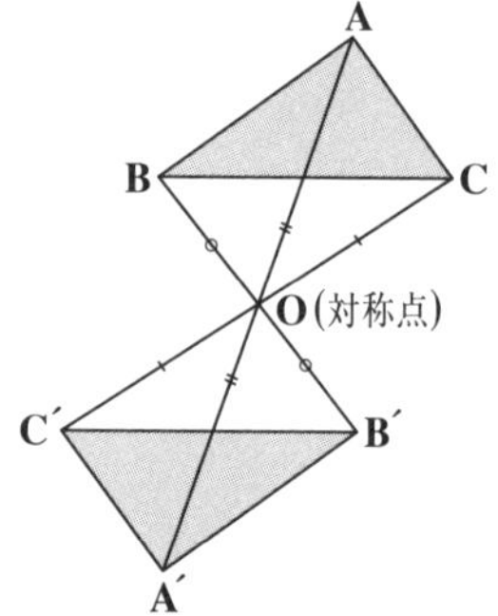

では，最後にもう **1** 題練習問題を解いておこう。

練習問題 46 図形の移動 CHECK 1 CHECK 2 CHECK 3

右図の 4 つの三角形⓪，①，②，③はすべて同じ正三角形である。⓪の三角形を次のように移動すると①，②，③のいずれになるか答えよう。

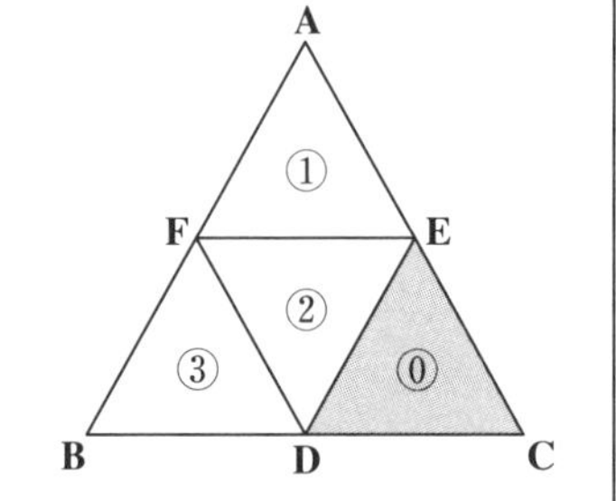

(1) ⓪を平行移動したもの。

(2) ⓪を DE を対称軸として対称移動したもの。

(3) ⓪を D を回転の中心として反時計まわりに 120° 回転移動したもの。

(4) ⓪を，DE の中点を中心として反時計まわりに 180° 回転移動したもの。

平行移動，線対称移動，回転移動，点対称移動（180° 回転移動）の意味が分かっていれば，答えは簡単に出せるはずだ。チャレンジしてみよう。

(1) ⓪の E→A に移すように平行移動すると，①になり，
⓪の E→F に移すように平行移動すると，③になる。……………………(答)

(2) ⓪を DE について線対称移動すると，②になる。 ………………………(答)

(3) ⓪を，D を中心に反時計まわりに 120° 回転移動すると，③になる。…(答)

(4) ⓪を，DE の中点を中心として，反時計まわりに 180° 回転したものは，その中点に対して点対称移動したものに等しい。よって，△EDC の E→D，D→E，C→F に移動するので，②となる。……………………(答)

今回は，平面図形の基本，特に後半は図形の移動に力を入れて解説したんだけれど面白かった？…いいねえ！数学も面白く楽しみながら学習することが，上達への一番のコツだからね。よく理解したら，後は繰り返し練習して頭に定着させれば万全だね。

では，次回の授業では，“**作図**(さくず)”について詳しく解説しよう。また分かりやすく教えるので楽しみにしてくれ。では，みんな元気でな。バイバイ…。

11th day / 作図

みんな，おはよう！ 前回から，“**平面図形**”の授業に入ったんだけれど，今回は“**作図**(さくず)”について解説しよう。これは，前回とは，かなり違った形のテーマになる。

作図とは，定規(じょうぎ)とコンパスのみを使って，ある条件をみたす図形を描くことなんだね。つまり，限られたツール(道具)を使って目的を達成する**1**種の思考訓練になるので，結構楽しめると思う。

それでは，早速授業を始めよう！みんな，準備はいい？

● 3つの作図法をマスターしよう！

作図で使用する道具は，図**1**に示すように，(ⅰ)**2**点を結ぶ直線を引く目盛りの無い定規と(ⅱ)一定の半径の円または円弧を描くコンパスだけなんだね。定規には，目盛りがないので，当然，長さは計れないんだね。

図1 作図で使う道具

(ⅰ)定規

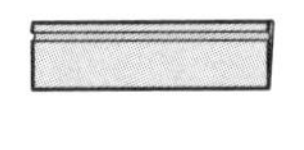

(ⅱ)コンパス

でも，この**2**つのツールだけでも，結構いろいろな作図ができる。まず，(Ⅰ)線分の垂直二等分線，(Ⅱ)ある点から直線に引く垂線，(Ⅲ)角の二等分線の作図法の解説から始めよう。

(Ⅰ)線分の垂直二等分線の作図

図**2**に示すように，線分**AB**が与えられたとき，

(ⅰ)点**A**を中心とする適当な大きさの半径の円弧を描く。

(ⅱ)点**B**を中心とする(ⅰ)と同じ半径の円弧を描く。

(ⅲ) **2**つの円弧の交点**P**，**Q**を

図2 線分の垂直二等分線

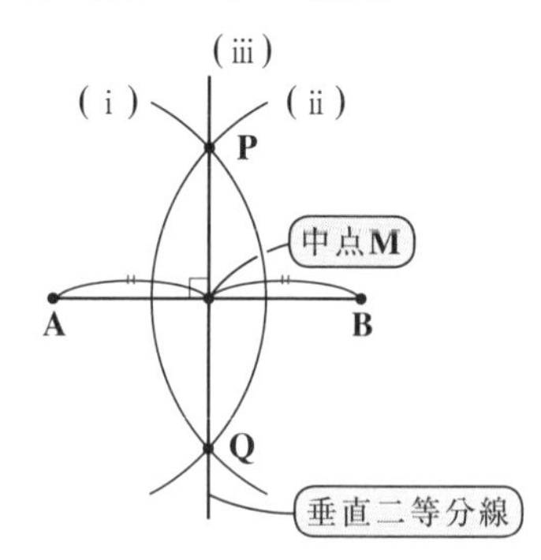

結ぶ直線を引けば，それが線分 **AB** の垂直二等分線になっているんだね。そして，線分 **AB** と直線 **PQ** の交点 **M** が線分 **AB** の中点になる。これは線分 **AB** の中点を求める手法でもあるんだね。

ン？でも，何故これで，**PQ** が **AB** の垂直二等分線になるのか？納得いかなさそうな人がいるね。これは，中 **2** 数学の範囲になるけれど，「**3** 辺の長さが等しい **2** つの三角形は同じ三角形になる。」というだけのことで，キミ達なら十分理解できると思うので，次の参考で解説しよう。

参考

右図に示す **PA** = **PB** の二等辺三角形 **PAB** について考える。底辺 **AB** の中点を **M** とおいて，線分 **PM** を引くと，**PM** と **AB** が直交する，すなわち **PM** ⊥ **AB** となって，**PM** が線分 **AB** を垂直に二等分することを示そう。

図(i)

この二等辺三角形を **2** つの△**PAM** と△**PBM** にパカッ！と分割すると，この **2** つの三角形の **3** 辺は，図(ii)より明らかに，**PA** = **PB** かつ **AM** = **BM** かつ **PM** は共通となる。よって，**3** 辺が等しいので，この **2** つの△**PAM** と△**PBM** は**合同**(ごうどう)である。

図(ii)

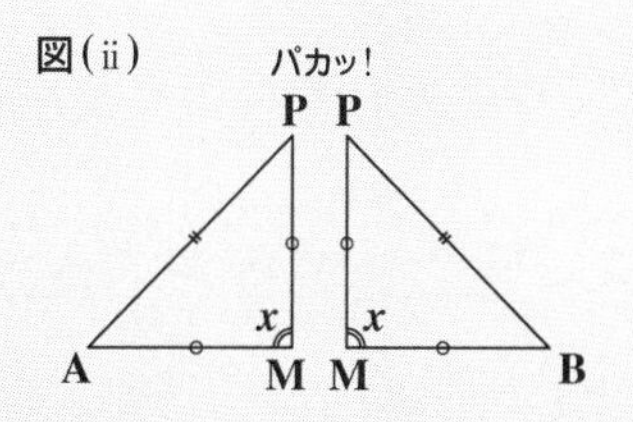

"大きさも形もまったく同じ"という意味。

よって，それぞれの対応する角度も等しいので，∠**PMA** = ∠**PMB** である。これらの角を，図(ii)に示すように，∠**PMA** = ∠**PMB** = x とおくと，∠**AMB** = **180°** より，

$x+x=180°$　　$2x=180°$　　$\therefore x=\frac{180°}{2}=90°$ となって，**PM** ⊥ **AB** であること，すなわち，**PM** は線分 **AB** を垂直に二等分することが分かったんだね。大丈夫？

これから，**P132** の図 **2** の **3** 点 **P**，**A**，**B** を結べば，ここで解説した二等辺三角形 **PAB** になっていることが分かるはずだ。△**QAB** も同様に，**QA** = **QB** の二等辺三角形なので，上記の証明が同様に適用できるんだね。これで，すべて納得いったと思う。

(Ⅱ) ある点から直線に引く垂線

図 **3** に示すように，直線 l と l 上にない ある点 **A** が与えられているとき，

(ⅰ) 点 **A** を中心とする適当な大きさの半径の円弧を描き，直線 l との **2** 交点を **P**，**Q** とおく。

(ⅱ) 点 **P** を中心とする適当な大きさの半径の円弧を描く。

(ⅲ) 点 **Q** を中心とする，(ⅱ) と同じ大きさの半径の円弧を描き，(ⅱ) の円弧との交点を **R** とおく。

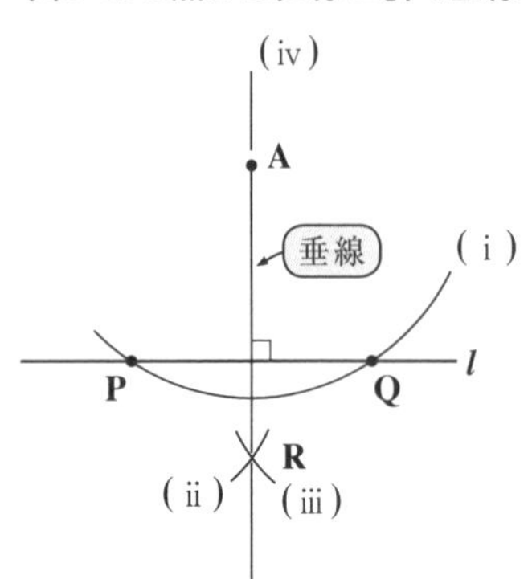

図3 ある点から直線に引く垂線

(ⅳ) **2** 点 **A** と **R** を結ぶ直線を引けば，それが，点 **A** を通る直線 l の垂線になっているんだね。大丈夫？

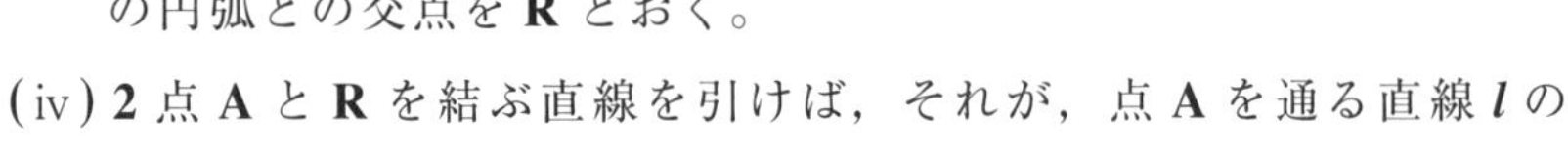
図 **3** においても，△**APQ** が **AP**＝**AQ** の二等辺三角形であり，また，△**RPQ** も **RP**＝**RQ** の二等辺三角形であることから，上記の作図でうまくいくことが分かると思う。

(Ⅲ) ある角の二等分線

図 **4** に示すように，∠**XOY** が与えられているとき，

(ⅰ) 点 **O** を中心とする適当な大きさの半径の円弧を描き，**OX**，**OY** との交点を **P**，**Q** とおく。

(ⅱ) 点 **P** を中心とする適当な大きさの半径の円弧を描く。

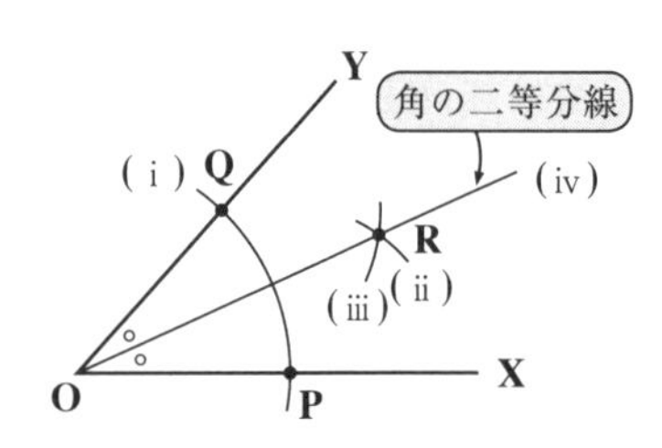

図4 角の二等分線

(ⅲ) 点 **Q** を中心とする，(ⅱ) と同じ半径の円弧を描き，(ⅱ) の円弧との交点を **R** とおく。

(ⅳ) **2** 点 **O**，**R** を結ぶ半直線を引けば，それが角∠**XOY** の二等分線になるんだね。

参考

これも，何故 **OR** が∠**XOY** の二等分線になるのか？ 中 **2** 数学の範囲になるけれど，また証明を入れておこう。

図(ⅰ)の▱**OPRQ** を，対角線 **OR** で，

（↑ 四角形を表す記号）

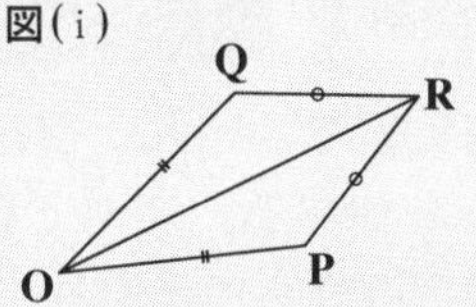

図(ⅱ)に示すように，**2** つの△**OPR** と△**OQR** にパカッと分割したものとしよう。すると，この **2** つの三角形の **3** 辺は，

OP＝**OQ** かつ **PR**＝**QR** かつ **OR** は共通となってすべて等しい。

よって，△**OPR**≡△**OQR**

（↑ "合同"を表す記号。つまり，△**OPR** と△**OQR** は大きさも形もまったく同じ三角形ということ。）

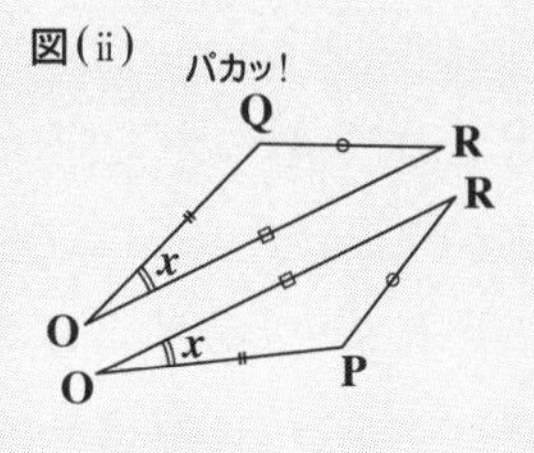

よって，これらの対応する角はすべて等しいので，

∠**POR**＝∠**QOR**(＝x)となって，直線 **OR** が∠**POQ**，すなわち∠**XOY** の二等分線であることが証明されたんだね。大丈夫？

以上をまとめると，コンパスと定規による作図により，以下のことができる。

(Ⅰ) 線分 **AB** の垂直二等分線が引ける。

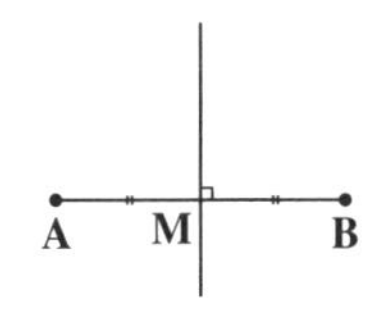

(Ⅱ) 直線 l 外の点 **A** から直線 l に垂線が引ける。

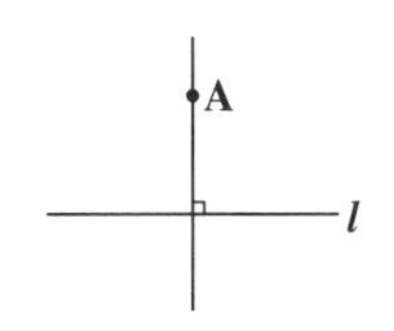

(Ⅲ) ∠**XOY** の二等分線 **OR** が引ける。

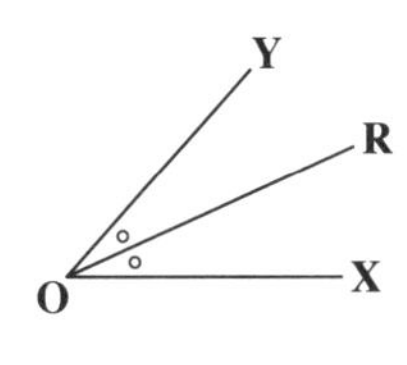

以上で，作図の基本の解説は終わったので，練習問題で様々な作図の問題を解いてみよう。

● 様々な作図問題を解いてみよう！

それでは，これから典型的ないろいろな作図問題にチャレンジしてみよう！

練習問題 47　直線上の点を通る垂線　CHECK 1　CHECK 2　CHECK 3

右図に示すように，直線 l と l 上の点 R がある。点 R を通り，l に垂直な直線 m を作図してみよう。

垂線 m

R　l

点 R を中心にして，ある半径の円を描いて，l との交点を A，B とおくと，話が見えてくるはずだね。線分 AB の垂直二等分線が求める垂線 m になるからだね。

(i) 図(i)に示すように，コンパスを使って点 R を中心とするある半径の円を描き，それと l との 2 交点を A，B とおく。すると，線分 AB の中点が R となる。

図(i)

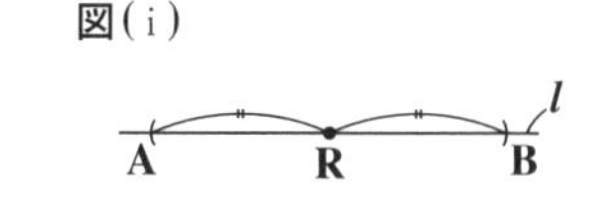

(ii) 点 A を中心とするある円を描き，点 B を中心とする同じ半径の円を描いて，その 2 交点を P，Q とおく。すると，直線 PQ が，点 R を通り l に垂直な直線 m になる。 ……………………………(答)

図(ii)

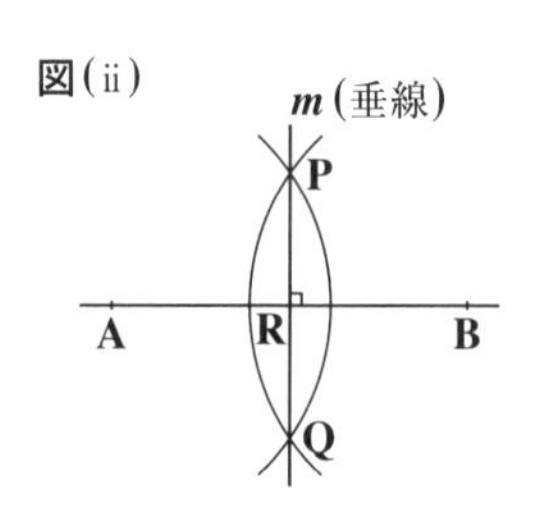

練習問題 48　45°と 30°の角　CHECK 1　CHECK 2　CHECK 3

次の各問いに答えよう。

(1) 45°の角を作図しよう。　　(2) 30°の角を作図しよう。

(1)では，直角 (90°) の角の二等分線を求め，(2)では，60°の角の二等分線を求めればいいんだね。では，90°と 60°はどう求めるかが，ポイントだね。

(1)(i) 図(i)に示すように，半直線 OX と O 側に延長線を引く。すると，直線 OX 上の点 O を通り，OX に垂直な直線 OY を，練習問題 47 で示したように引くことができる。これで，∠XOY = 90°となる。

図(i)

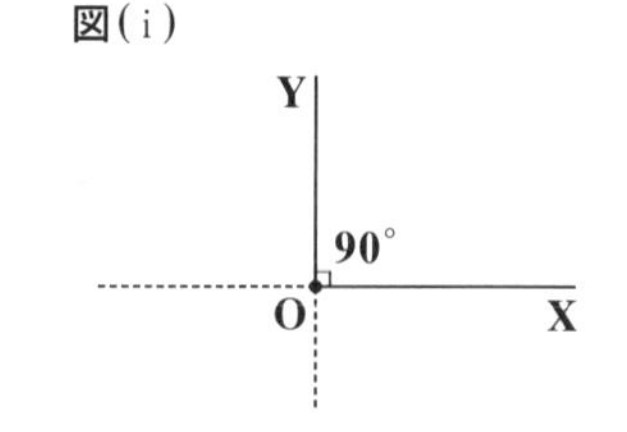

(ii) O を中心とするある半径の円を描き，これと OX，OY との交点をそれぞれ P，Q とおく。さらに，P を中心とするある半径の円を描き，次に，Q を中心とする同じ半径の円を描いて，その交点を R とする。すると，半直線 OR は $\angle XOY(=90^\circ)$ を二等分するので，$\angle XOR = 45^\circ$ が図示できた。……………………………(答)

図(ii) ∠XOYの二等分線OR

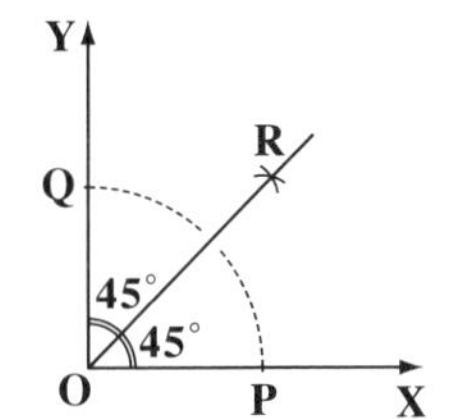

(2)(i) 図(i)に示すように，ある線分 OX をとり，O を中心として，OX を半径とする円を描き，X を中心として，OX を半径とする円を描いて，その交点を Y とおくと，△XOY は正三角形より，$\angle XOY = 60^\circ$ となる。

図(i)

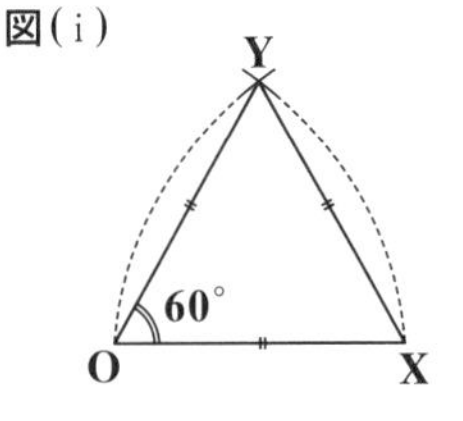

(ii) O を中心とするある半径の円を描き，これと OX，OY との交点をそれぞれ P，Q とおく。さらに，P を中心とするある半径の円を描き，次に，Q を中心とする同じ半径の円を描いて，その交点を R とする。すると，半直線 OR は $\angle XOY(=60^\circ)$ を二等分するので，$\angle XOR = 30^\circ$ が図示できた。……………………………(答)

図(ii) ∠XOYの二等分線OR

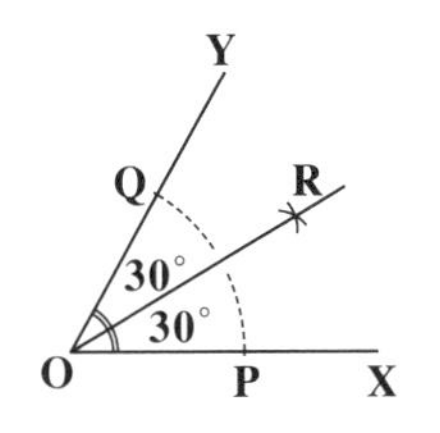

では次に，円と接線との関係も解説しておこう。図 5 に示すように，円 O を中心とする円 C の周上の点 P において円 C と接する直線を l とおくと，点を“**接点**(せってん)”，直線 l を“**接線**(せっせん)”という。このとき，

> 円の接線 l と半径 OP との間には，
> $l \perp OP$ ……(*) の関係が成り立つ。

図5 円とその接線との関係

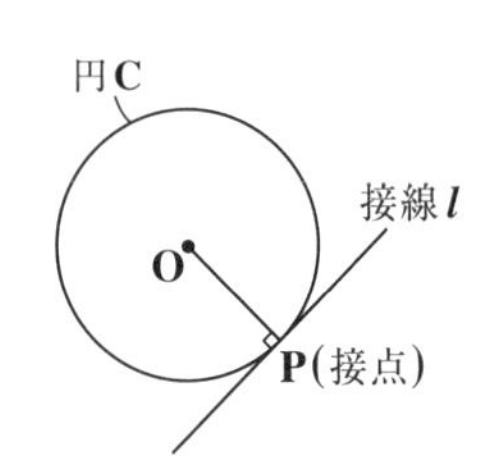

練習問題 49　円の接線 (I)　CHECK 1　CHECK 2　CHECK 3

中心が O である円 C 上の点 P における接線 l を作図しよう。

点 **P** で接するように接線を引いてはダメだよ。あくまでも，直線（接線）を引くときは，**2** 点を通る直線として作図する。これがルールなんだね。

図(i)

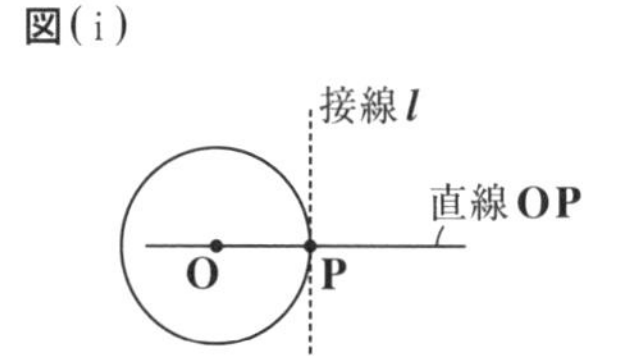

(i) 図(i)に示すように，接線 l は直線 **OP** 上の点 **P** を通る垂線のことである。よって，

図(ii)

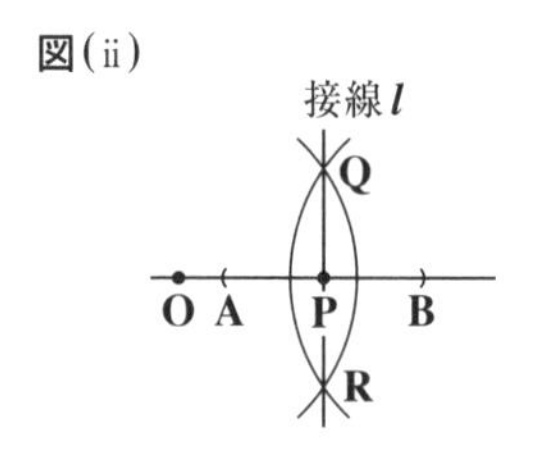

(ii) 図(ii)に示すように，点 **P** を中心として，ある半径の円を描き，直線 **OP** との **2** つの交点を **A**，**B** とおく。点 **A** を中心とする，ある半径の円を描き，点 **B** を中心とする同じ半径の円を描き，この **2** つの交点を **Q**，**R** とおく。直線 **QR** は点 **P** を通り直線 **OP** と直交する直線であり，これは円 **C** の周上の点 **P** における接線 l である。よって，これで接線 l が作図された。……………(答)

練習問題 50　円の接線 (II)　CHECK 1　CHECK 2　CHECK 3

右図に示す 2 つの半直線 OX と OY の両方に接する円の内，OX 上の点 P と接する円 C を作図しよう。

円 **C** の中心 **O′** は，∠**XOY** の二等分線上の点であり，かつ，**OX** 上の点 **P** を通る **OX** の垂線上の点であることに気付けばいいんだね。

(i) 図(i)に示すように，∠**XOY** の二等分線 **OO′** 上の点 **O′** から **OX** と **OY** の両方に引いた垂線と **OX**，**OY** との交点をそれぞれ **P**，**Q** とおく。

すると，2つの直角三角形$\triangle OO'P$と$\triangle OO'Q$は，明らかに，直線OO'について線対称な直角三角形となる。よって，$O'P=O'Q$となって，これは，求める円Cの半径rを表すことになる。よって，

図(i)

(ii) 図(ii)に示すように，$\angle XOY$の二等分線を引き，また，直線OX上の点PからOXの垂線を引くと，この2直線の交点が求める円Cの中心O'であり，このO'を中心として，半径$r=O'P$の円を描けば，それが円Cとなる。 ……………………(答)

図(ii)

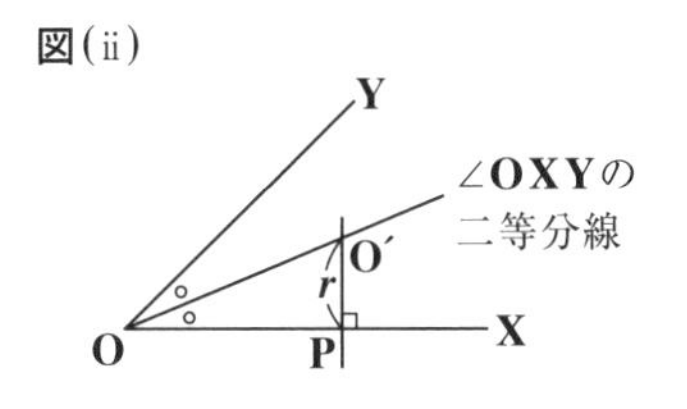

［ここでは，∠XOYの二等分線の引き方と，直線OX上の点Pを通る垂線の引き方について（練習問題48(P136)参照／練習問題47(P136)参照）は，何度もやっているので省略した。もちろん，キミ達は，テストでは，これは省略せずに記述するようにしてくれ。］

以上で，今日の授業は終了です。これまでとは，様子が異なる作図の授業だったけれど，目盛りのない定規とコンパスだけで，様々な問題の作図が出来て面白かったと思う。実は，このように限られた条件の下で，様々な課題を解決していく手法は，プログラミングをするときの条件とよく似ている。一見アナログに見えることが，実はシッカリデジタルな要素を含んでいる，ということなんだね。

今日の授業の内容もシッカリ反復練習してくれ。それでは，次回の授業でまた会おう！それまで，みんな元気で…。さようなら…。

12th day / 円と扇形の計算

みんな，おはよう！元気そうで何よりだね。今回で“**平面図形**”の授業も最終回になる。最後に扱うテーマは“**円と扇形の計算**”なんだね。

ここで用いられる“**円周率**”π とは，円の直径に対する円周の長さの比のことなんだね。この π を用いて，半径 r の円の円周の長さ l と面積 S は，公式：$l=2\pi r$，$S=\pi r^2$ と表すことができる。これらの公式を用いて，円やその 1 部である**扇形**の面積などを計算することができるんだね。どう？面白そうでしょう？

また，これらは高校受験でよく狙われるテーマでもあるので，ここでシッカリマスターしておこう。それでは授業を始めよう！みんな，準備はいい？

● 円周と円の面積の公式から始めよう！

まず，円周の長さや円の面積の公式で利用する円周率 π について解説しよう。

図1 円周率 π

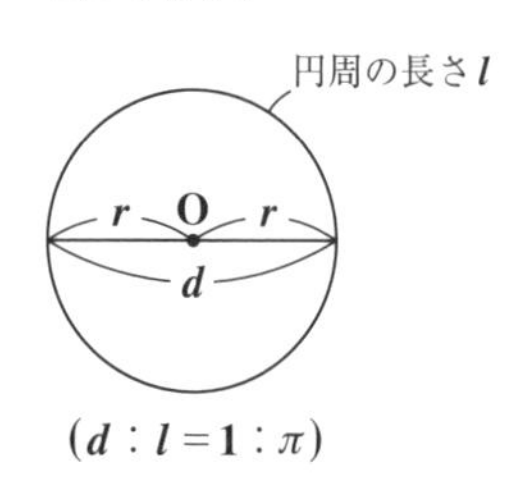

$(d:l=1:\pi)$

図 1 に示すように，半径 r(直径 $d=2r$) の円があり，その円周の長さを l とおくと，直径 d を 1 としたときの l の比を π とおく。

つまり，$\underset{2r}{d}:l=1:\pi$ ……① となる。

よって，$l\times 1=\underset{2r}{d}\times\pi$ より，←（内項の積）＝（外項の積）

公式：$l=2\pi r$ ……(＊) が導けるんだね。大丈夫？

ここで，円周率 π は，具体的には，$\pi=3.1415926\cdots$ と，循環しない無限小数でしか表すことのできない数（無理数）のことなんだね。

これまで勉強してきた，整数や分数，すなわち有理数とは，異なる数のこと。

そして，この半径 r の円の面積を S とおくと，

$S=\pi r^2$ ……(＊＊) となる。← この証明は，実は高校数学の範囲になるので，今は結果だけ覚えておこう。

以上をまとめて示そう。

円周の長さと円の面積

右図に示すような半径 r の円の

(i) 円周の長さ l は，$l=2\pi r$ ……(*1) であり，

(ii) 面積 S は，$S=\pi r^2$ ……………(*2) である。

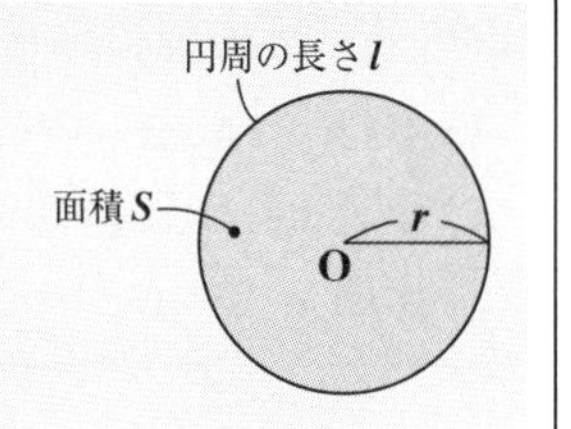

では，例題で練習しておこう。

(ex1) 半径 $r=3$ の円周の長さ l と面積 S を求めよう。

$l=2\pi\times\underbrace{3}_{r}=6\pi$ であり，$S=\pi\times\underbrace{3^2}_{r^2}=9\pi$ である。

((*1)より)　((*2)より)　(円周率 π は π のままでいい。)

(ex2) ある半径の円の周長 $l=5\pi$ のとき，この半径 r と円の面積 S を求めよう。

$l=$ $2\pi r=5\pi$ より，$2\pi\times r=5\pi$　　$r=\frac{5\pi}{2\pi}=\frac{5}{2}$ である。

次に，円の面積 $S=\pi\times r^2=\pi\times\left(\frac{5}{2}\right)^2=\frac{25}{4}\pi$ である。

● 扇形の面積や弧の長さも押さえよう！

図2に示すように，扇形とは，円の1部の扇形の図形のことなので，扇形の弧の長さ l' と面積 S' は，中心角 θ（シータ(ギリシャ文字)）によって，次のように表される。

図2 扇形の弧の長さと面積

扇形の弧の長さと面積

半径が r，中心角が θ の扇形の

(i) 弧の長さ l' は，$l'=2\pi r\times\frac{\theta}{360^\circ}$ …(*3) であり，

(ii) 面積 S' は，$S'=\pi r^2\times\frac{\theta}{360^\circ}$ ………(*4) である。

(*3), (*4)の公式には，$\theta=60^\circ$ ならば $\theta=60^\circ$ を，また $\theta=90^\circ$ ならば $\theta=90^\circ$ を代入して計算すればいいんだね。では，扇形については，練習問題で練習しよう。

練習問題 51　扇形の弧の長さと面積 (I)　CHECK 1　CHECK 2　CHECK 3

次の各扇形の弧の長さ l' と面積 S' を求めよう。

(1) 半径 $r=6$cm，中心角 $\theta=45°$ の扇形

(2) 半径 $r=10$cm，中心角 $\theta=72°$ の扇形

(3) 半径 $r=9$cm，中心角 $\theta=120°$ の扇形

扇形の弧の長さ $l'=2\pi r\times\frac{\theta}{360°}$ と面積 $S'=\pi r^2\times\frac{\theta}{360°}$ の公式を使って計算しよう。

(1) 半径 $r=6$cm，中心角 $\theta=45°$ の扇形の，

弧の長さ $l'=2\pi r\times\frac{\theta}{360°}=2\pi\times 6\times\frac{45°}{360°}$

3)	45	360
3)	15	120
5)	5	40
	1	8

$\frac{45°}{360°}=\frac{1}{8}$

$=12\pi\times\frac{1}{8}=\frac{3}{2}\pi$ (cm) である。……(答)

面積 $S'=\pi r^2\times\frac{\theta}{360°}=\pi\times 6^2\times\frac{45°}{360°}=36\pi\times\frac{1}{8}=\frac{9}{2}\pi$ (cm²) である。…(答)

(2) 半径 $r=10$cm，中心角 $\theta=72°$ の扇形の，

弧の長さ $l'=2\pi r\times\frac{\theta}{360°}=2\pi\times 10\times\frac{72°}{360°}$

360 $=5\times 72$

$=20\pi\times\frac{1}{5}=4\pi$ (cm) である。………(答)

面積 $S'=\pi r^2\times\frac{\theta}{360°}=\pi\times 10^2\times\frac{72°}{360°}=100\pi\times\frac{1}{5}$

$=20\pi$ (cm²) である。……(答)

(3) 半径 $r=9$cm，中心角 $\theta=120°$ の扇形の，

弧の長さ $l'=2\pi r\times\frac{\theta}{360°}=2\pi\times 9\times\frac{120°}{360°}$

$=18\pi\times\frac{1}{3}=6\pi$ (cm) である。………(答)

面積 $S'=\pi r^2\times\dfrac{\theta}{360^\circ}=\pi\times 9^2\times\dfrac{120^\circ}{360^\circ}=81\pi\times\dfrac{1}{3}=27\pi\,(\mathrm{cm}^2)$ である。…(答)

どう？扇形の計算にも少しは慣れてきた？扇形の弧の長さ l' や面積 S' は，円周の長さ l や円の面積 S に $\dfrac{\theta}{360^\circ}$ をかけるだけだから，この $\dfrac{\theta}{360^\circ}$ について，主なものは予め覚えておくと，計算が楽になる。下に主なものを示しておこう。

$\dfrac{30^\circ}{360^\circ}=\dfrac{1}{12}$，$\dfrac{45^\circ}{360^\circ}=\dfrac{1}{8}$，$\dfrac{60^\circ}{360^\circ}=\dfrac{1}{6}$，$\dfrac{90^\circ}{360^\circ}=\dfrac{1}{4}$，$\dfrac{120^\circ}{360^\circ}=\dfrac{1}{3}$，$\dfrac{135^\circ}{360^\circ}=\dfrac{3}{8}$，

$\dfrac{150^\circ}{360^\circ}=\dfrac{5}{12}$，$\dfrac{180^\circ}{360^\circ}=\dfrac{1}{2}$，$\dfrac{210^\circ}{360^\circ}=\dfrac{7}{12}$，$\dfrac{225^\circ}{360^\circ}=\dfrac{5}{8}$，$\dfrac{240^\circ}{360^\circ}=\dfrac{2}{3}$，$\dfrac{270^\circ}{360^\circ}=\dfrac{3}{4}$，

…などだね。

では，もう1題練習しておこう。

練習問題 52 　扇形の弧の長さと面積 (Ⅱ)　CHECK 1　CHECK 2　CHECK 3

次の各扇形についての問いに答えよう。

(1) 半径 $r=6\mathrm{cm}$，弧の長さ $l'=3\pi\mathrm{cm}$ のとき，中心角 θ と面積 S' を求めよう。

(2) 半径 $r=8\mathrm{cm}$，面積 $S'=40\pi\mathrm{cm}^2$ のとき，中心角 θ と弧の長さ l' を求めよう。

これらの問題も，扇形の弧の長さの公式：$l'=2\pi r\times\dfrac{\theta}{360^\circ}$ と面積の公式：$S'=\pi r^2\times\dfrac{\theta}{360^\circ}$ を用いて解いていこう。

(1) 扇形の半径 $r=6\mathrm{cm}$，弧の長さ $l'=\boxed{2\pi r\times\dfrac{\theta}{360^\circ}=3\pi}$ より，

$2\pi\times 6\times\dfrac{\theta}{360^\circ}=3\pi$ 　両辺を 3π で割って，$4\times\dfrac{\theta}{360^\circ}=1$ 　$\dfrac{\theta}{90^\circ}=1$

（θ の方程式）

∴中心角 $\theta=90^\circ$ である。……………(答)

よって，扇形の面積 S' は，

$S'=\pi\times 6^2\times\dfrac{90^\circ}{360^\circ}=36\pi\times\dfrac{1}{4}=9\pi\,(\mathrm{cm}^2)$ である。

………(答)

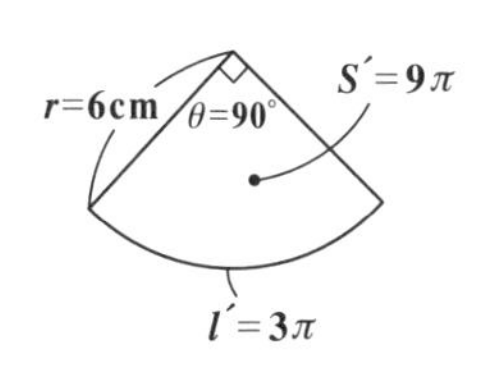

(2) 扇形の半径 $r=8$cm，面積 $S'=\pi r^2\times\frac{\theta}{360°}=40\pi$ より，

$\pi\times 8^2\times\frac{\theta}{360°}=40\pi$　両辺を 8π で割って，$8\times\frac{\theta}{360°}=5$　$\frac{2}{90}\times\theta=5$

θの方程式

∴中心角 $\theta=5\times\frac{90°}{2}=5\times 45°=225°$

である。……………………………(答)

よって，弧の長さ l' は，

$l'=2\pi\times 8\times\frac{225°}{360°}=2\pi\times 8\times\frac{5}{8}$

$=10\pi$cm である。………………(答)

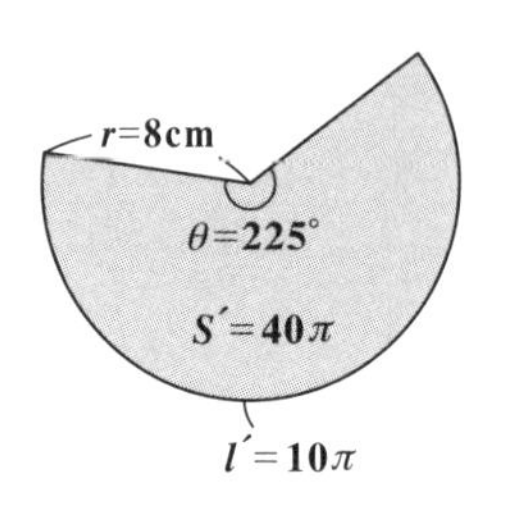

どう？ 予め $\frac{225°}{360°}=\frac{5}{8}$ の知識があると，計算が楽になったでしょう？

● 様々な図形の面積を求めよう！

正方形や長方形と円や扇形を組合せた様々な図形の面積を求める練習をしてみよう。

練習問題 53　様々な図形の面積 (Ⅰ)　CHECK 1　CHECK 2　CHECK 3

次の各網目部の図形の面積を求めよう。(ただし，曲線は円または半円であり，四角形は長方形である。また，O，O_1，O_2 は円の中心を表す。)

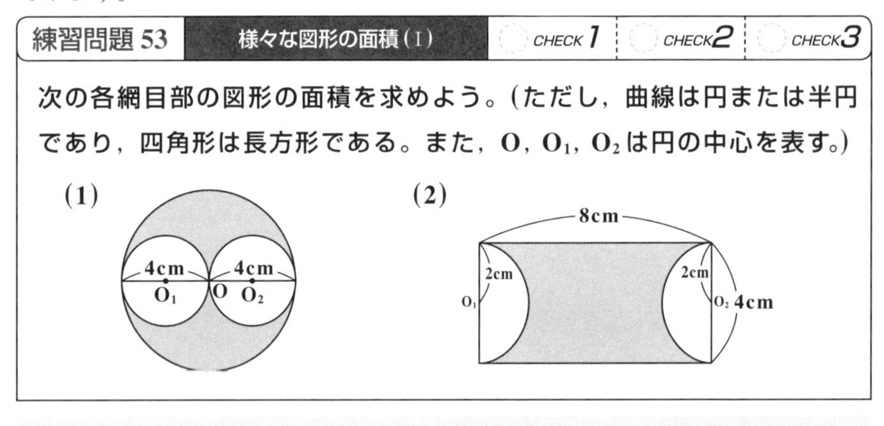

円や長方形の面積から網目部以外の円や円の1部の面積を引いて，網目部の面積を求めればいいんだね。

(1) 半径 **4** の円の面積から，**2** つの半径 **2** の円の面積を引けばいいので，

$$\pi\times4^2-2\times\pi\times2^2=16\underset{\text{共通因数}}{\pi}-8\underset{\text{共通因数}}{\pi}=(16-8)\underset{\text{共通因数をくくり出した}}{\pi}=8\pi(\mathrm{cm}^2)$$ となる。………(答)

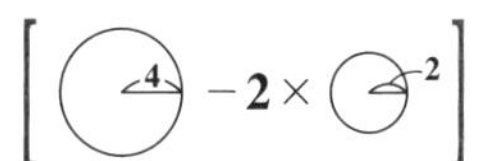

(2) たて **4**，横 **8** の長方形の面積から，**2** つの半円を併せて半径 **2** の円の面積を引けばいいので，

$$4\times8-\pi\times2^2=32-4\pi(\mathrm{cm}^2)$$ となる。…………………………(答)

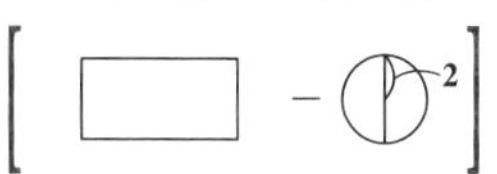

どう？ 考え方が結構面白いでしょう。

練習問題 54 　**様々な図形の面積(Ⅱ)** 　CHECK 1 　CHECK 2 　CHECK 3

次の各網目部の図形の面積を求めよう。(ただし，曲線は円または円の1部であり，四角形は長方形または正方形である。)

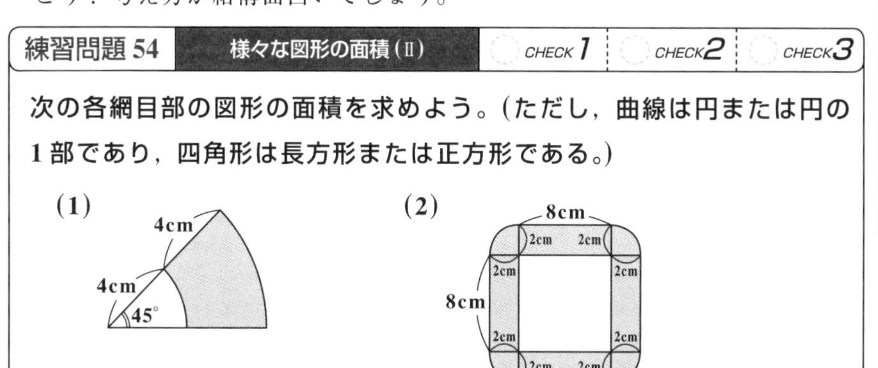

(1) は，半径 **8cm**，中心角 **45°** の扇形の面積から，半径 **4cm**，中心角 **45°** の扇形の面積を引けばいい。(2) は，**4** つの長方形と **4** つの扇形に分解して考えるといいんだね。

(1) 網目部の面積を求めるには，半径 **8cm**，中心角 **45°** の扇形の面積から，半径 **4cm**，中心角 **45°** の扇形の面積を引けばいいので，

$$\pi\times8^2\times\frac{45^\circ}{360^\circ}-\pi\times4^2\times\boxed{\frac{45^\circ}{360^\circ}}\left(=\frac{1}{8}\right)=\pi\times64\times\frac{1}{8}-\pi\times16\times\frac{1}{8}$$

[扇形(8cm) − 扇形(4cm)]

$$=8\pi-2\pi=(8-2)\pi=6\pi(\mathrm{cm}^2)$$ となる。…………………………(答)

(2) 与えられた網目部の図形を分解して考えると，この面積は，**4** つのたて **2cm**，横 **8cm** の長方形の面積の和と，半径が **2** の円の面積の総和であることが分かるので，

$$4\times2\times8 \quad + \quad \pi\times2^2$$

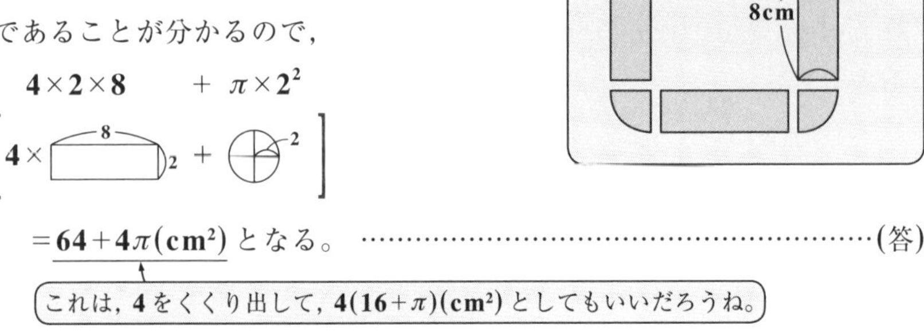

$=\underline{64+4\pi(\mathrm{cm}^2)}$ となる。……………………………………………(答)

これは，**4** をくくり出して，**4(16+π)(cm²)** としてもいいだろうね。

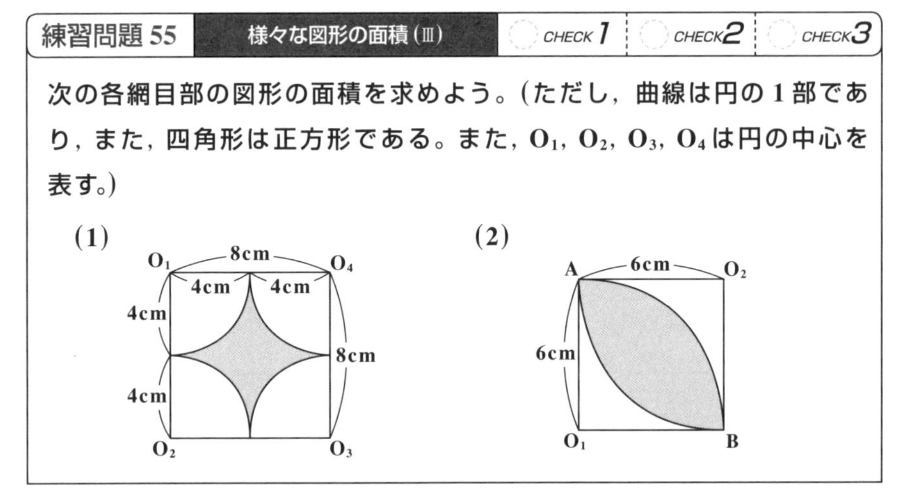

練習問題 55　様々な図形の面積 (Ⅲ)　CHECK 1　CHECK 2　CHECK 3

次の各網目部の図形の面積を求めよう。（ただし，曲線は円の 1 部であり，また，四角形は正方形である。また，O_1，O_2，O_3，O_4 は円の中心を表す。）

(1) は，**1** 辺の長さ **8cm** の正方形の面積から，半径が **4cm** の円の面積を引けばいい。
(2) は，対角線により，網目部の図形を二等分して考えると話が見えてくる。

(1) 網目部の面積は，**1** 辺の長さが **8cm** の正方形の面積から，半径 **4cm** の円の面積を引いたものであることが分かるので，

$$8^2 \quad - \quad \pi\times4^2 \quad = \underline{64-16\pi(\mathrm{cm}^2)}$$ である。……………(答)

[正方形(8) − 円(半径4)]

これは，**16(4−π)(cm²)** としてもいいだろうね。

(2) 網目部は，図(i)に示すように，対角線(線分)**AB** によって二等分される。この図(i)の網目部の面積は，半径 **6cm**，中心角 **90°** の扇形の面積から，底辺 **6cm**，高さ **6cm** の直角三角形の面積を引いたものに等しいことが分かるので，

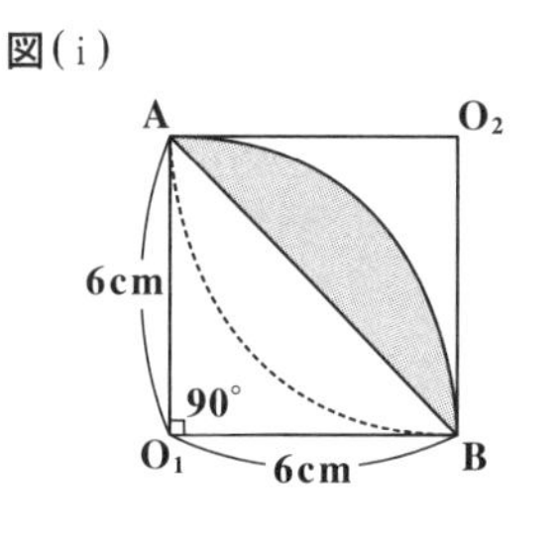

図(i)

$$\pi\times 6^2\times\frac{90^\circ}{360^\circ}-\frac{1}{2}\times 6\times 6=\pi\times 36\times\frac{1}{4}-18=9\pi-18$$

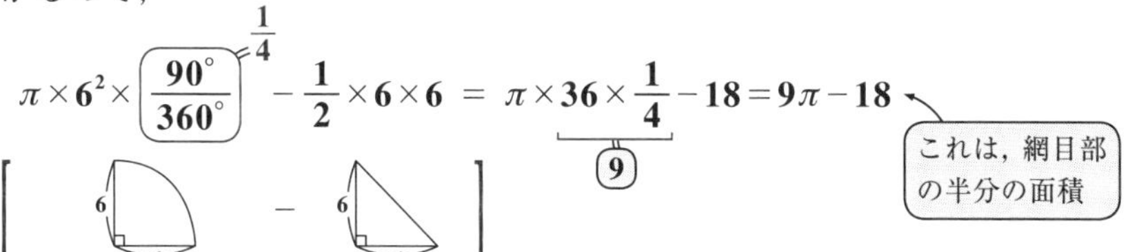

よって，これを **2** 倍したものが，求める網目部の面積より，

$2\times(9\pi-18)=18\pi-36(\text{cm}^2)$ である。……………………………………(答)

これは，$18(\pi-2)(\text{cm}^2)$ としてもいいと思う。

今日の授業は，これで終了です。円や扇形の面積計算を利用して，様々な図形の面積が求められて面白かったでしょう？

次回から"**空間図形**"について詳しく解説するけれど，今日学んだ内容は次回以降の授業でも利用するので，ヨ～ク反復練習しておいてくれ。

それでは，次回の授業まで，みんな元気でな。さようなら…。

1. 直線，線分，半直線

(ⅰ) 直線 AB　(ⅱ) 線分 AB　(ⅲ) 半直線 AB

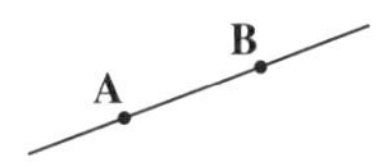

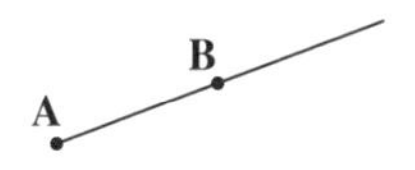

2. 角の表し方

$(ex1)$ $\angle \mathrm{XOY}=\theta$

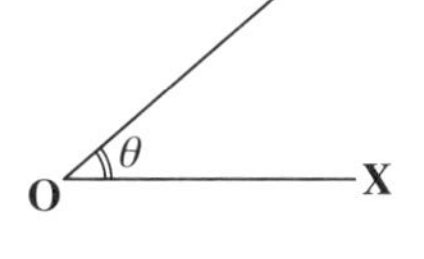

$(ex2)$

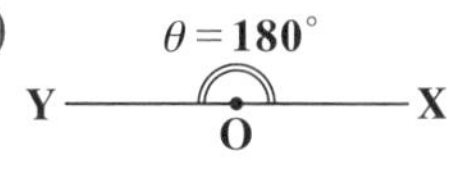

3. 2直線 l と m の位置関係

(ⅰ) 交わる

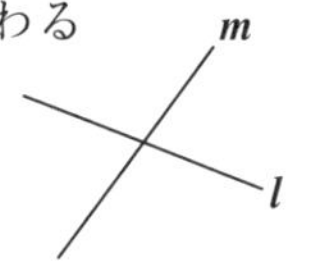

(ⅱ) 直交
$l \perp m$

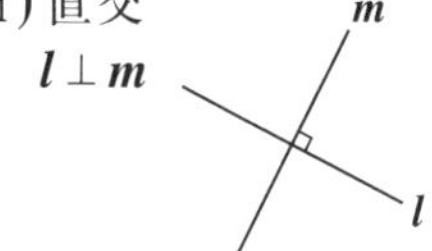

(ⅲ) 平行
$l \parallel m$

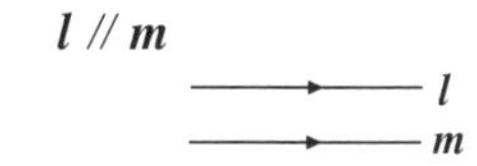

4. 図形の移動

(ⅰ) 平行移動　(ⅱ) (線) 対称移動　(ⅲ) 回転移動

5. 作図

(ⅰ) 線分ABの垂直二等分線

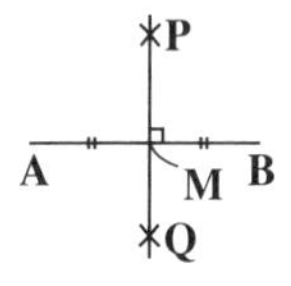

(ⅱ) ある点から直線に引く垂線

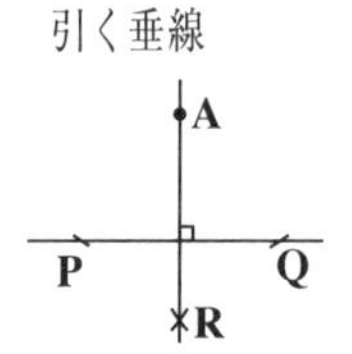

(ⅲ) ある角の二等分線

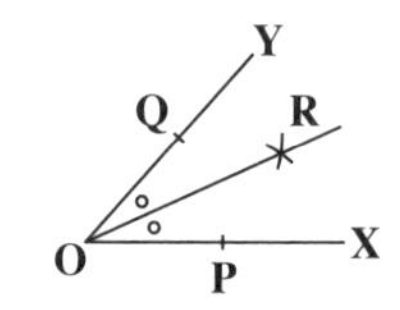

6. 円と扇形

(Ⅰ) 円について (半径 r)

(ⅰ) 円周の長さ $l=2\pi r$

(ⅱ) 円の面積 $S=\pi r^2$　(π：円周率)

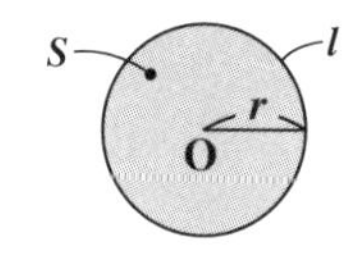

(Ⅱ) 扇形について (半径 r，中心角 θ)

(ⅰ) 扇形の弧の長さ $l'=2\pi r\times\dfrac{\theta}{360^\circ}$

(ⅱ) 扇形の面積 $S'=\pi r^2\times\dfrac{\theta}{360^\circ}$

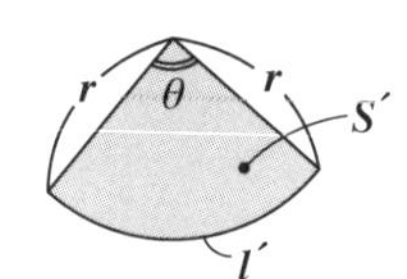

第 6 章
CHAPTER

6 空間図形

◆ いろいろな立体

（正四面体，正六面体，正八面体，…など）

◆ 空間図形の位置関係

（2直線の関係（i）交わる，（ii）平行，（iii）ねじれ）

◆ 様々な立体の体積と表面積

（角すい（円すい）の体積 $V=\frac{1}{3}Sh$）

13th day / いろいろな立体

みんな，おはよう！ さァ，今回から“**空間図形**”の解説に入ろう！ ン？“**平面図形**”より難しそうだから，引きそうって!? そうだね。取り扱う対象となる図形が **2** 次元から **3** 次元に変わるわけだからね。でもまた，たく山の図と例題も含めた詳しい解説ですべて理解できるはずだから，心配は無用です。

まず，今回の授業では，空間図形の基本として，“**いろいろな立体**”について解説しよう。立体には，円柱や円錐それに球など曲面で囲まれた立体もあるけれど，ここでメインに扱う立体は“**多面体**”と呼ばれるもので，これは複数の平面だけで囲まれてできる立体のことなんだね。この多面体には，角柱や角錐，それに **5** つの“**正多面体**”などがあるんだけれど，これら多面体の面や頂点や辺の数に着目しながら，詳しく解説していこう。では，これから授業を始めよう！

● まず，角柱の話から始めよう！

これから，様々な立体について解説していくけれど，まず初めに“**多面体**”の解説から始めよう。多面体とは，複数の平面だけで囲まれて出来る立体のことなんだね。まず，頭に浮かぶのは“**角柱**”だろうね。この角柱は，三角柱，四角柱，五角柱，…の総称のことなんだね。この角柱の図を下に示そう。

図1 角柱

(ⅰ) 三角柱 (五面体)

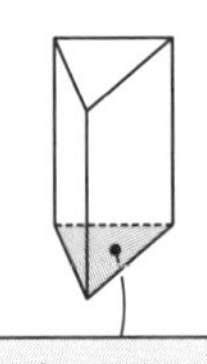

この底面が正三角形で，側面がすべて合同（“形も大きさも同じ”）な長方形であるものを“**正三角柱**”という。

(ⅱ) 四角柱 (六面体)

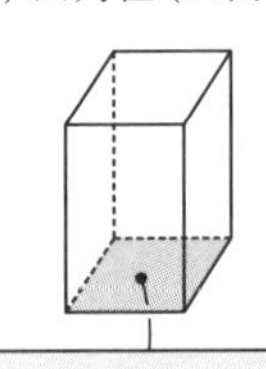

この底面が正方形で，側面がすべて合同な長方形であるものを“**正四角柱**”という。

(ⅲ) 五角柱 (七面体)

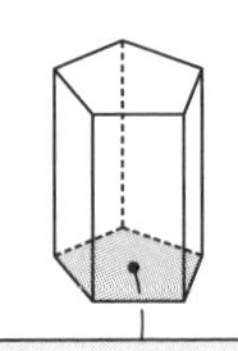

この底面が正五角形で，側面がすべて合同な長方形であるものを“**正五角柱**”という。

(i) 三角柱は，5つの平面からなる立体なので，“**五面体**”といってもいい。この面の数をf，頂点の数をv，辺の数をeとおくと，$f=5$，$v=6$，$e=9$となるのはいいね。

（五面体だから）（上面と底面に3個ずつ）（上面と底面と側面に3本ずつ）

(ii) 四角柱は，6つの平面からなる立体なので，“**六面体**”といってもいい。このfとvとeは，面の数$f=6$，頂点の数$v=8$，辺の数$e=12$となるのもいいね。

（六面体だから）（上面と底面に4個ずつ）（上面と底面と側面に4本ずつ）

底面と上面，および4つの側面がすべて正方形の場合，これを“**正六面体**”または“**立方体**”と呼ぶ。つまりサイコロの形の立体だね。

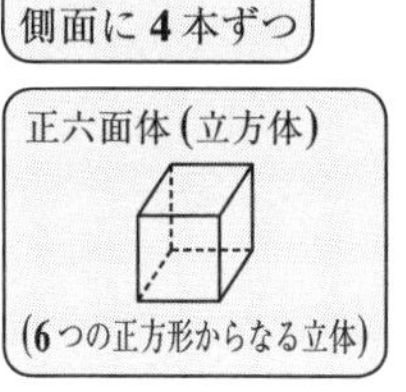

(iii) 五角柱は，7つの平面からなる立体なので，“**七面体**”といってもいい。このfとvとeは，面の数$f=7$，頂点の数$v=10$，辺の数$e=15$となるのも大丈夫だね。

（七面体だから）（上面と底面に5つずつ）（上面と底面と側面に5本ずつ）

以降，六角柱，七角柱，…についても興味のある人は自身でも調べてみるといい。このように多面体を考える場合，面の数fと頂点の数vと辺の数eに注意を払うことにしよう。何故なら，これらが，様々な多面体を特徴づけるポイントとなるからなんだね。

ここで，これまで解説した3つの角柱のfとeとvの値を並べてみると，

(i) 三角柱では，$f=5$，$v=6$，$e=9$ → $f+v-e=5+6-9=2$

(ii) 四角柱では，$f=6$，$v=8$，$e=12$ → $f+v-e=6+8-12=2$

(iii) 五角柱では，$f=7$，$v=10$，$e=15$ となるので，→ $f+v-e=7+10-15=2$

$f+v-e=2$ ……(*) が成り立っていることが分かるだろう？これは実は“**オイラーの多面体定理**”と呼ばれるもので，角柱だけでなくすべての凹みのない多面体に対して成り立つ定理なんだね。この覚え方は簡単で，「メンテ代から千円引いたらニッコリ」と覚えればいい。

実際に，「メン(f)テ(v)代から千(e)円引いてニッコリ」より，

（面）（点（頂点））（線（辺））（2）

$f+v-e=2$ ……(*) がすぐに導けるでしょう？中学数学の範囲を少し越えるけれど，役に立つ公式だからシッカリ頭に入れておこう。

● 角錐についても調べよう！

では次に，“**角錐**”について解説しよう。角錐とは，具体的には，**三角錐**，**四角錐**，**五角錐**，… などの総称なんだね。これら角錐の図を下に示そう。

図2 角錐

(ⅰ) 三角錐 (四面体)

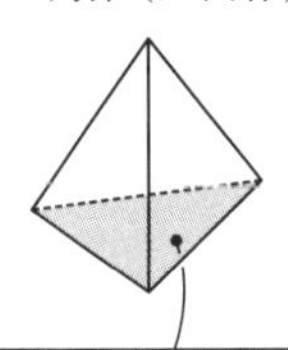

この底面が正三角形で，側面がすべて合同な二等辺三角形であるものを“**正三角錐**”という。

(ⅱ) 四角錐 (五面体)

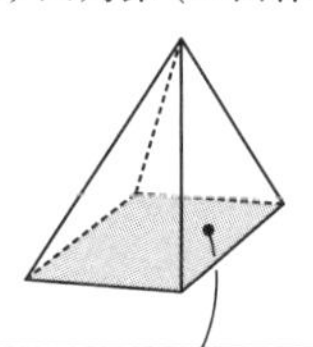

この底面が正方形で，側面がすべて合同な二等辺三角形であるものを“**正四角錐**”という。

(ⅲ) 五角錐 (六面体)

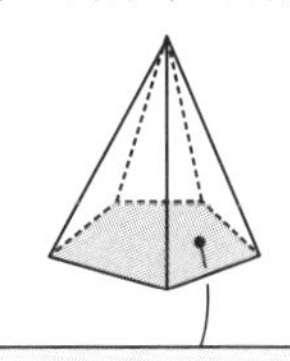

この底面が正五角形で，側面がすべて合同な二等辺三角形であるものを“**正五角錐**”という。

(ⅰ)の三角錐の内，**4**つの面がすべて正三角形であるものを，特に“**正四面体**”と呼ぶことも覚えておこう。

では，次の練習問題を解いてみよう。

練習問題 56　角すいの f と v と e　CHECK 1　CHECK 2　CHECK 3

(ⅰ)三角錐と，(ⅱ)四角錐と，(ⅲ)五角錐それぞれの面の数 f と，頂点の数 v と，辺の数 e を求め，これらがいずれも，
オイラーの多面体定理：$f+v-e=2$ ……(＊) をみたすことを確認しよう。

図 **2**(ⅰ)，(ⅱ)，(ⅲ)から各角すいの面の数 f と頂点の数 v と辺の数 e を求めて，オイラーの多面体定理：$f+v-e=2$ (メン(f)テ(v)代から千(e)円引いて(**2**)ニッコリ) が成り立つことを確認しよう。

(ⅰ) 三角錐は，**4**つの平面からなる立体なので，四面体ともいう。この面の数 f と頂点の数 v と辺の数 e を求めると，

$\underline{f=4}$，　$\underline{v=4}$，　$\underline{e=6}$ より，

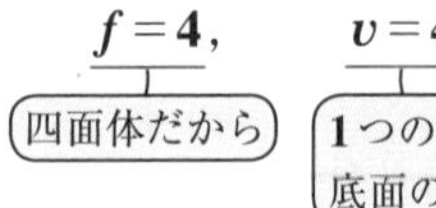

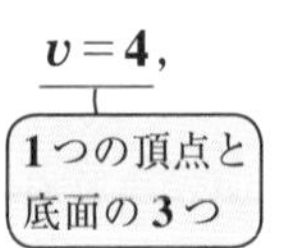

側面と底面に **3** 本ずつ

$f + v - e = 4 + 4 - 6 = 2$ となって,　確認(証明)問題では(終)とする。

オイラーの多面体定理をみたす。……………………………………………………(終)

(ii) 四角錐は,**5**つの平面からなるので,五面体ともいう。この面の数 f と頂点の数 v と辺の数 e を求めると,

$f = 5$,（五面体だから）　$v = 5$,（1つの頂点と底面の4つ）　$e = 8$（側面と底面に4本ずつ）より,

$f + v - e = 5 + 5 - 8 = 2$ となって,

オイラーの多面体定理をみたす。……………………………………………………(終)

(iii) 五角錐は,**6**つの平面からなるので,六面体ともいう。この面の数 f と頂点の数 v と辺の数 e を求めると,

$f = 6$,（六面体だから）　$v = 6$,（1つの頂点と底面の5つ）　$e = 10$（側面と底面に5本ずつ）より,

$f + v - e = 6 + 6 - 10 = 2$ となって,

オイラーの多面体定理をみたす。……………………………………………………(終)

どう? これまで,多面体についてのみ話してきたけれど,ここでは,多面体ではないけれど,中学数学で重要な円柱と円錐と球についても下に図示しておこう。

図3 円柱と円錐と球

(i) 円柱

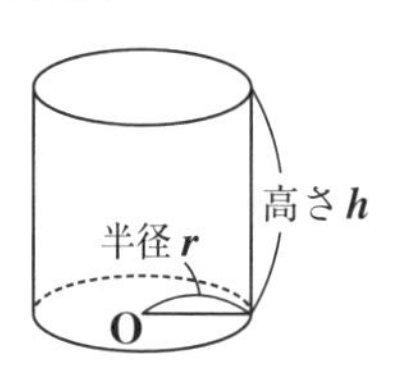

(ii) 円錐

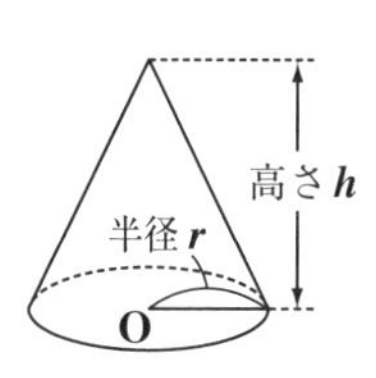

(iii) 球

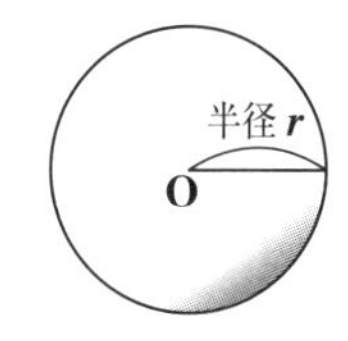

これらは,(i)(ii)では側面が,また,(iii)では表面全体が平面ではなく曲面なので,多面体とは区別しなければいけないんだね。これらについても,後で詳しく解説しよう。

ではまた,多面体に話を戻そう。多面体の中で,“**正多面体**(せいためんたい)”と呼ばれるものが**5**種類のみ存在する。これから詳しく解説しよう。

● 5種類の正多面体をマスターしよう！

多面体の内，次の2つの条件をみたす凹(へこ)みのない多面体のことを"正多面体(せいためんたい)"という。

これを"凸(とつ)多面体"という。

正多面体となるための条件

(i)すべての面が合同な正多角形であり，かつ，

大きさも形も同じということ　具体的には，正三角形，正方形，正五角形の3つ

(ii)どの頂点にも同じ数の面が集まっているもの。

この正多面体は，正四面体，正六面体(立方体)，正八面体，正十二面体，正二十面体の5種類のみであり，これらを図4に示す。

図4 5種類の正多面体

(i) 正四面体　(ii) 正六面体(立方体)　(iii) 正八面体　(iv) 正十二面体　(v) 正二十面体

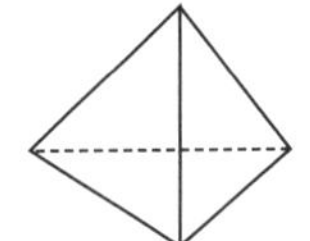
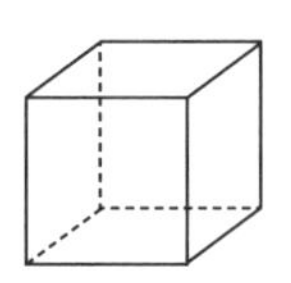
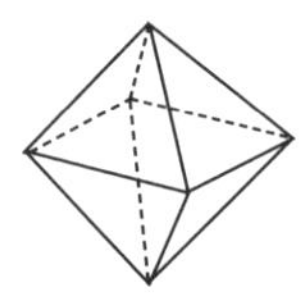
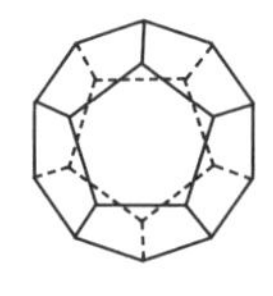
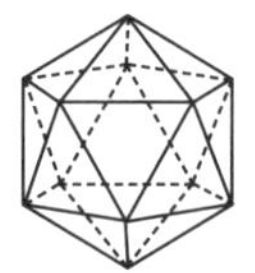

(i)の正四面体は，**4**枚の合同な正三角形からできており，
(ii)の正六面体は，**6**枚の合同な正方形からできている。また，
(iii)の正八面体は，**8**枚の合同な正三角形からできており，
(iv)の正十二面体は，**12**枚の合同な正五角形からできており，そして，
(v)の正二十面体は，**20**枚の合同な正三角形からできているんだね。

そして，これらについても，面の数f，頂点の数v，辺の数eが重要なんだね。立体を特徴づける重要な数値だからだ。

しかし，(i)の正四面体のfとvとeは，三角錐のところで，また，(ii)の正六面体(立方体)のfとvとeは，四角柱のところで，既に解説しているので大丈夫だね。

ここではまず，(iii)の正八面体の面の数fと頂点の数vと辺の数eを調べてみることにしよう。

(iii) の正八面体は，**8** つの正三角形の面をもち，この面の数 f と頂点の数 v と辺の数 e を求めると，図 **4**(iii) より，

$f=8$，　$v=6$，　$e=12$ となる。よって，この場合も，オイラーの

（$f=8$：正八面体だから）（$v=6$：上下 **1** つずつと中の正方形の **4** つ）（$e=12$：上下側面の **4** 本ずつと中の正方形の **4** 本）

多面体定理 $f+v-e=8+6-12=2$ が成り立っていることが分かる。大丈夫？

ここで，この正八面体についてさらに考察しておこう。

・まず，面の数 $f=8$ は，そのままだね。

・次に，頂点の数 v について，考えよう。

8 枚の正三角形に分解したとき，各正三角形は **3** 個ずつの頂点をもつので，$8\times3=24$ 個の頂点が元々存在する。

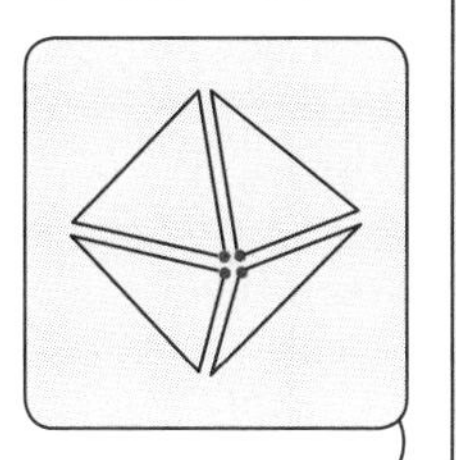

正八面体を分解して，**8** つの正三角形にすると，

・面の数は **8** 枚
・頂点の数は $3\times8=24$ 個
・辺の数は $3\times8=24$ 本

しかし，右上図より，正八面体にしたとき，**4** つの頂点が **1** つの頂点に合体しているので，正八面体の頂点の数 v は，**24** を **4** で割って，$v=24\div4=6$ 個となるんだね。大丈夫？

・さらに，辺の数 e についても調べよう。この場合も，分解した **8** 枚の正三角形で考えると，各正三角形は **3** 本ずつの辺をもつので，$8\times3=24$ 本の辺が元々存在する。しかし，右図のように，正八面体にすると，**2** つの辺が合体して **1** つの辺になるわけだから，正八面体の辺の本数 e は，$e=24\div2=12$ 本となるんだね。これも大丈夫？

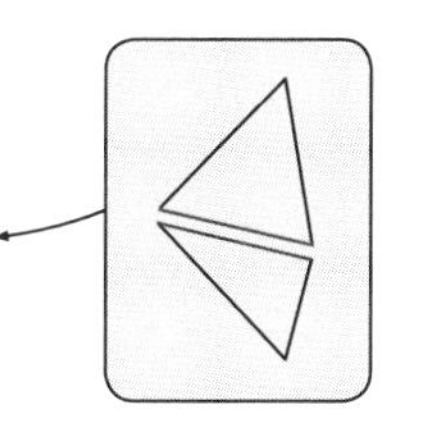

これから，$f=8$，$v=6$，$e=12$ が分かり，オイラーの多面体定理が成り立つことも分かるんだね。

この要領をマスターすると，(iv) 正十二面体や (v) 正二十面体の f と v と e も，図形を基に指折り数えなくても求めることができるんだね。次の練習問題で練習してみよう。

練習問題 57　正十二面体の f と v と e

右図に示すような 12 枚の正五角形からなる正十二面体の面の数 f と，頂点の数 v と，辺の数 e を求めよう。

正十二面体

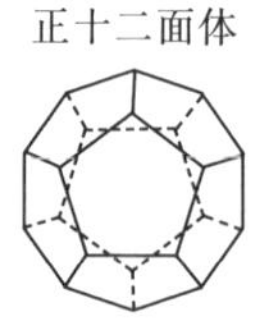

面の数 $f=12$ なのはいいね。後は，頂点の数 v と辺の数 e を工夫して求めよう。

正十二面体の面の数 f と頂点の数 v と辺の数 e を求める。

・まず，面の数 $f=12$ 枚 ……………………………(答)
（正十二面体だから）

正十二面体を分解して，
12 枚の正五角形にすると，

12×より，

・面の数は **12** 枚
・頂点の数は，元々
　$5\times12=60$ 個あり，
・辺の数は，元々
　$5\times12=60$ 本ある。

・次に，頂点数 v について，
12 枚の正五角形に分解したとき，各正五角形は **5** 個ずつの頂点をもつので，元々 $5\times12=60$ 個の頂点が存在する。

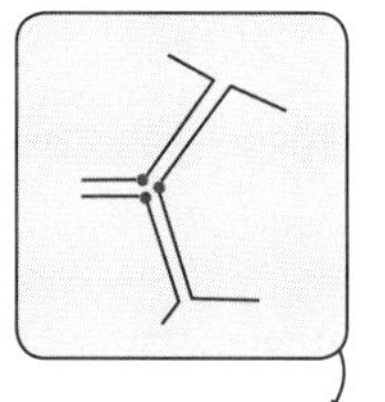

しかし，右上図より，正十二面体にしたとき，
3 つの頂点が **1** つの頂点に合体しているので，正十二面体の頂点の数 v は，
$v=60\div3=20$ 個 ……………………………………………………(答)

・さらに，辺の数 e について，
12 枚の正五角形に分解したとき，各正五角形は **5** 本ずつの辺をもつので，元々 $5\times12=60$ 本の辺が存在する。しかし，右図より，正十二面体にしたとき，**2** 本の辺が **1** つの辺に合体しているので，正十二面体の辺の本数 e は，$e=60\div2=30$ 本 ……(答)

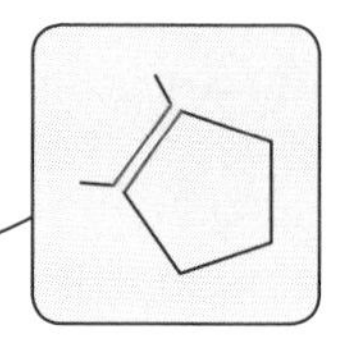

参考

正十二面体について，$f=12$，$v=20$，$e=30$ より，オイラーの多面体定理
$f+v-e=12+20-30=2$ が成り立つことが分かる。
しかし，$f=12$，$e=30\ (=60\div2)$ はすぐに分かるので，
逆にオイラーの多面体定理を使って，$12+v-30=2$ より，$v=2-12+30=32-12=20$

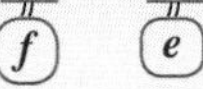

として，頂点の数 v を求めることもできるんだね。大丈夫？

練習問題 58 正二十面体の f と v と e CHECK 1 CHECK 2 CHECK 3

右図に示すように，20 枚の正三角形からなる正二十面体の面の数 f と，頂点の数 v と，辺の数 e を求めよう。

正二十面体

面の数 $f=20$ はスグに分かる。頂点の数 v と辺の数 e を工夫して求めよう。

正二十面体の面の数 f と頂点の数 v と辺の数 e を求める。

・まず，面の数 $f=20$ 枚 ……………(答)
（正二十面体だから）

正二十面体を分解して，
20 枚の正三角形にすると，

20× 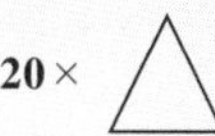 より，

・面の数は 20 枚
・頂点の数は，元々
　$3\times20=60$ 個あり，
・面辺の数は，元々
　$3\times20=60$ 本ある。

・次に，頂点の数 v について，
20 枚の正三角形に分解したとき，各正三角形は 3 個ずつの頂点をもつので，元々 $3\times20=60$ 個の頂点が存在する。

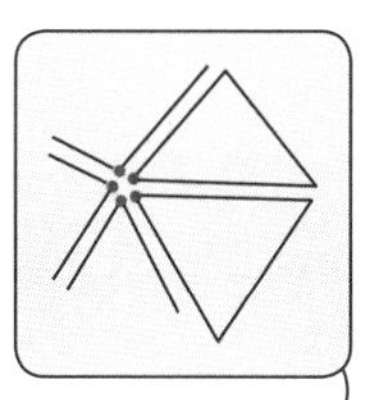

しかし，右上図より，正二十面体にしたとき，
5 つの頂点が 1 つの頂点に合体しているので，正二十面体の頂点の数 v は，
$v=60\div5=12$ 個 ……………………………………………………………………(答)

・さらに，辺の数 e について，
20 枚の正三角形に分解したとき，各正三角形は 3 本ずつの辺をもつので，元々 $3\times20=60$ 本の辺が存在する。しかし，右図より，正二十面体にしたとき，2 本の辺が 1 本に合体するので，正二十面体の辺の数 e は，$e=60\div2=30$ 本 ………………(答)

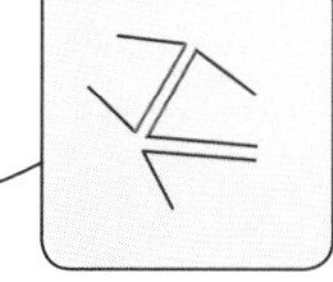

［以上より，$f=20$，$v=12$，$e=30$ より，これらはオイラーの多面体定理：
$f+v-e=20+12-30=2$ をみたす。］

以上で，今日の授業は終了です。"**オイラーの多面体定理**"は中学数学の範囲を少し越えるので，答案には明記しない方がいいかも知れないけれど，正しい定理なので，ウマク活用していってくれたらいいね。

では，次回の授業でまた会おう！みんな元気でな。復習も頑張ってくれ！それじゃ，グッバーイ…。

14th day / 空間図形の位置関係と表し方

みんな，おはよう！元気だった？“**空間図形**”の授業も，今日で**2**回目だね。今回の授業では，まず，空間図形における直線同士や平面同士などの“**位置関係**”について詳しく解説しよう。特に，平面図形では存在しなかったが，空間図形では**2**直線の“**ねじれ**”の位置関係があることにも注意しよう。

さらに，立体が平面の動きによって形成されること，また，立体がその“**見取図**(みとりず)”や“**展開図**(てんかいず)”，および“**立面図**(りつめんず)”と“**平面図**(へいめんず)”などによって表されることも教えるつもりだ。

今回の授業によって，さらに空間図形への理解が深まると思う。それでは，授業を始めよう！みんな，準備はいい？

● 2直線の位置関係から始めよう！

空間における**2**つの直線 l と m の位置関係には，図**1**に示すように

(ⅰ) **1**点で交わる　(ⅱ) 平行である　(ⅲ) ねじれの位置にある

の**3**つの場合があるんだね。

図1 2直線 l, m の位置関係

(ⅰ) **1**点で交わる

(ⅱ) 平行である

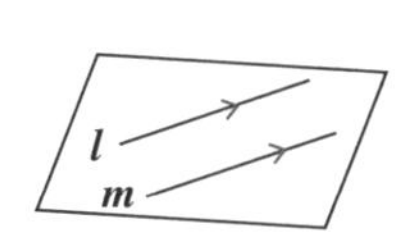

(ⅲ) ねじれの位置にある

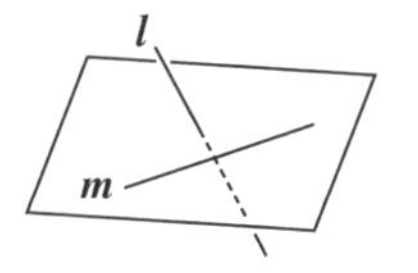

(ⅰ) **1**点で交わる，または(ⅱ) 平行であるとき，**2**直線 l, m は同一の平面上にあるんだね。これに対して，(ⅲ) ねじれの位置にあるとき，l と m は同一の平面上にない。逆に言うと，同一平面上に l, m がないとき，l と m はねじれの位置にあると言えるんだね。

(*ex***1**) 図(ⅰ)に示すように，**6**枚の長方形からなる直方体(四角柱)**ABCD-EFGH**がある。辺**AB**と(ⅰ)交わる辺と，(ⅱ)平行な辺と，(ⅲ)ねじれの位置にある辺をすべて求めよう。

図(ⅰ)

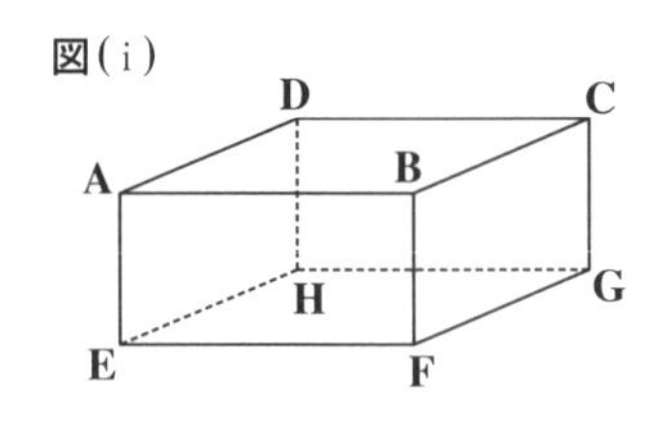

(ⅰ)辺ABと交わる辺は，辺AD，辺AE，辺BC，辺BFの4つである。

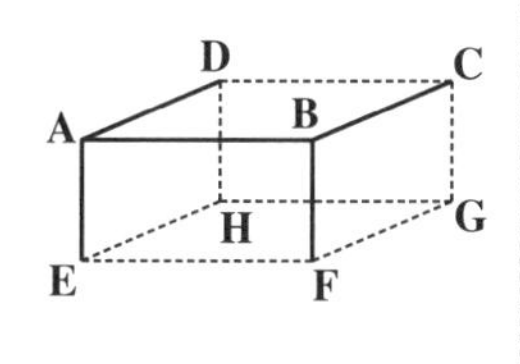

(ⅱ)辺ABと平行な辺は，辺DC，辺EF，辺HGの3つである。

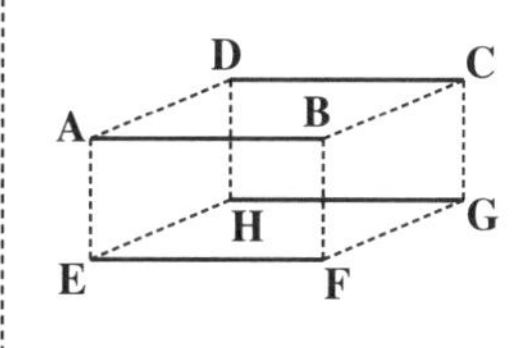

(ⅲ)辺ABとねじれの位置にある辺は，辺DH，辺EH，辺CG，辺FGの4つである。

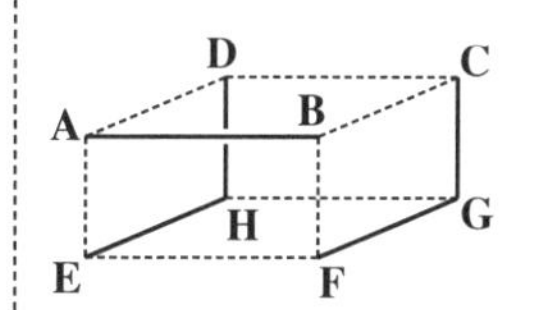

辺ABに対して，(ⅲ)ねじれの位置にある辺を見つけにくいと思ったなら，まず，(ⅰ)交わる辺の4つと(ⅱ)平行な辺の3つを除いたものと考えると見付けやすくなるかも知れないね。

では次，ここで，2つの直線lとmがねじれの位置にあるとき，このlとmのなす角を次のように定義する。

（lとmが同一平面上にないときだね。）

まず，lとmを空間内の任意の点Oで交わるように平行移動させたものをそれぞれl'，m'とおいたとき，l'とm'の位置関係は点Oのとり方によらず，一定となるはずだ。そこで，このl'とm'のなす2つの角のうち大きくない方の角を，元のlとmのなす角と定義する。特に，lとmのなす角が90°のとき，lとmは**垂直である**，または**直交する**といい，$l \perp m$で表すんだね。

図2 ねじれの位置にある2直線l，mのなす角

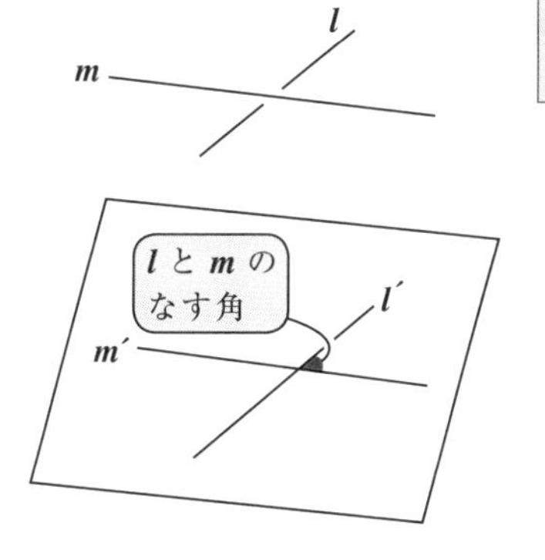

よって，(ex1)において，

(ⅰ)辺ABと，辺ADも，辺AEも，辺BCも，辺BFも直交するので，
$AB \perp AD$，$AB \perp AE$，$AB \perp BC$，$AB \perp BF$と表せる。次に，

(ⅱ)辺ABとねじれの位置にある，辺DHも，辺EHも，辺CGも，辺FGも，辺ABと交わることはないけれど，垂直であると言えるので，
$AB \perp DH$，$AB \perp EH$，$AB \perp CG$，$AB \perp FG$と表せるんだね。大丈夫？

● 空間における平面の決定条件は 4 つある！

空間においても，直線の決定条件は，平面図形のときと同様に，図 **3** に示すように，**2** 点 **A, B** を決めれば，直線 **AB** が決定できる。これに対して，

空間において平面がただ **1** つに定まるための条件は，次の **4** つなんだね。

(i) 一直線上にない異なる **3** 点を通る
(ii) **1** つの直線とその上にない点を含む
(iii) 交わる **2** 直線を含む
(iv) 平行な **2** 直線を含む

図 **4**(i) のように，直線上にない **3** 点 **A, B, C** を通る平面はただ **1** つだけあり，この平面を平面 **ABC** と呼ぶ。図 **4**(ii) のように，**1** つの直線 l とその上にない点 **A** が与えられたとき，この l と **A** を含む平面はただ **1** つ存在する。図 **4**(iii) のように，交わる **2** 直線 l, m を含む平面もただ **1** つに決定される。図 **4**(iv) に示すように，l と m が平行 ($l /\!/ m$) のとき，l と m がその上にあるような平面はただ **1** つあるんだね。

そして，**2** 直線 l, m がねじれの位置にあるときは同一平面上に l, m は存在できないので，l, m が平面を決定することはないんだね。大丈夫だね。

図3 直線の決定条件

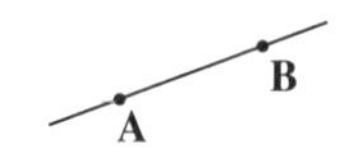

図4 平面の決定条件

(i) 一直線上にない異なる **3** 点

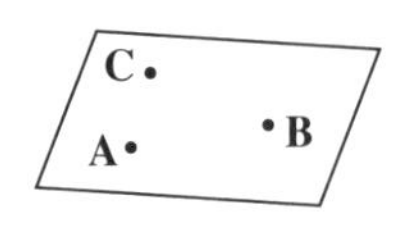

(ii) **1** 直線とその上にない **1** 点

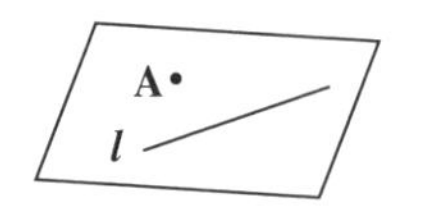

(iii) 交わる **2** 直線

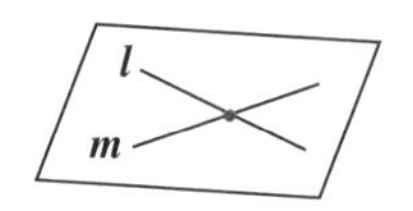

(iv) 平行な **2** 直線

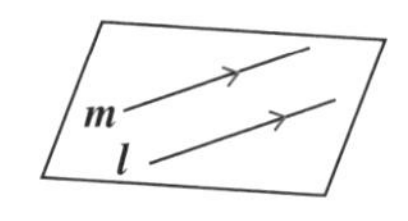

では次，空間における **2** つの平面の位置関係についても解説しておこう。

● 空間における2平面の位置関係も調べよう！

直線に l や m といった名前を付けたように，空間における2つの平面にも，α と β という名前を付けて考えることにしよう。α と β は共にギリシャ文字なんだね。

空間における異なる2平面 α，β の位置関係には，図5に示すように，

(i) 交わる
(ii) 平行である

の2つの場合があるんだね。

(i) は，α と β が共有点をもつ場合で，このとき，α と β は1つの直線 l を共有するんだね。このとき，α と β は **“交わる”** といい，共有する直線 l を α と β の **“交線”** と呼ぶ。これに対して，

(ii) α と β が共有点をもたない場合，α と β は **“平行である”** といい，$\alpha /\!/ \beta$ で表す。

図5 2平面 α, β の位置関係

(i) 交わる

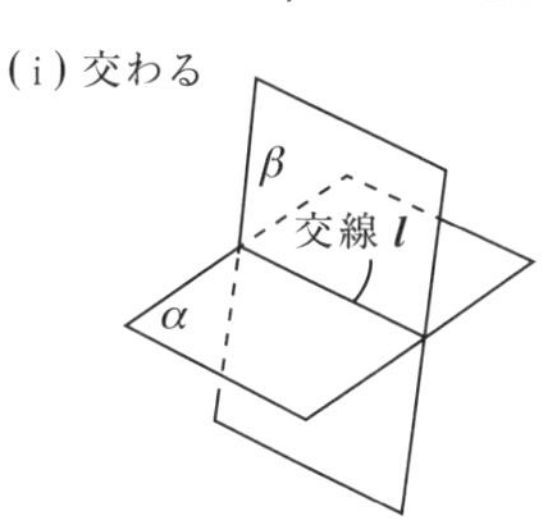

(ii) 平行である

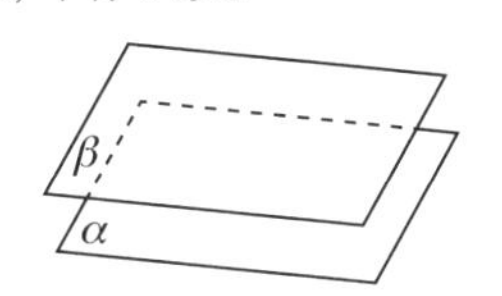

これも大丈夫？定義が続いて疲れたかも知れないね。もう一頑張りだ！

● 2平面のなす角を求めよう！

2つの平面 α と β が交線をもつとき，この α と β のなす角について考えてみよう。図6(i)に示すように，交線上の1点Oをとり，このOを通り α，β 上に交線と垂直な直線 m，n を引くと，m と n のなす角は，Oのとり方によらず一定となるんだね。この m と n のなす角を，2平面 α，β の **“なす角”** という。

図6(ii)に示すように，2平面 α，β のなす角が $90°$ のとき，α と β は **“垂直である”**，または **“直交する”** といい，$\alpha \perp \beta$ で表す。

図6 2平面 α, β のなす角

(i)

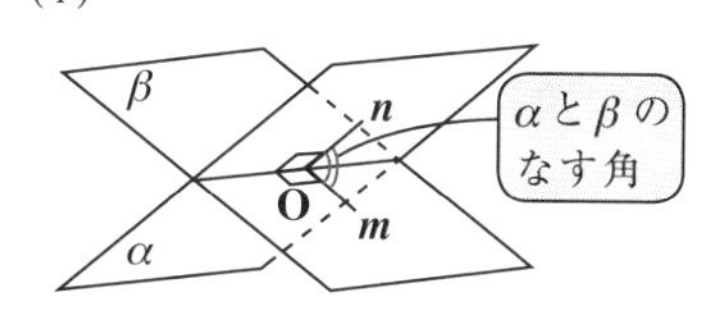

(ii) $\alpha \perp \beta$

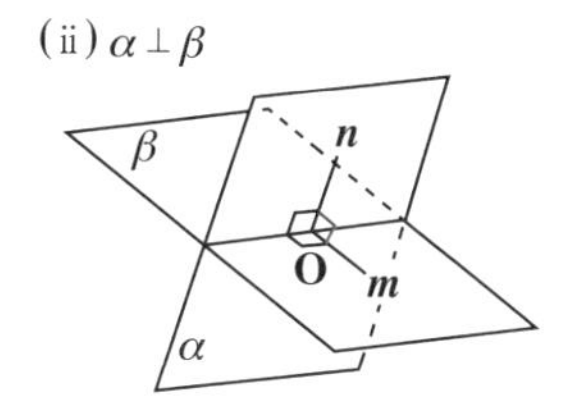

それでは，ここで練習問題を1題解いておこう。

練習問題 59 **24 平面のなす角** CHECK 1 CHECK 2 CHECK 3

右図に示すような正三角柱 ABC-DEF について，次の各問いに答えよう。

(1) 辺 AB とねじれの位置にある辺をすべて求めよう。

(2) 平面 ADE と平面 ADF のなす角を求めよう。

(3) 平面 ADE と平面 DEF のなす角を求めよう。

(1) 辺 AB と交わる辺と平行な辺を除いたものが，ねじれの位置にある辺だね。(2)で2平面の交線は辺 AD であり，(3)で2平面の交線は辺 DE なんだね。

(1) 辺 AB とねじれの位置にある辺は，全部で
辺 DF，辺 EF，そして辺 CF の3本である。……………………………(答)

(2) 2つの長方形 ADEB と ADFC の交線は辺 AD であり，
$AD \perp AB$ かつ $AD \perp AC$ より，$\angle BAC = 60°$ が，この2つの長方形(平面)のなす角である。……………………………………………………………(答)

(3) 長方形 ADEB と三角形 DEF の交線は辺 DE であり，この立体は正三角柱より，この2平面は直交する。よって，この2平面のなす角は $90°$ である。
………(答)

● 直線と平面の位置関係も調べよう！

空間における直線 l と平面 α の位置関係は，図7に示すように，

(ⅰ) 1点で交わる　(ⅱ) 平行である　(ⅲ) l が α 上にある

の3つの場合がある。

図7 直線 l と平面 α の位置関係

(ⅰ) 1点で交わる

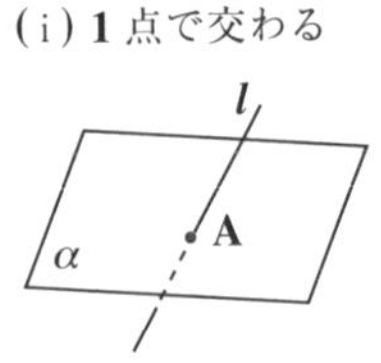

(ⅱ) 平行である

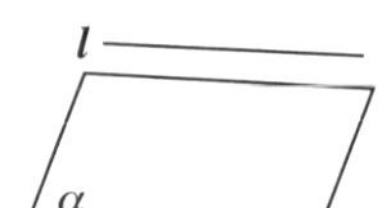

(ⅲ) l が α 上にある

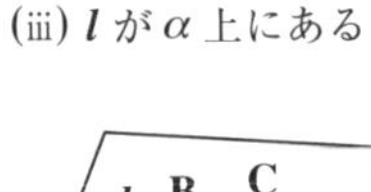

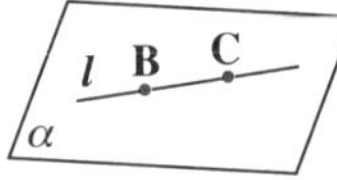

図7(ⅰ)に示すように，直線lと平面αがただ1つの共有点Aをもつとき，lとαは**交わる**といい，点Aをlとαの“**交点**”という。図7(ⅱ)に示すように，lがαと共有点をもたないとき，lとαは“**平行である**”といい，$l /\!/ \alpha$と書く。また，図7(ⅲ)に示すように，lがαと異なる2点B，Cを共有するとき，“l**は**α**上にある**”，または“l**は**α**に含まれる**”という。

● 直線と平面の直交条件も押さえよう！

では，直線と平面が直交する定義を示そう。図8に示すように，直線lが平面α上のすべての直線と垂直であるとき，l**は**α**に“垂直である”**，またはl**は**α**と“直交する”**といい，$l \perp \alpha$と書く。逆に言うと，直線lが平面αと直交するならば，lはα上のどの直線とも直交すると言えるんだね。これを定理の形で次に示す。

図8 $l \perp \alpha$

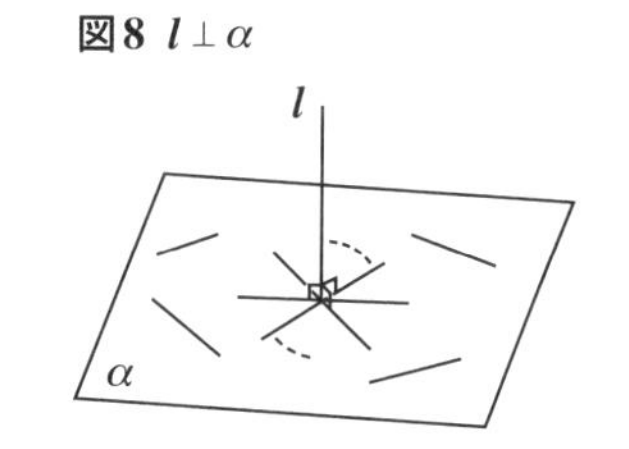

「$l \perp \alpha$ならばlはα上のすべての直線と直交する」……(*1)

実は，図9に示すように，直線lが平面αに垂直であることを言うためには，α上の交わる(平行でない)2直線m，nの両方に垂直であることを言えばいいだけなんだね。このことを命題の形で次に示そう。

図9 lとαの直交条件

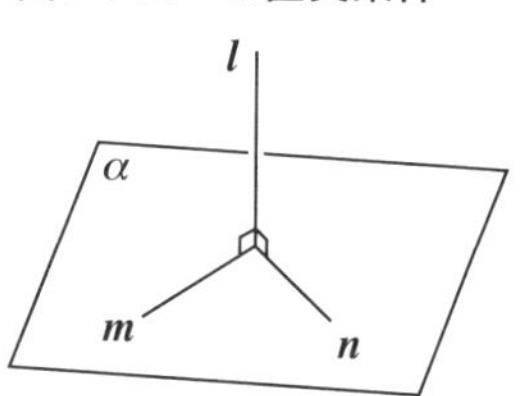

「直線lが平面α上の交わる2直線と直交するならば$l \perp \alpha$」……(*2)

以上を次にまとめて示す。

直線と平面の直交

直線lと平面αが1点で交わるとき，

(Ⅰ)「$l \perp \alpha$ならばlはα上のすべての直線と直交する」……(*1)

(Ⅱ)「lがα上の交わる2直線と直交するならば$l \perp \alpha$」……(*2)

↑ lとαの直交条件と呼ぼう

では，練習問題を解いておこう。

練習問題 60 ｜ **直線と平面の直交条件** ｜ CHECK 1 ｜ CHECK 2 ｜ CHECK 3

右図に示すような三角錐(四面体) O-ABCがあり，$AO \perp AB$，$AO \perp AC$ である。このとき，$AO \perp BC$ であることを示そう。

直線と平面の2つの直交条件を使って，$AO \perp BC$ であることを示そう。

$AO \perp AB$ かつ $AO \perp AC$ より，平面ABC上の2つの平行でない直線ABとACの両方と直線AOは直交する。よって，AOは△ABC(平面)と直交する。AOが平面ABCと直交するとき，AOは平面ABC上のどの直線とも垂直になる。

$\therefore AO \perp BC$ が成り立つ。…………………………………………(終)

("∴" は "ゆえに"を表す記号)

(証明問題では，最後は(答)ではなく(終)とする。)

どう？ 証明問題も面白かった？

● 立体図形の形成についても知っておこう！

立体が形成される例として，図10(ⅰ)に示すように，円がその半径を順次小さくしながら積み重なったものが円錐となり，図10(ⅱ)に示すように，合同な三角形が上に平行移動するように積み重なって三角柱が出来たと考えることができるんだね。

また，図11(ⅰ)に示すような直角三角形を回転軸 l のまわりに回転することにより，円錐が出来ると考えることもできるし，同様に図11(ⅱ)に示すように，半円を l のまわりに回転させることにより，球が作られると考えることもできる。

図10 円すいや三角柱の形成例

(ⅰ) 円すい

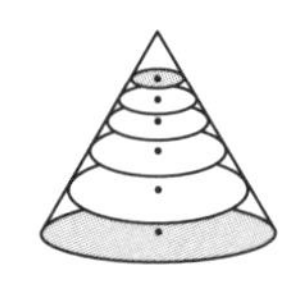

(ⅱ) 三角柱

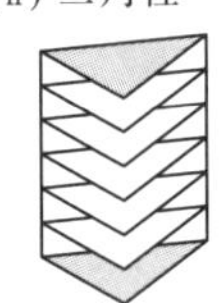

図11 回転体の形成例

(ⅰ) 円すい

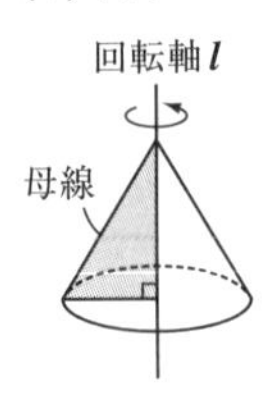

(ⅱ) 球

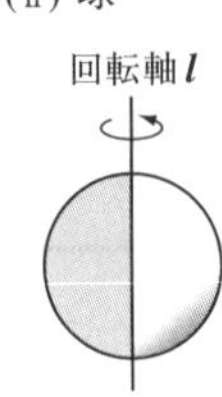

このように，直線 l を回転軸として，ある図形を1回転してできる立体を“**回転体**”といい，回転の側面を作る線分のことを“**母線**”と呼ぶことも覚えておこう。

● 立体の表し方をマスターしよう！

3次元の立体を2次元の紙面に描く方法として，主として，(i)“**見取図**”と(ii)“**展開図**”と(iii)“**投影図**”(**立面図**と**平面図**)があるんだね。

ここでは，円すいを例にとって，この3通りの表し方について解説しよう。まず，図12の

(i) 見取図が一般的に用いられ，直感的には分かりやすいんだけれど，正確さには欠ける。

(ii) 展開図は，立体(円錐)のそれぞれの面がどのようになっているのかを正確に表せて，表面積の計算にも役に立つ。ただし，直感的な図としては見取図に劣る。

(iii) 投影図は，立体(円錐)を，真横から見た立面図と真上から見た平面図に分解して表すことにより，ある程度正確に立体の形状をつかむことができるんだね。

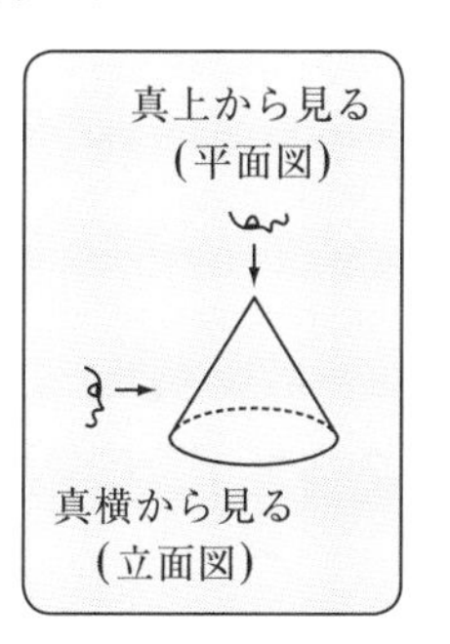

図12 円すいの表し方

(i) 見取図

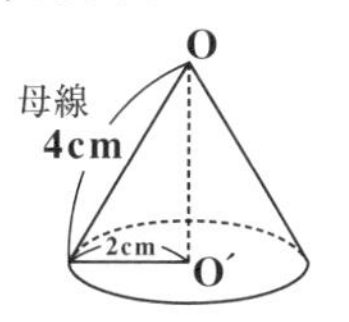

(ii) 展開図

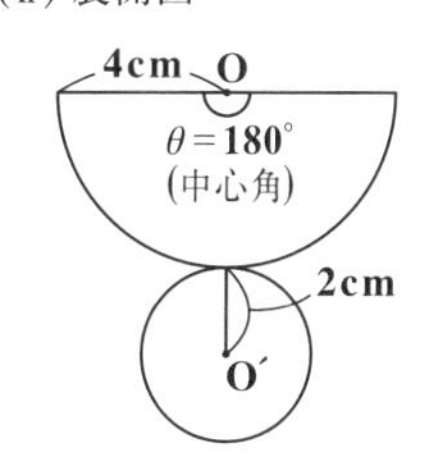

(iii) 投影図

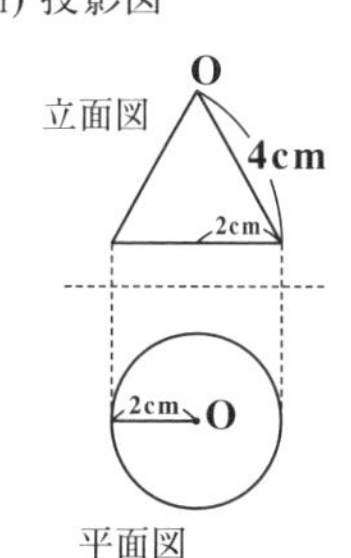

それぞれの表し方の特徴が分かったでしょう？ン？でも，図12(ii)の展開図で，円錐の側面を表す扇形の中心角 θ が $\theta = 180^\circ$ となるのが，どうして分かるのかって!? 良い質問だね。これも大事なことだから，これから詳しく解説しておこう。

円錐の展開図において，底面の円の半径を $\boldsymbol{r}$ とおくと，この円周の長さは，$2\pi \boldsymbol{r}$ となる。

これに対して，側面の展開図の扇形の母線(半径)の長さを $\boldsymbol{l}$ とおくと，この円弧の長さは，$2\pi l \times \frac{\theta}{360^\circ}$ となる。そして，これらは円錐となるためには一致しないといけないので，

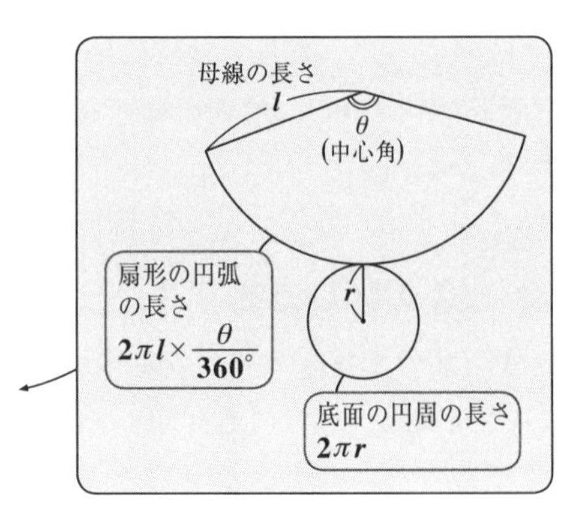

$\cancel{2\pi} l \times \frac{\theta}{360^\circ} = \cancel{2\pi} r$ となる。両辺を 2π で割って，中心角を求めると，

$\frac{l}{360^\circ} \times \theta = r$ より，$\theta = 360^\circ \times \frac{r}{l}$ ……① となるんだね。

したがって，この①に，前ページの例では，$r = 2\text{cm}$，$l = 4\text{cm}$ だったので，これらを代入して，中心角 $\theta = 360^\circ \times \frac{2}{4} = 360^\circ \times \frac{1}{2} = 180^\circ$ と求まったんだね。大丈夫だった？

この①は公式として覚えておくと，円錐の表面積を求めるときにも役に立つんだね。

それでは，練習問題を解いてみよう。

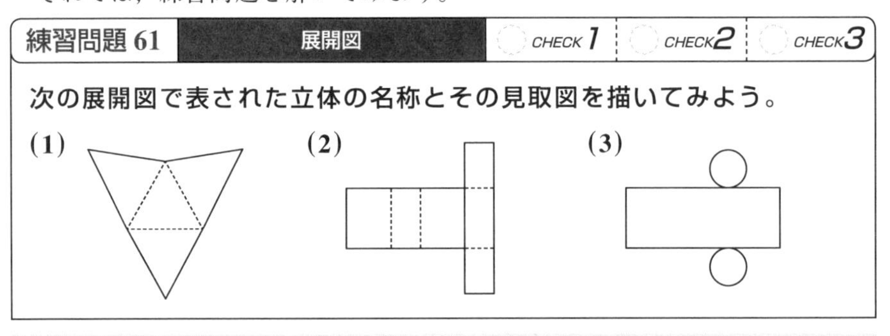

各展開図を頭の中で組立てて考えよう。

(1) 三角錐　(2) 直方体　(3) 円柱

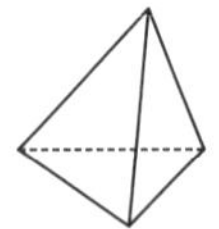

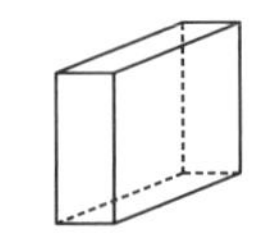

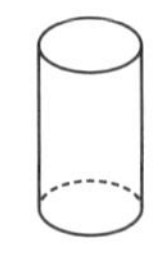

練習問題 62 投影図 CHECK 1 CHECK 2 CHECK 3

次の投影図で表された立体の名称とその見取図を描いてみよう。

(1)

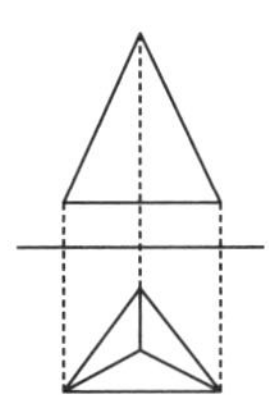

(2)

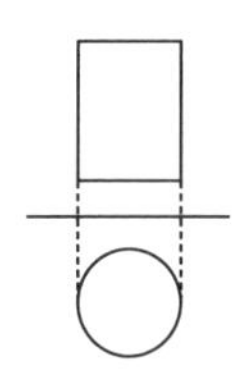

(3)

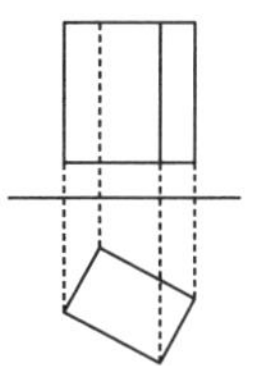

(4)

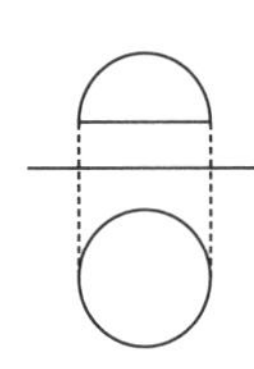

(5)

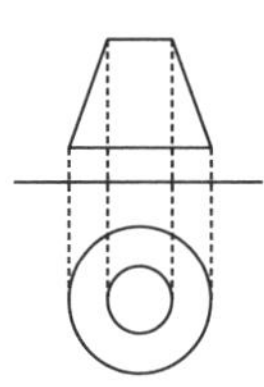

(6)

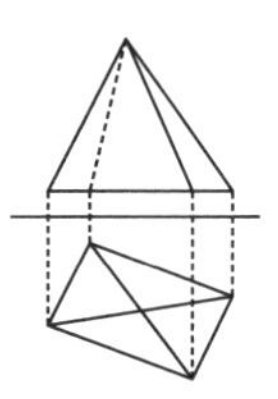

与えられた立面図と平面図から，立体の見取図を想像して描いてみよう。

(1) 三角錐 **(2)** 円柱 **(3)** 四角柱 **(4)** 半球 **(5)** 円錐台

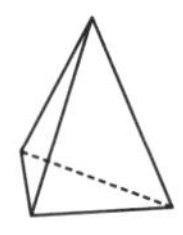

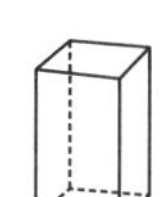
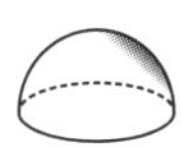

（上部の欠けた円錐）

(6) 四角錐

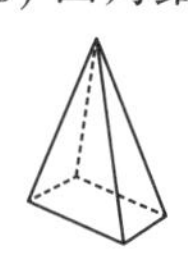

どう？ これ位練習したら，投影図（立面図と平面図）から見取図を描くことにも慣れてきたでしょう？

以上で，今日の授業はオシマイです！かなり盛り沢山な内容だったから，大変だったかも知れないね。でも，数学に強くなるのに，図形を把握する能力は欠かせないので，今日学んだ内容もシッカリ反復練習しておいてくれ。

では，次回の授業でまた会おうな。ボクも楽しみにしている…。バイバイ…。

15th day / 立体の体積と表面積の計算

みんな，おはよう！さわやかないい天気だね。さて，今回の授業で“**空間図形**”も最後になる。最後に扱うテーマは“**立体の体積と表面積の計算**”なんだね。

これまでに，角柱や円柱，角錐や円錐，球など，様々な空間上の立体について解説してきたけれど，今回は，これらの立体の体積や表面積を実際に計算してみることにしよう。このように，実際に計算することにより，さらに空間図形や立体図形への理解も深まると思う。

それでは，早速授業を始めよう！みんな，準備はいいね。

● まず，角柱と円柱の体積計算から始めよう！

図 **1** に示すように，角柱や円柱の体積

（三角柱，四角柱，…の総称）

を V とおくと，V は角柱や円柱の底面積 S と高さ h の積で求められる。

つまり，

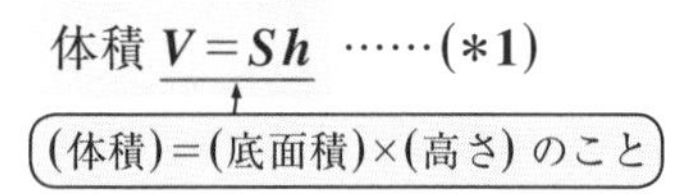

図1　角柱や円柱の体積 V

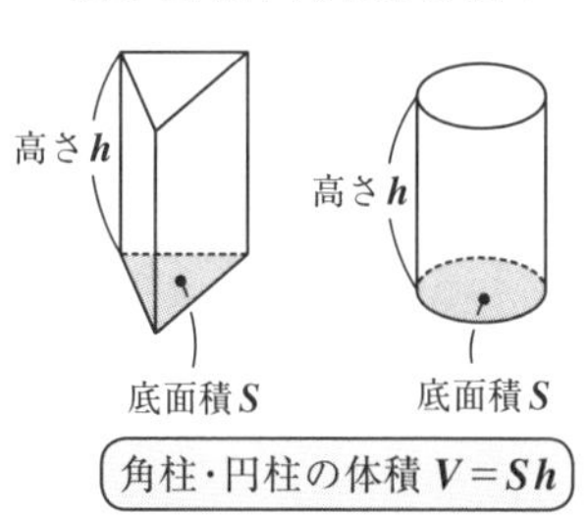

どう？簡単でしょう？早速具体的に計算してみよう。

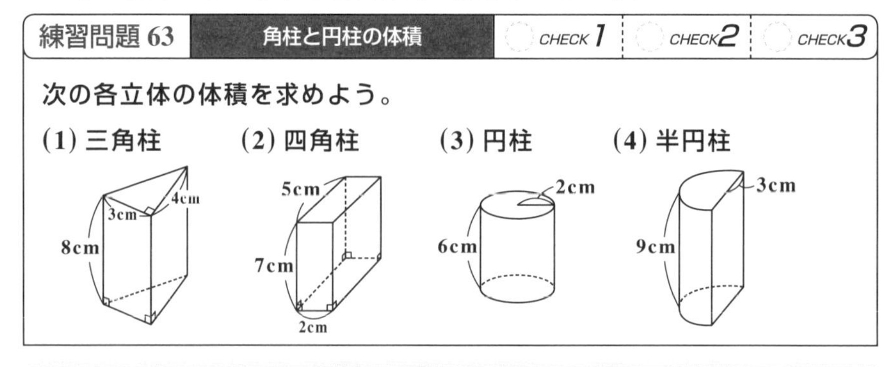

三角柱，四角柱，円柱，半円柱の体積 V は，すべて公式：$V=Sh$（S：底面積，h：高さ）で計算できる。なお，体積の単位は cm^3（立法センチメートル）となる。

(1)

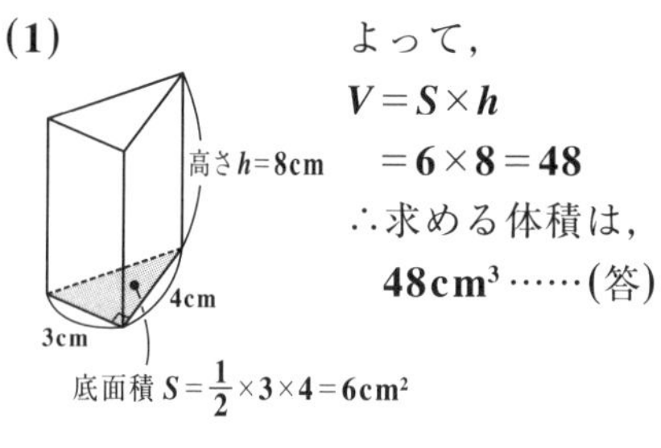

よって，

$V=S\times h$

$=6\times8=48$

∴求める体積は，

48cm³……(答)

(2)

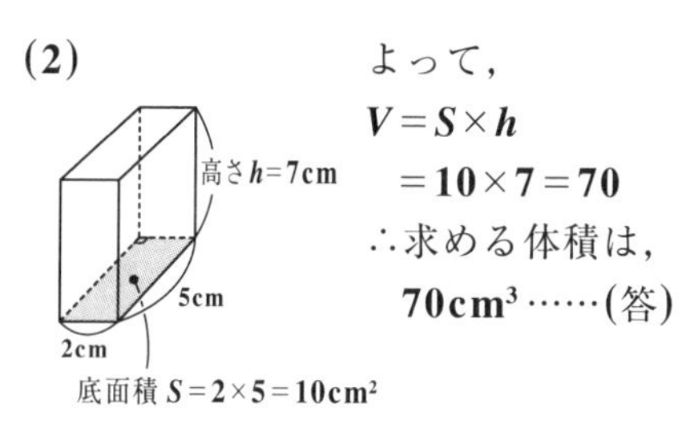

よって，

$V=S\times h$

$=10\times7=70$

∴求める体積は，

70cm³……(答)

(3)

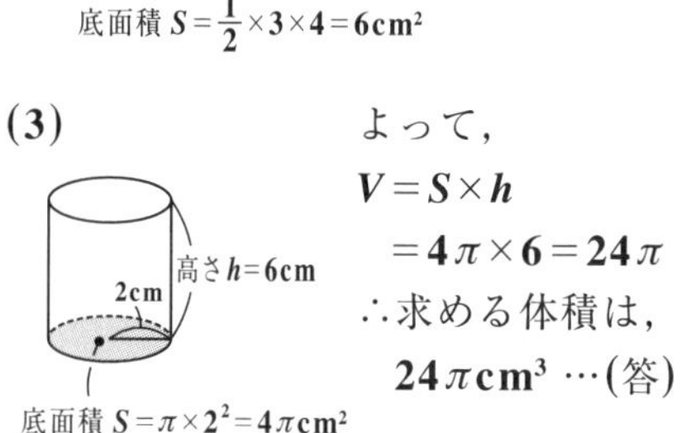

よって，

$V=S\times h$

$=4\pi\times6=24\pi$

∴求める体積は，

24πcm³ …(答)

(4)

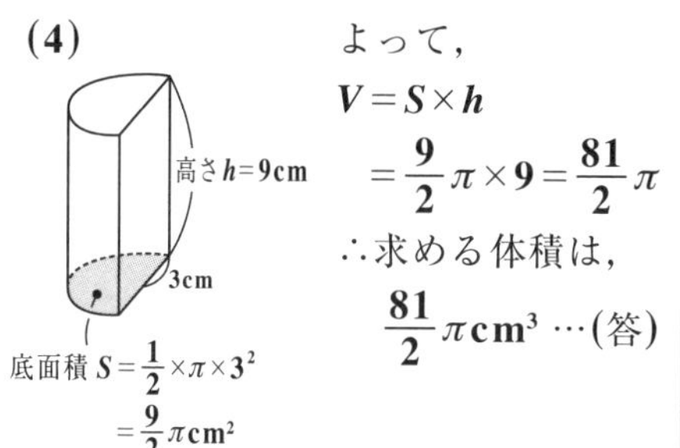

よって，

$V=S\times h$

$=\frac{9}{2}\pi\times9=\frac{81}{2}\pi$

∴求める体積は，

$\frac{81}{2}\pi$cm³ …(答)

アッサリ答えられたって？ 良かったね。

● 角錐や円錐の体積も求めよう！

図2に示すように，角錐や円錐の体積をVとおくと，Vは角錐や円錐の底面積Sと高さhの積に$\frac{1}{3}$をかけて求められるんだね。つまり，

体積 $V=\frac{1}{3}Sh$ ……(*2) となる。

図2 角錐や円錐の体積 V

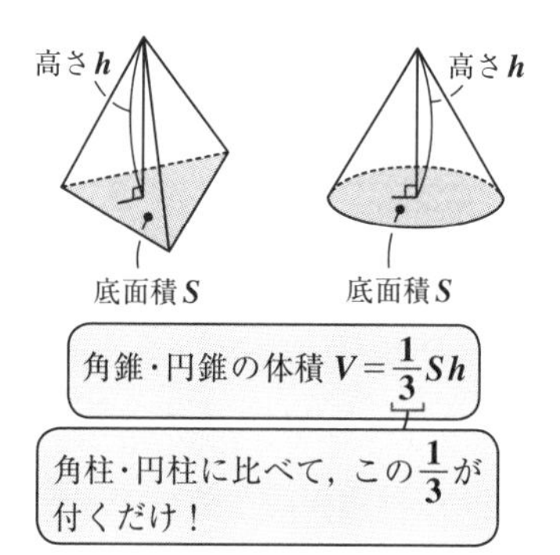

何故この$\frac{1}{3}$がかけられるのか？ その証明は，中学数学の範囲を越えるので，これは公式として覚えて，シッカリ使いこなせばいいんだね。

それでは，この体積計算についても，次の練習問題で練習しよう。

練習問題 64　角錐と円錐の体積

CHECK 1　CHECK 2　CHECK 3

次の各立体の体積を求めよう。

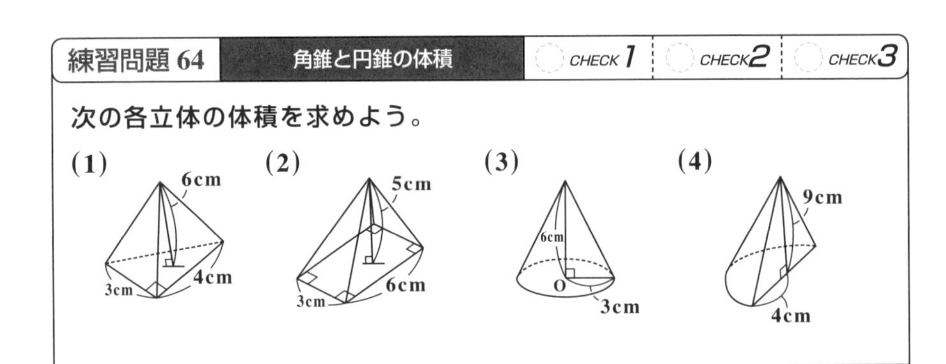

三角錐，四角錐，円錐，半円錐の体積はすべて，公式：$V=\frac{1}{3}Sh$ で求められるんだね。

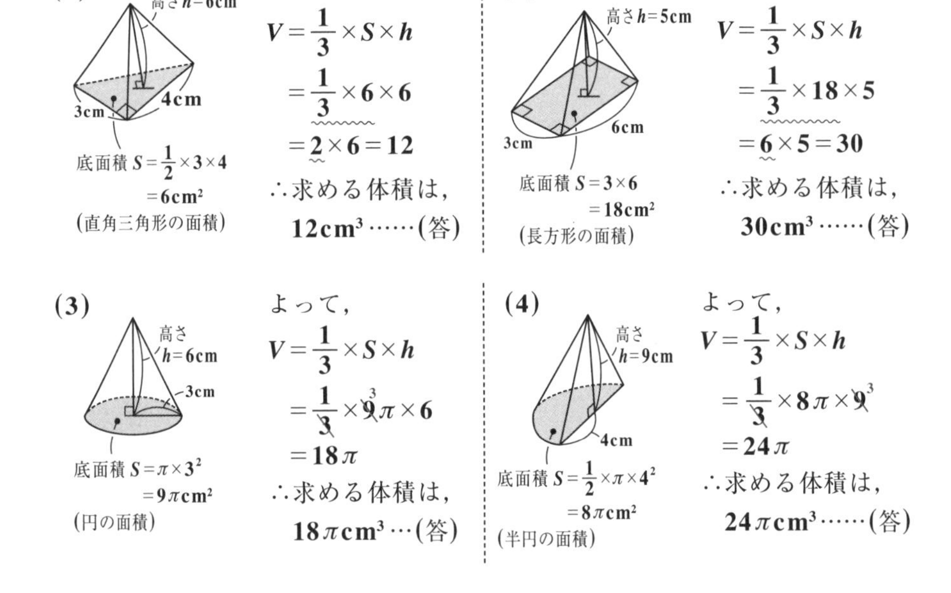

(1) よって，

$V=\frac{1}{3}\times S\times h$

$=\frac{1}{3}\times6\times6$

$=2\times6=12$

∴求める体積は，

12cm^3 ……(答)

(2) よって，

$V=\frac{1}{3}\times S\times h$

$=\frac{1}{3}\times18\times5$

$=6\times5=30$

∴求める体積は，

30cm^3 ……(答)

(3) よって，

$V=\frac{1}{3}\times S\times h$

$=\frac{1}{3}\times9\pi\times6$

$=18\pi$

∴求める体積は，

$18\pi\text{cm}^3$ …(答)

(4) よって，

$V=\frac{1}{3}\times S\times h$

$=\frac{1}{3}\times8\pi\times9$

$=24\pi$

∴求める体積は，

$24\pi\text{cm}^3$ ……(答)

これで，角柱，円柱，角錐，円錐の体積計算の要領も分かったと思う。次は，これらの表面積の計算に入ろう。その際に展開図も役に立つんだね。

● 角柱と円柱の表面積を求めよう！

では次，角柱や円柱など立体図形の表面積を求めよう。計算の対象となるのは，三角形や四角形や円の面積計算の和に過ぎないんだけれど，展開図を利用しながら正確に計算することがポイントだね。

練習問題 65 角柱と円柱の表面積 CHECK 1 CHECK 2 CHECK 3

次の各立体の表面積を求めよう。

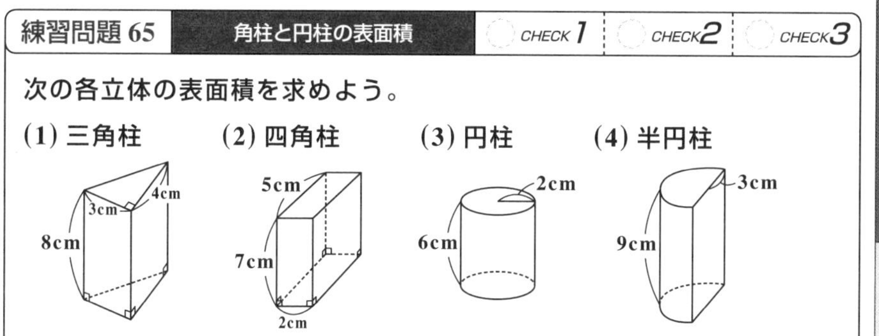

対象となる立体はすべて，練習問題 63(P168) のものと同じだね。表面積を間違いなく計算するためには，展開図を描くと分かりやすいと思う。

(1) 図(ⅰ)に，この三角柱の展開図を示す。

図(ⅰ)

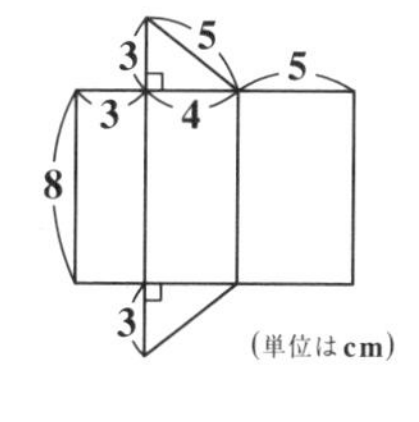

これから，この三角柱の表面積を S とおくと，

$$S = 2 \times \frac{1}{2} \times 3 \times 4 + 8 \times (3+4+5)$$

$\left[2 \times \text{(三角形 3, 4)} + \text{(長方形 3+4+5, 8)} \right]$

$= 12 + 8 \times 12 = 12 + 96 = 108$　∴求める表面積は 108cm^2 …………(答)

(2) 図(ⅱ)に，この立体の展開図を示す。

図(ⅱ)

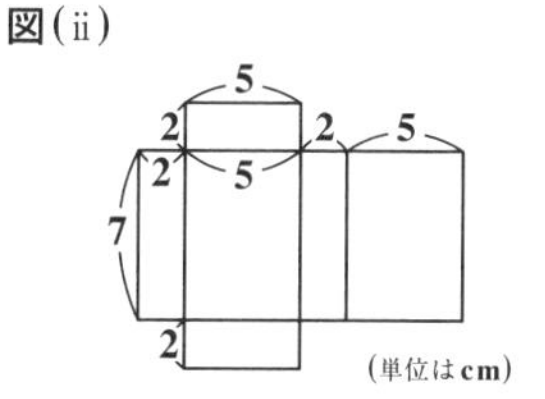

この四角柱の表面積を S とおくと，

$$S = 2 \times 2 \times 5 + 7 \times (2+5+2+5)$$

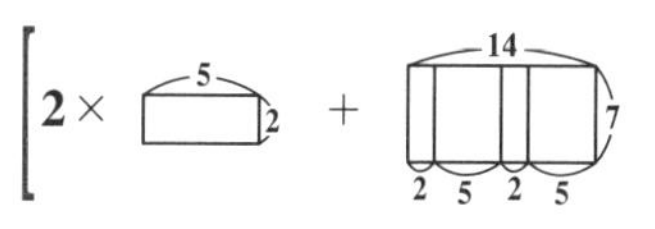

$= 20 + 98 = 118$　∴求める表面積は 118cm^2 …………(答)

(3) 図(iii)に，この円柱の展開図を示す。

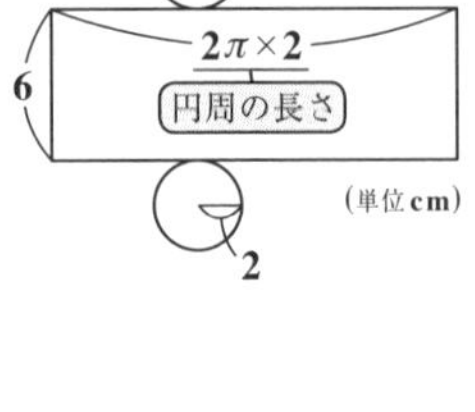

この円柱の表面積を S とおくと，

$$S=2\times\pi\times2^2+6\times2\pi\times2$$

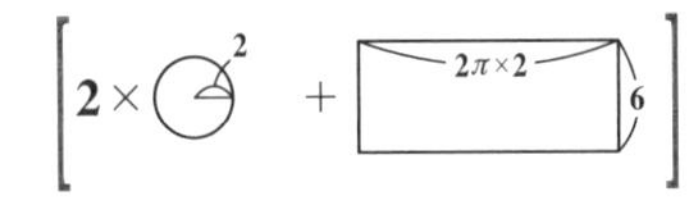

$$=8\pi+24\pi=(8+24)\pi=32\pi$$

∴求める表面積は $32\pi\,\mathrm{cm}^2$ ……………………………………………(答)

(4) 図(iv)に，この半円柱の展開図を示す。この半円柱の表面積を S とおくと，

図(iv)
半円周
$\frac{1}{2}\times2\pi\times3$
3π
3 3
9
3
(単位cm)

$$S=\pi\times3^2+9\times(6+3\pi)$$

[半径3の円 + 縦9，横 $6+3\pi$ の長方形]

$$=9\pi+54+27\pi=(9+27)\pi+54=36\pi+54$$

∴求める表面積は $36\pi+54\ \mathrm{cm}^2$ ……………………………………(答)

どう？ 展開図があると便利でしょう？

● 角錐と円錐の表面積を求めよう！

角錐と円錐の表面積についても，早速問題を解いてみよう。

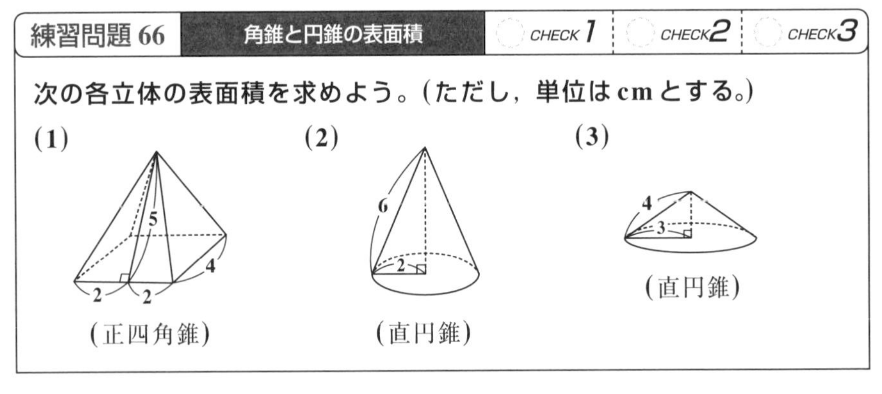

練習問題 66 角錐と円錐の表面積

次の各立体の表面積を求めよう。(ただし，単位はcmとする。)

(1) (正四角錐)

(2) (直円錐)

(3) (直円錐)

(1)の正四角錐とは，底面が正方形で，側面がすべて合同な二等辺三角形からなる四角錐のことで，(2)(3)の**直円錐**とは，中心軸と底面の円が垂直なまっすぐな円錐のことなんだね。

(1) 図(i)に，この正四角錐の展開図を示す。

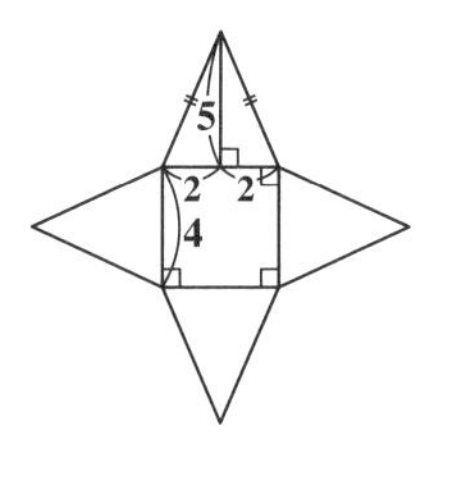

この正四角錐の表面積を S とおくと，

$S=4\times\frac{1}{2}\times4\times5+\quad4^2$

$\left[4\times\text{（三角形 底辺4，高さ5）}+\text{（正方形 1辺4）}\right]$

$=40+16=56$

∴求める表面積は 56cm^2 ……………………………………………………(答)

(2) 図(ii)に，この直円錐の展開図を示す。

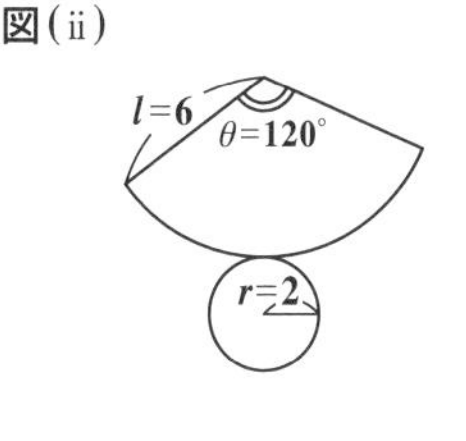

展開図の側面の扇形の中心角 θ は，

$\theta=360^\circ\times\frac{r}{l}=360^\circ\times\frac{2}{6}=120^\circ$ となる。

(半径 $r=2$，母線 $l=6$) P166参照

この直円錐の表面積を S とおくと，

$S=\pi\times6^2\times\frac{120^\circ}{360^\circ}+\pi\times2^2=\pi\times36\times\frac{1}{3}+4\pi=(12+4)\pi=16\pi$

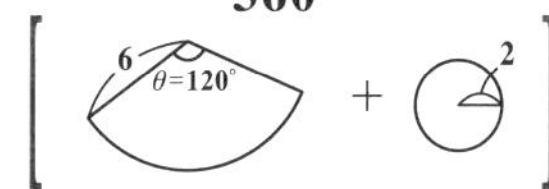

∴求める表面積は $16\pi\text{cm}^2$ ……………………………………………………(答)

(3) 図(iii)に，この直円錐の展開図を示す。

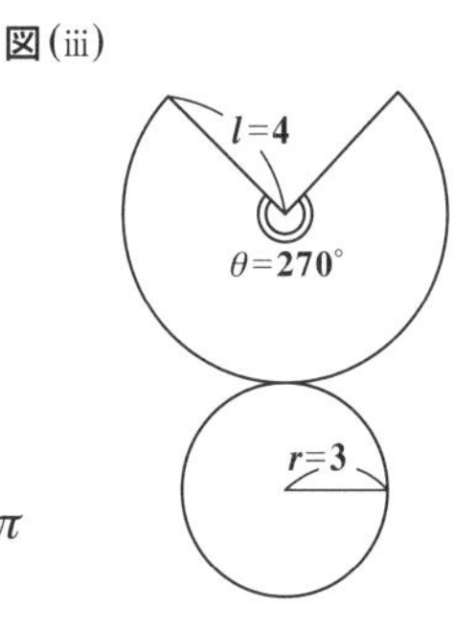

展開図の側面の扇形の中心角 θ は，

$\theta=360^\circ\times\frac{r}{l}=360^\circ\times\frac{3}{4}=270^\circ$ となる。

(半径 $r=3$，母線 $l=4$)

この直円錐の表面積を S とおくと，

$S=\pi\times4^2\times\frac{270^\circ}{360^\circ}+\pi\times3^2=\underbrace{\pi\times16\times\frac{3}{4}}_{12\pi}+9\pi=21\pi$

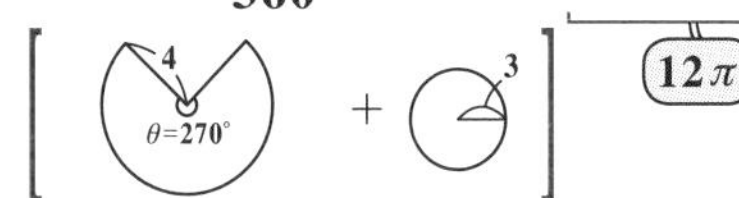

∴求める表面積は $21\pi\text{cm}^2$ ……………………………………………………(答)

● 球の体積と表面積も求めよう！

図3 球の体積と表面積

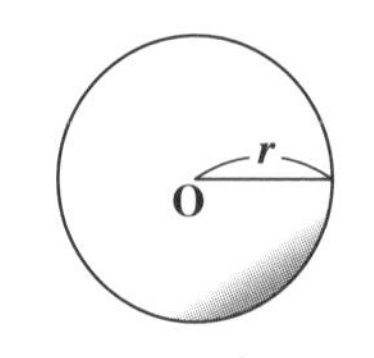

$$\begin{cases}\text{体積 } V=\frac{4}{3}\pi r^3 \\ \text{表面積 } S=4\pi r^2\end{cases}$$

図**3**に示すように，中心が**O**で半径がrの球の体積をV，表面積をSとおくと，次の公式が成り立つ。

$$\begin{cases}\cdot\text{球の体積 } V=\frac{4}{3}\pi r^3 \cdots\cdots\cdots(*3) \\ \cdot\text{球の表面積 } S=4\pi r^2 \cdots\cdots\cdots(*4)\end{cases}$$

これらの証明はまた，中学数学の範囲を超えるので，これらは公式としてシッカリ覚えて，利用することに専念しよう。

$(ex1)$ 半径$r=3$の球の体積Vと表面積Sを求めよう。

$r=3$を$(*3)$と$(*4)$の公式に代入して，

体積 $V=\frac{4}{3}\pi\times3^3=4\pi\times9=36\pi$ であり，また，

表面積 $S=4\pi\times3^2=4\pi\times9=36\pi$ である。 ……………………………(答)

$(ex2)$ 半径$r=\frac{1}{2}$の球の体積Vと表面積Sを求めよう。

$r=\frac{1}{2}$を$(*3)$と$(*4)$の公式に代入して，

体積 $V=\frac{4}{3}\pi\times\left(\frac{1}{2}\right)^3=\frac{4}{3}\pi\times\frac{1}{8}=\frac{1}{6}\pi=\frac{\pi}{6}$ であり，また，

表面積 $S=4\pi\times\left(\frac{1}{2}\right)^2=4\pi\times\frac{1}{4}=\pi$ である。……………………………(答)

練習問題 67	球の体積と表面積	CHECK 1	CHECK 2	CHECK 3

次の各立体の体積を求めよう。

(1) 半球

4cm
O

(2) $\frac{3}{4}$球

3cm
O

球の体積と表面積の公式に従って求めよう。ただし，表面積の計算には注意しよう。

(1) 半径 $r = 4\text{cm}$ の半球の体積 V と表面積 S を求めると，

・体積 $V = \underbrace{\frac{1}{2}}_{\text{半球だから}} \times \underbrace{\frac{4}{3}\pi \times 4^3}_{\frac{4}{3}\pi r^3} = \frac{2 \times \overset{64}{4^3}}{3}\pi = \frac{128}{3}\pi\text{cm}^3$ ……………………(答)

・表面積 $S = \underbrace{\frac{1}{2}}_{\text{半球だから}} \times \underbrace{4\pi \times 4^2}_{4\pi r^2} + \underbrace{\pi \times 4^2}_{\text{上底面の円}}$ [お椀形 ＋ 円]（お忘れなく！）

$= 2 \times 16\pi + 16\pi = (32 + 16)\pi = 48\pi\text{cm}^2$ ……………………(答)

(2) 半径 $r = 3\text{cm}$ の $\frac{3}{4}$ 球の体積 V と表面積 S を求めると，

・体積 $V = \underbrace{\frac{3}{4}}_{\frac{3}{4}\text{球だから}} \times \underbrace{\frac{4}{3}\pi \times 3^3}_{\frac{4}{3}\pi r^3} = 27\pi\text{cm}^3$ ……………………(答)

・表面積 $S = \underbrace{\frac{3}{4}}_{\frac{3}{4}\text{球だから}} \times \underbrace{4\pi \times 3^2}_{4\pi r^2} + \underbrace{2 \times \frac{1}{2} \times \pi \times 3^2}_{\text{ふたをする2つの半円（円1つ分）}}$ [＋]（お忘れなく！）

$= 27\pi + 9\pi = 36\pi\text{cm}^2$ ……………………(答)

これで，球の体積や表面積の応用問題にも自信が付いたと思う。

それでは，さらに応用問題にチャレンジしてみよう。

● 体積計算の応用問題も解いてみよう！

それでは，空間図形の総仕上げとして，球と円錐を併せた立体や，円錐台の体積計算にもチャレンジしてみよう。いずれも，図形の回転体としての立体の問題だ。ここで，円錐台については，“**相似比**”と“**面積比**”と“**体積比**”についても解説しよう。

練習問題 68　回転体の体積

次の各図形を回転軸 l のまわりに 1 回転してできる立体の体積 V を求めよう。

(1)

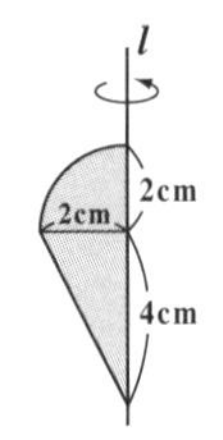

(2)

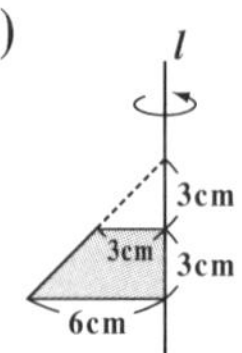

(1)は，コーンアイスのような形の立体で，これは，半球と円錐の体積の和として求めよう。
(2)は，円錐の上部が欠けた形の立体で，**円錐台**と呼ばれる立体の体積計算だね。

(1) 図(ⅰ)に，この回転体の見取図を示す。

図(ⅰ)

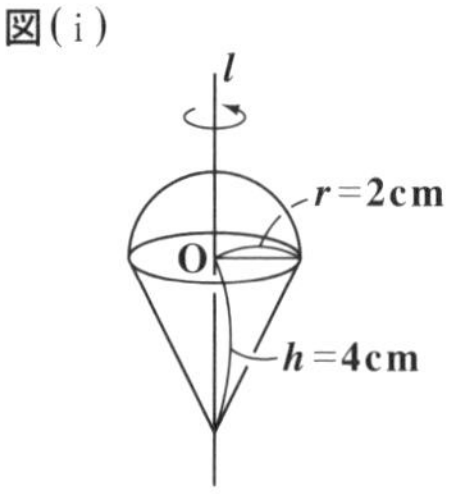

この回転体は，半球と円錐を併せたものより，この体積 V を求めると，

$$V=\underbrace{\frac{1}{2}}_{\text{半球だから}}\times\underbrace{\frac{4}{3}\pi\times2^3}_{\frac{4}{3}\pi r^3}+\frac{1}{3}\times\underbrace{\pi\times2^2}_{\text{底面積}S}\times\underbrace{4}_{\text{高さ}h}$$

［半球 ＋ 円錐］

$$=\frac{16}{3}\pi+\frac{16}{3}\pi=\frac{16+16}{3}\pi=\frac{32}{3}\pi\,\mathrm{cm}^3$$ ……………………(答)

(2) 図(ⅱ)に，この回転体の見取図を示す。

図(ⅱ)

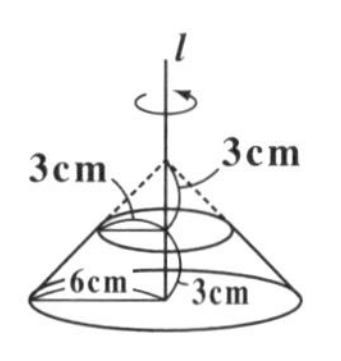

この回転体は，半径 **6cm** の円を底面とする高さ **6cm** の円錐から，上部の半径 **3cm** の円を底面とする高さ **3cm** の小さな円錐を差し引いたものと考えて，その体積 V を求めると，

$$V=\frac{1}{3}\times\underbrace{\pi\times6^2}_{S}\times\underbrace{6}_{h}-\frac{1}{3}\times\underbrace{\pi\times3^2}_{S'}\times\underbrace{3}_{h'}$$

［6, 6 の円錐 － 3, 3 の円錐］

$$=72\pi-9\pi=63\pi\,\mathrm{cm}^3$$ ……………………(答)

大丈夫だった？ では，この (2) の問題について，さらに考えてみよう。

参考

比例の勉強は既にやっているので，これを平面図形や空間図形に応用してみよう。

図形の形は同じで，大きさだけが異なる場合，これを**相似比**（そうじひ）で表すことができる。ここで，たとえば，**1**：**2** の相似比の図形がある場合，これを **1** 次元，**2** 次元（平面図形），**3** 次元（空間図形）に応用して，図で表してみよう。

(i) **1** 次元の場合，相似比 **1**：**2** の図形は単なる線分比で，

(1) ： (2) となる。では次，

(ii) **2** 次元の場合，相似比 **1**：**2** の図形は，

(1)(1) ： (2)(2) となるので，面積で考える**面積比**（めんせきひ）は，$1^2 : 2^2$ となる。さらに，

(iii) **3** 次元の場合，相似比 **1**：**2** の図形は，

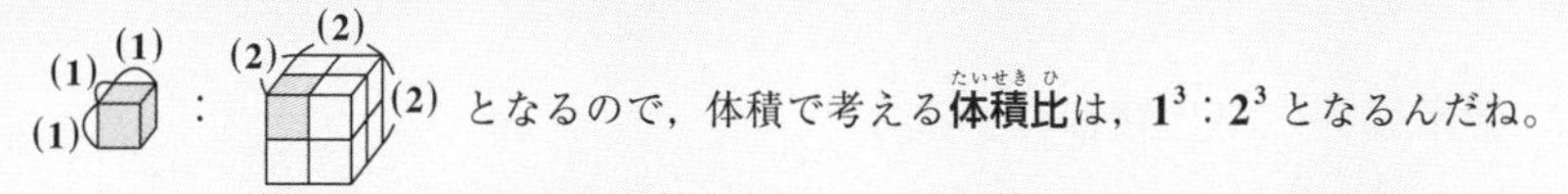

となるので，体積で考える**体積比**（たいせきひ）は，$1^3 : 2^3$ となるんだね。

したがって，練習問題 **68** の **(2)** において，

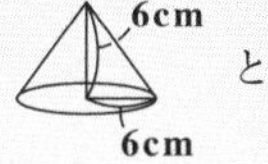

と 3cm 3cm の立体図形は形は同じで，相似比は **2**：**1** または

6：3＝2：1 だからね

$1 : \frac{1}{2}$ と考えることができる。したがって，これは体積比でみると，

これは大きい方の立体の相似比を **1** とおくと，小さい方は $\frac{1}{2}$ となるからだ。

$1^3 : \left(\frac{1}{2}\right)^3 = 1 : \frac{1}{8}$ となるので，大きい方の円錐の体積 $V' = \frac{1}{3} \times \underbrace{\pi \times 6^2}_{S} \times \underbrace{6}_{h} = 72\pi$

を **1** とすると，引くべき小さい方の円錐の体積はこの $\frac{1}{8}$ となる。

したがって，求める円錐台の体積 V は，$V = 72\pi\left(1 - \frac{1}{8}\right) = \overset{9}{\cancel{72}} \times \frac{7}{\cancel{8}}\pi = 63\pi \text{cm}^3$

と求めることもできるんだね。面白かった？

以上で，“**空間図形**”の授業は，今日で終了です。よく復習しておいてくれ！それでは，次回の授業でまた会おう。みんな元気でな。さようなら…。

第6章 空間図形　公式エッセンス

1. 多面体　(f：面の数，v：頂点の数，e：辺の数)

(ⅰ) 角柱

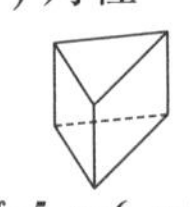

($f=5,\ v=6,\ e=9$)

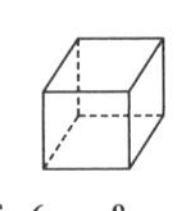

($f=6,\ v=8,\ e=12$)

など…。

(ⅱ) 角錐

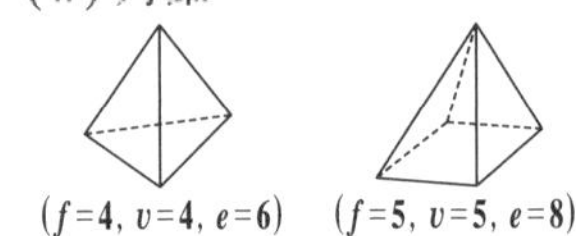

($f=4,\ v=4,\ e=6$)

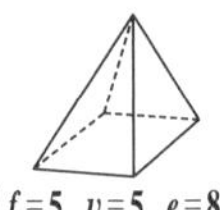

($f=5,\ v=5,\ e=8$)

など…。

(ⅲ) オイラーの多面体定理：$\boldsymbol{f+v-e=2}$ ……(＊)　←「メンテ代から…」

2. 円柱，円錐，球

(ⅰ) 円柱

(ⅱ) 円錐

(ⅲ) 球

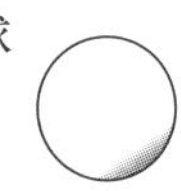

3. 正多面体　(5種類存在する。)

(ⅰ) 正四面体　(ⅱ) 正六面体

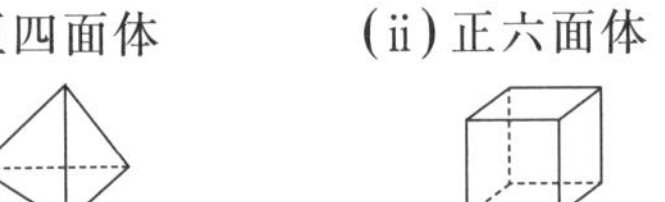

($f=4,\ v=4,\ e=6$)　($f=6,\ v=8,\ e=12$)

(ⅲ) 正八面体　……

($f=8,\ v=6,\ e=12$)

4. 2直線・2平面の位置関係

(Ⅰ) 2直線の位置関係

(ⅰ) 1点で交わる，(ⅱ) 平行である，(ⅲ) ねじれの位置にある

(Ⅱ) 2平面の位置関係

(ⅰ) 交線をもつ，(ⅱ) 平行である

5. 平面 α と直線 l の直交条件

(ⅰ) $l \perp \alpha \Rightarrow l$ は α 上のすべての直線と直交する。など。

6. 立体の表し方

(ⅰ) 見取図　(ⅱ) 展開図　(ⅲ) 投影図 (立面図(りつめんず)，平面図)

7. 角柱・円柱の体積

$V=Sh$　(V：体積，S：底面積，h：高さ)

8. 角錐・円錐の体積

$V=\dfrac{1}{3}Sh$　(V：体積，S：底面積，h：高さ)

9. 球の体積 V と表面積 S　$\left(V=\dfrac{4}{3}\pi r^3,\ S=4\pi r^2\right)$　(r：半径)

第７章
CHAPTER

7 データの活用と確率

◆ データの整理と分析（Ⅰ）
（度数分布表とヒストグラム）

◆ データの整理と分析（Ⅱ）
（相対度数，累積度数）

◆ 確率
（経験的確率と大数法則）

16th day / データの整理と分析

みんな，おはよう！元気そうだね。中1数学もいよいよ最終テーマの"**データの活用と確率**"の授業に入ろう。お店で売られている10個のリンゴの重量やクラス20名全員の試験の得点結果など…，世の中には沢山の数値で表されるデータが存在するんだね。

今回の授業では，これらのデータを整理してまとめ，**度数分布表**(どすうぶんぷひょう)とそのグラフ(**ヒストグラム**)で表したり，また，このデータ分布を表す**代表値**(だいひょうち)を求めたりしてみよう。さらに，"**相対度数**(そうたいどすう)"についても解説しよう。

エッ，言葉が難しそうだって？そうだね。でも今回も1つ1つ丁寧に教えるから，すべて理解できるはずだよ。頑張ろう！

● データから度数分布表を作ってみよう！

データ分析については，具体例で学ぶのが一番なので，ここでは，次のような10名のクラスの生徒の数学のテストの得点結果を用いて，解説することにしよう。

69，58，46，75，55，67，88，63，37，72 ……①

具体的には，鈴木さんが69点，田中君が58点，…などのことなんだけれど，これらは，あくまでも10人分の数値のデータとして考えるんだね。そして，これらを整理して，**度数分布表**を作り，さらに**ヒストグラム**を描く手順について解説しよう。

(i) まず，最初にやることは，大小関係がバラバラに並んだ元データを小さい順に並べることから始めよう。すると，

$\underbrace{37}_{x_1}$，$\underbrace{46}_{x_2}$，$\underbrace{55}_{x_3}$，$\underbrace{58}_{x_4}$，$\underbrace{63}_{x_5}$，$\underbrace{67}_{x_6}$，$\underbrace{69}_{x_7}$，$\underbrace{72}_{x_8}$，$\underbrace{75}_{x_9}$，$\underbrace{88}_{x_{10}}$ ……①′

となるね。このようにデータを小さい順に並べて，順に x_1，x_2，x_3，…，x_{10} のように表すと便利なんだね。

(ⅱ)では次，①のデータを0以上10未満，10以上20未満，…，

0は含むが，10は含まない　10は含むが，20は含まない（以下同様）

90以上100以下のように，各階級（かいきゅう）に分類してみると，次の①″のよう

最後だけ90も100も含む ← 100点のデータが属する階級がないといけないので

になるのはいいね。

37 ┆ 46 ┆ 55，58 ┆ 63，67，69 ┆ 72，75 ┆ 88 ……①″

30～40　40～50　50～60　60～70　70～80　80～90

30以上40未満のこと。（以下同様）

今回の例では，上のように階級の幅を10にとって分類したけれど，これに特に決まりがあるわけではないんだね。これは，まとめる人がどのように整理したかによる。たとえば，0以上20未満，20以上40未満，…，80以上100以下のように階級の幅を20にとって整理したって，もちろん構わない。

①″のように，階級幅10で分類するとき，各階級に入る数値データの個数のことを**度数**（どすう）という。また，各階級の真ん中の値を**階級値**（かいきゅうち）という。上の例でいうと，

・階級0以上10未満の度数は0 ← この階級に入るデータは0個だからね。

階級値は，0と10の平均をとって，$\frac{0+10}{2}=5$となる。

・階級30以上40未満の度数は1 ← データ$x_1=37$が1個だけこの階級に入る。

階級値は35

・階級60以上70未満の度数は3 ← データ$x_5=63$，$x_6=67$，$x_7=69$の3個だけこの階級に入る。

階級値は65

・階級80以上90未満の度数は1 ← データ$x_{10}=88$が1個だけこの階級に入る。

階級値は85

以上，途中を少し省略して示したけれど，このように各階級に度数を対応させたものを**度数分布**（どすうぶんぷ）と呼ぶ。そして，これは，次のように表の形で表現すると分かりやすい。これを**度数分布表**（どすうぶんぷひょう）と呼ぶんだね。

(iii) このように**10**個の得点データを度数分布表で表すと，表**1**のようにまとめて分かりやすく示すことができる。ここで，表**1**の**1**番右の欄の“**相対度数**（そうたいどすう）”とは各級数の度数を全データの個数（全度数）（この場合，**10**）で割ったもののことなんだね。したがって，相対度数の総和は当然**1**となるのも大丈夫だね。では，各階級の相対度数を，式の形でも表しておこう。

表1 度数分布表

得点（点）	階級値	度数（人）	相対度数
30以上40未満	35	1	0.1
40～50	45	1	0.1
50～60	55	2	0.2
60～70	65	3	0.3
70～80	75	2	0.2
80～90	85	1	0.1
総計		10	1

（**0**以上**10**未満，**10**～**20**，**20**～**30**，**90**以上**100**以下における度数は**0**なので，省略した。）

相対度数に**100**をかけると，%表示になる。つまり，全体の相対度数が**1**というのは**100**%を表し，**40**～**50**が**0.1**というのは**10**%を，また，**60**～**70**が**0.3**というのは**30**%を表すと考えてくれたらいいんだね。

$$(\text{各階級の相対度数}) = \frac{(\text{各階級の度数})}{(\text{度数の総計})}$$

(iv) それでは，表**1**の度数分布表を基に，横軸に得点（点），縦軸に度数（人）をとって，この数学の得点を図**1**のような棒グラフで表すこともできるんだね。この度数分布を表すグラフのことを，“**ヒストグラム**”と呼ぶ。これも覚えておこう。

このように，与えられた数値データを

(i) 小さい順に並べ，

(ii) 各階級に分類して度数を調べ，

(iii) 度数分布表を作り，そして，

(iv) ヒストグラムを描くことによって，キチンと整理することができるんだね。この一連の流れをシッカリ頭に入れておこう。

図1 ヒストグラム

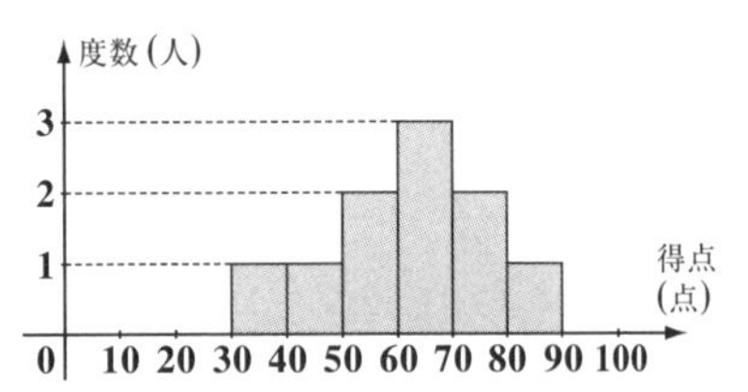

ここで，各度数とその階級値の点を取り，それらを折れ線で結ぶことにより，棒グラフのヒストグラムを，図2に示すように，折れ線のグラフで表すこともできる。これを"**度数折れ線**"という。このヒストグラムと度数折れ線は，相対度数に対しても，同様のグラフを描くことができるんだね。

図2 度数折れ線

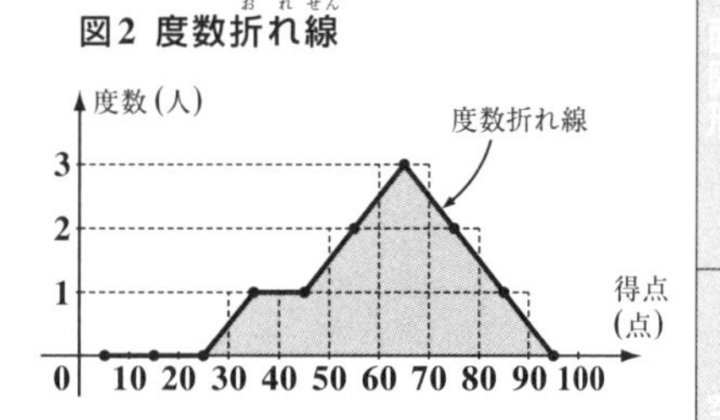

● 分布の代表値の1つ，平均値を求めてみよう！

これまで解説してきたように，与えられた数値データからその度数分布を求めることができるわけだけれど，その分布の特徴を1つの数値で表してみることにしよう。このような数値は分布を代表する値として**代表値**と呼ばれる。

たとえば，数学の試験の結果，先生が，「今回このクラスのテストの平均点は○○点です。」とよくおっしゃるはずだ。この平均点，すなわち(i)"**平均値**"もこの代表値の1つで，これをmで表そう。

これ以外にも，代表値として，(ii)"**中央値**"(メディアン)m_eと(iii)"**最頻値**"(モード)m_oがある。言葉が難しそうだけれど，先程解説した10個の得点データを使って，これから，1つずつ解説していこう。

(i) 平均値mについて，

与えられた次の10個の得点データ：

37，46，55，58，63，67，69，72，75，88 ……①′

の場合，これらの得点の総和をデータの個数10で割ったものが，平均値mとなるんだね。よって，

(累計：83，138，196，259，326，395，467，542，630)

$$平均値\ m=\frac{37+46+55+58+63+67+69+72+75+88}{10}$$

$=\dfrac{630}{10}=63$(点)となるんだね。この平均値が，この得点分布の特徴を表す代表値の1つなんだね。

では，一般論として，平均値の公式を示しておこう。

平均値 $\overline{X}$

n 個のデータ x_1，x_2，x_3，…，x_n の平均値は，

$$m=\frac{x_1+x_2+x_3+\cdots+x_n}{n}$$ である。

つまり，「データの総和をデータの個数で割る」と覚えておけばいいんだね。ン？計算のやり方は分かったけれど，分子の数の和が大きくなって，ミスを出しそうだって？そうだね。少し計算が楽になる手法についても解説しておこう。

それは，まず目の子でおおよその平均の値を予測する。これを**仮平均**(かりへいきん) m' とおこう。

10個の得点データ：

37，46，55，58，63，67，69，72，75，88 ……①′より，

60台の数が3つもあるので，ここでは，仮平均を $m'=60$ と仮りに定めよう。そして，各データ $x_i\ (i=1,\ 2,\ \cdots,\ 10)$ から，この仮平均 $m'=60$ を引いたものを**偏差**(へんさ) (x_i-m') とおいて，表にまとめよう。

（x_1，x_2，…，x_{10} のこと）

表2 データと仮平均 m' との偏差

得点(点)	37	46	55	58	63	67	69	72	75	88
偏差 x_i-m'	−23	−14	−5	−2	3	7	9	12	15	28

（37−60）（46−60）（55−60）…　…（75−60）（88−60）

そして，この偏差の平均，すなわちこれら偏差の総和を10で割ったものを仮平均 m' にたせば，本当の平均値 m が得られるんだね。よって，

$$(\text{偏差の平均})=\frac{28-23+15-14+12-5+9-2+3+7}{10}=\frac{30}{10}=3$$

（途中の和：5，20，6，18，13，22，20，23，30）

（分子の偏差の和も，⊕⊖で絶対値の大きいもの同士から計算しよう。）

よって，求める本当の平均値 m は，$m=m'+3=60+3=63$(点) となって，同じ結果が得られるんだね。大丈夫？（仮平均 60）（偏差の平均値）

さらに，平均値を深めておこう。10個の得点の①´の元データではなく，表1の度数分布表(P182)のみが与えられたときの平均値の求め方についても解説しよう。この場合，もう元データは失われているので，正確な平均値 m は求められないけれど，右の表1´から，各階級値を実際の得点に置き換え，度数の人数分だけその階級値の得点をとったものとすると，10個の得点データは，

表1´ 度数分布表

階級値(点)	度数(人)
35	1
45	1
55	2
65	3
75	2
85	1
総計	10

$35+45+\underbrace{55+55}_{2\times55}+\underbrace{65+65+65}_{3\times65}+\underbrace{75+75}_{2\times75}+85$ となるので，これから求められる平均値を m'' とおくと，

$$m''=\frac{35+45+110+195+150+85}{10}=\frac{620}{10}=62\text{(点)}$$

（途中の累計：80，190，385，535，620）

となるんだね。大丈夫？

（本当の m より1点少なくなった！）

● 中央値と最頻値も調べてみよう！

それでは，データの分布の代表値として(ii)"中央値(ちゅうおうち)"(メディアン) m_e と(iii)"最頻値(さいひんち)"(モード) m_o についても，①´の数学の得点データを用いて解説しよう。まず，

(ii) 中央値(メディアン) m_e とは，文字通り中央(真ん中)の値のことなので，

小さい順に並べた①´のデータ：

$\underset{x_1}{37}$，$\underset{x_2}{46}$，$\underset{x_3}{55}$，$\underset{x_4}{58}$，$\underset{x_5}{63}$ ┆ $\underset{x_6}{67}$，$\underset{x_7}{69}$，$\underset{x_8}{72}$，$\underset{x_9}{75}$，$\underset{x_{10}}{88}$

$$m_e=\frac{x_5+x_6}{2}=\frac{63+67}{2}=\frac{130}{2}=65$$

の場合，データの個数が10個なので，真ん中に相当するデータは存在しない。したがって，このとき，中央にある2つのデータ $x_5=63$ と $x_6=67$ の平均 $\frac{x_5+x_6}{2}$ を中央値 m_e とする。

∴中央値(メディアン) $m_e=\frac{x_5+x_6}{2}=\frac{63+67}{2}=\frac{130}{2}=65$(点)となるんだね。大丈夫？

$(ex1)$ ①′の得点データに，11番目のデータ $x_{11}=97$ が加えられたときの中央値(メディアン)を求めよう。

11個の得点データ：

$$\underbrace{37}_{x_1},\ \underbrace{46}_{x_2},\ \underbrace{55}_{x_3},\ \underbrace{58}_{x_4},\ \underbrace{63}_{x_5}\ \underbrace{67}_{x_6},\ \underbrace{69}_{x_7},\ \underbrace{72}_{x_8},\ \underbrace{75}_{x_9},\ \underbrace{88}_{x_{10}},\ \underbrace{97}_{x_{11}}$$

中央値 m_e ＝ x_6

について，データの個数が11個(奇数個)なので，真ん中のデータは x_6 となる。

(この両側に，5個ずつデータが存在する。)

よって，求める中央値 m_e は，$m_e=x_6=67$(点)となる。……………(答)

では次，①′のデータを基に表1′の度数分布表が作られ，①′の元データそのものが失われた場合についても，中央値(メディアン) m_e を求めてみよう。

この場合，表1′の度数分布表から，35点は1人，45点は1人，55点は2人，65点は3人，75点は2人，85点は1人と考えることになるので，この場合，データを小さい順に並べると，

表1′ 度数分布表

階級値(点)	度数(人)
35	1
45	1
55	2
65	3
75	2
85	1
総計	10

$$\underbrace{35}_{x_1},\ \underbrace{45}_{x_2},\ \underbrace{55}_{x_3},\ \underbrace{55}_{x_4},\ \underbrace{65}_{x_5}\ \vdots\ \underbrace{65}_{x_6},\ \underbrace{65}_{x_7},\ \underbrace{75}_{x_8},\ \underbrace{75}_{x_9},\ \underbrace{85}_{x_{10}}$$ となる。

$m_e=\dfrac{x_5+x_6}{2}$

よって，この偶数個(10個)のデータの中央値 m_e は，

$m_e=\dfrac{x_5+x_6}{2}=\dfrac{65+65}{2}=\dfrac{130}{2}=65$(点)となるんだね。では次，

(iii) 最頻値(モード) m_o についても，①′の数学の得点データで解説しよう。

最頻値 m_o とは，度数が最も大きい階級の階級値のことなので，初めから，①′の元データよりも，表1′の度数分布表から求められる。つまり，階級60～70で度数が3となって最大となる。よって，この階級値65が最頻値 m_o になる。つまり，$m_o=65$(点)となるんだね。大丈夫？

● 練習問題で 3 つの代表値を求めてみよう！

それでは，次のように度数分布表が与えられているとき，3 つの代表値を求めてごらん。

練習問題 69　**3 つの代表値 m，m_e，m_o**　CHECK 1　CHECK 2　CHECK 3

ある 40 人の生徒が数学のテストを受けた結果の得点データを基にして，表(i)のような度数分布表が作成された。この度数分布表を使って，この得点のデータ分布の 3 つの代表値，
(i) 平均値 m
(ii) 中央値 m_e
(iii) 最頻値 m_o
を求めよう。

表(i) 度数分布表

得点(点)	階級値	度数(人)	相対度数
10 以上 20 未満	15	2	0.05
20 ~ 30	25	4	0.1
30 ~ 40	35	4	0.1
40 ~ 50	45	2	0.05
50 ~ 60	55	4	0.1
60 ~ 70	65	8	0.2
70 ~ 80	75	4	0.1
80 ~ 90	85	6	0.15
90 以上 100 以下	95	6	0.15
総計		40	1

40 人分の元の得点データはないので，この度数分布表を基にして，(i) 平均値 $m = \dfrac{x_1+x_2+\cdots+x_{40}}{40}$ に相当するもの，(ii) 中央値 $m_e = \dfrac{x_{20}+x_{21}}{2}$ (40 は偶数なので)，および，(iii) 最頻値 (モード) m_o を求めればいいんだね。

この得点の度数分布の 3 つの代表値，すなわち (i) 平均値 m，(ii) 中央値 m_e，(iii) 最頻値 m_o を求めると，

(i) 平均値 $m = \dfrac{1}{40}(\underbrace{15\times2}_{2\times15}+\underbrace{25\times4}_{2\times50}+\underbrace{35\times4}_{2\times70}+\underbrace{45\times2}_{2\times45}+\underbrace{55\times4}_{2\times110}+\underbrace{65\times8}_{2\times260}+\underbrace{75\times4}_{2\times150}+\underbrace{85\times6}_{2\times255}+\underbrace{95\times6}_{2\times285})$

$$= \frac{1}{20}(15+50+70+45+110+260+150+255+285)$$

(途中の累計：65, 135, 180, 290, 550, 700, 955, 1240)

2 をくくり出した。$\dfrac{2}{40}$

$$= \frac{1240}{20} = \frac{124}{2} = 62(\text{点})$$ となる。………………………………(答)

(ii) 中央値(メディアン)m_eについて，$x_1 \sim x_{40}$は，

$$\underset{x_1}{15},\ \underset{x_2}{15},\ \underset{x_3}{25},\ \cdots,\ \underset{x_{20}}{65}\ \vdots\ \underset{x_{21}}{65},\ \underset{x_{22}}{65},\ \cdots,\ \underset{x_{40}}{95}$$

$$m_e = \frac{x_{20}+x_{21}}{2}$$

階級値	度数	
15	2	→ x_1, x_2
25	4	→ $x_3 \sim x_6$
35	4	→ $x_7 \sim x_{10}$
45	2	→ x_{11}, x_{12}
55	4	→ $x_{13} \sim x_{16}$
65	8	→ $x_{17} \sim x_{24}$
-------	-------	

より，

∴中央値 $m_e = \frac{x_{20}+x_{21}}{2} = \frac{65+65}{2} = \frac{130}{2} = 65$(点) ……………………(答)

(iii) 最頻値(モード)m_oについて，度数分布表(表2)より，度数8が最大であり，このときの階級は60～70より，この階級値65がm_oである。

∴最頻値 $m_o = 65$(点)である。……………………………………………(答)

どう？スラスラ解けた？

ここで，初めに示した10人の得点データの数学のテストと，練習問題69の40人の得点データの数学のテストとが同一のテストであったとしよう。このとき，どちらも度数分布表を基に算出したそれぞれの(i)平均値，(ii)中央値，(iii)最頻値を順にm_1, m_2, m_{e1}, m_{e2}, m_{o1}, m_{o2}とおくと，

(平均値：m_1, m_2　中央値：m_{e1}, m_{e2}　最頻値：m_{o1}, m_{o2})

・10人分の得点データの(i)$m_1 = 62$，(ii)$m_{e1} = 65$，(iii)$m_{o1} = 65$であり，
・40人分の得点データの(i)$m_2 = 62$，(ii)$m_{e2} = 65$，(iii)$m_{o2} = 65$となって，

まったく同じ値になっているんだね。では，これらの得点分布そのものも等しいのか？って思うかも知れないね。でも，これら3つの代表値が同じでも，分布の形そのものはまったく異なることも，これからヒストグラムで示そう。

ただし，10人分のデータのものと，40人分のデータのものとは，そのデータの大きさが4倍も異なるので比較しづらいんだね。ここで，役に立つのが，相対度数のヒストグラムということになる。しかも，棒グラフ同士では，2つのグラフを重ねて見ることは難しいので，相対度数の折れ線のグラフで比較してみることにしよう。

では，基となる相対度数の分布表とその折れ線グラフを示してみよう。

表**3**に，**10**人分と**40**人分の相対度数の分布表を示す。そして，この分布表を基に，図**3**に，

(i) **10**人分の得点データの相対度数のグラフを“—●—”の折れ線で示した。また，

(ii) **40**人分の得点データの相対度数のグラフを“---○---”の折れ線で示した。

このように，相対度数の折れ線グラフを用いることにより，得点データの数が**10**人分と**40**人分のように大きく異なっても，うまく分布の形状の違いを比較することができるんだね。

どう？ 分布の**3**つの代表値が，たとえ同じ値をとったとしても，まったく異なる得点分布になっていることが分かったでしょう。

10人分のデータに比べて，**40**人分のデータのバラツキ具合が大きく，**10**点台や**20**点台の人と，それと対称的に**80**点台や**90**点台の人がかなりいるので，この**40**名を同一クラスで授業することは難しい。すなわち，得点により**20**人ずつの**2**つのクラスに分けて指導した方が良いことも，このグラフから読み取ることができるんだね。

表3 10人分と40人分の相対度数分布表

階級値	10人分 相対度数	40人分 相対度数
5	0	0
15	0	0.05
25	0	0.1
35	0.1	0.1
45	0.1	0.05
55	0.2	0.1
65	0.3	0.2
75	0.2	0.1
85	0.1	0.15
95	0	0.15
総計	1	1

図3 10人分と40人分の得点データの相対度数のグラフの比較

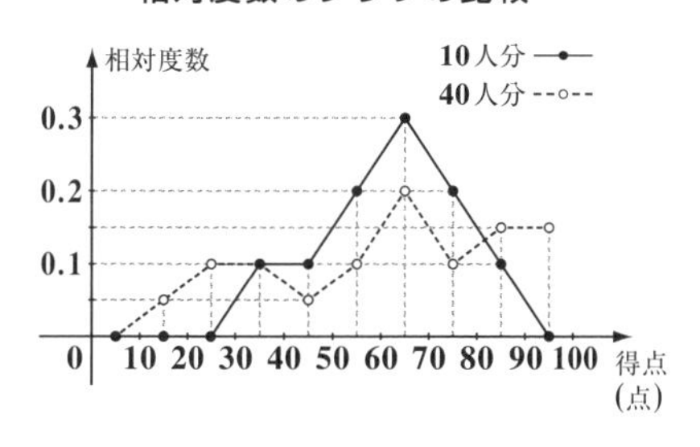

今日の授業は，これで終了だよ。データの整理と分析って，意外と手間がかかるんだけれど，キチンと表やグラフにまとめたり，代表値を求めたりすることによって，データの分布の様子が明らかになっていくんだね。面白かったかな？

それでは，次回の授業でまた会おうな。よく復習しておいてくれ！バイバイ…。

17th day / データの整理と確率

みんな，おはよう！今日もみんな元気そうで何よりだ。中 **1** 数学も今日の授業で最終回となるんだね。エッ，お名残惜しいって？オイオイ，中 **1** 数学は最終回でもキミ達の数学人生はまだ始まったばかりなんだよ。だから，今回の授業は，キミ達の長い数学生活の最初の **1** つの節目に過ぎないってことなんだね。

では，今日の授業の具体的な内容を紹介しよう。まず，前回学んだ“**データの整理と分析**”の練習問題を解いてみよう。そして，前回解説しきれなかった“**累積度数**”や“**累積相対度数**”についても教えよう。そしてさらに“**確率**”，特に“**経験的確率**”についても解説するつもりだ。

それでは，これから授業を始めよう！みんな準備はいいね！

● 2 つの相対度数の分布を調べてみよう！

前回の授業の続きになるけれど，次の練習問題を解いて，**2** つの相対度数の折れ線のグラフを比較してみよう。

練習問題 70　相対度数のグラフ　CHECK 1　CHECK 2　CHECK 3

A 中学 3 年の男子生徒 80 人と B 中学 3 年の男子生徒 200 人の体重 (kg) を調べたところ，表 (i) のような度数分布になった。次の各問いに答えよう。

(1) A, B2 つの中学校の相対度数の分布表を作ろう。

(2) (1) の分布表を基に A, B2 つの中学校の相対度数の折れ線のグラフを描いて比較してみよう。
(ただし，A は “—●—”，B は “---○---” で描こう。)

表 (i) 体重の度数分布表

体重 (kg) (階級)	度数 (人)	
	A 中学	B 中学
30 以上 40 未満	8	0
40 ～ 50	16	16
50 ～ 60	16	40
60 ～ 70	24	50
70 ～ 80	12	70
80 ～ 90	4	24
総計	80	200

A中学とB中学で中3の男子生徒の人数が，80人と200人で大きく異なるが，相対度数は100をかけて考えれば本質的に"%(パーセント)"表示のことなので，比較が可能となるんだね。

(1) 相対度数は，$\dfrac{(\text{各階級の度数})}{(\text{総度数})}$ より，

(i) A中学の場合，順に，

$\dfrac{8}{80}=\dfrac{1}{10}=0.1$，$\dfrac{16}{80}=\dfrac{2}{10}=0.2$，

$\dfrac{16}{80}=0.2$，$\dfrac{24}{80}=\dfrac{3}{10}=0.3$，… など，

(ii) B中学の場合，順に，

$\dfrac{0}{200}=0$，$\dfrac{16}{200}=\dfrac{8}{100}=0.08$，

$\dfrac{40}{200}=\dfrac{2}{10}=0.2$，$\dfrac{50}{200}=\dfrac{5}{20}=0.25$，

…などと計算して，表(ii)に，体重の相対度数分布表を示す。……………………………………(答)

表(ii) 体重の相対度数分布表

体重(kg)(階級)	階級値(kg)	相対度数	
		A中学	B中学
30以上40未満	35	0.1	0
40～50	45	0.2	0.08
50～60	55	0.2	0.2
60～70	65	0.3	0.25
70～80	75	0.15	0.35
80～90	85	0.05	0.12
総計		1	1

(2) 表(ii)の相対度数の分布表に従い，横軸に階級値(kg)を，たて軸にA中学とB中学の相対度数をとって，相対度数の折れ線のグラフを図(i)に示す。ただし，

A中学は"—●—"で表し，

B中学は"---○---"で表した。

………(答)

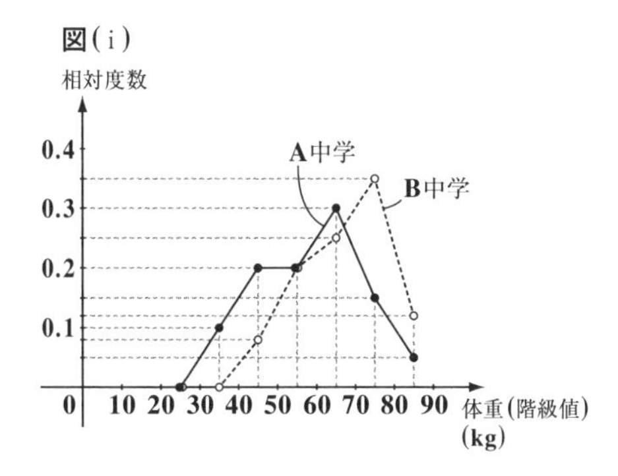

図(i)から分かるのは，明らかにB中学の方が体重の重い生徒が多いということだね。

おそらく，B中学は体育会系の強いクラブのある中学校かもしれないね。

● 累積度数と累積相対度数もマスターしよう！

これから，まず“累積度数（るいせきどすう）”について，前に解説したA中学3年の男子の体重の度数分布を例にとって解説しよう。

表1(i)に示すように，

“30以上40未満”や，“40～50”や，“50～60”，… などの各階級毎に度数が示されている。これに対して，累積度数とは，

・40未満の度数8はそのままで，

・50未満の度数は，40未満の8も含めて，16+8となり，

・60未満の度数は，50未満の16+8も含めて，16+16+8となり，

・70未満の度数は，60未満の16+16+8も含めて，24+16+16+8となる。

………………………

以下同様なので，表1(ii)の累積度数の欄を見てくれたらいいんだね。大丈夫？

このように，累積度数とは，ある数未満の度数がすべて足し合わされる，すなわち累積されるから，累積度数と呼ばれるんだね。

表1 度数と累積度数

(i) 累積度数の求め方

階級(kg)	度数(人)	累積度数
30以上40未満	8	8
40～50	16	16+8
50～60	16	16+16+8
60～70	24	24+16+16+8
70～80	12	12+24+16+16+8
80～90	4	4+12+24+16+16+8
総計	80	

(ii) 実際の度数分布と累積度数分布の表

階級(kg)	度数(人)	累積度数	
30以上40未満	8	8	← 40未満
40～50	16	24	← 50未満
50～60	16	40	← 60未満
60～70	24	64	← 70未満
70～80	12	76	← 80未満
80～90	4	80	← 90未満
総計	80		

したがって，表1(ii)の表で，累積度数の欄の見方としては，

・60kg未満の度数は40人，・80kg未満の度数は76人，… などということが分かるんだね。

それでは，"**相対度数**"と"**累積相対度数**"の関係も同様なので，次の練習問題で練習しよう。

練習問題 71 累積相対度数 CHECK 1 CHECK 2 CHECK 3

A中学3年の男子生徒80人の体重を調べたところ，表(*a*)の相対度数の分布表になった。この分布表に累積相対度数の欄を追加して，示そう。

表(*a*) 相対度数の分布表

階級(kg)	相対度数
30以上40未満	0.1
40～50	0.2
50～60	0.2
60～70	0.3
70～80	0.15
80～90	0.05
総計	1

・40未満は0.1，・50未満は0.2＋0.1，・60未満は0.2＋0.2＋0.1，… などの要領だね。

表(*a*)相対度数の分布表に累積相対度数の欄を加えたものを示すと，以下のようになる。

表(*a*)´ 相対度数と累積相対度数の分布表

階級(kg)	相対度数	累積相対度数	
30以上40未満	0.1	0.1	← 0.1 (40kg未満)
40～50	0.2	0.3	← 0.2＋0.1 (50kg未満)
50～60	0.2	0.5	← 0.2＋0.2＋0.1 (60kg未満)
60～70	0.3	0.8	← 0.3＋0.2＋0.2＋0.1 (70kg未満)
70～80	0.15	0.95	← 0.15＋0.3＋0.2＋0.2＋0.1 (80kg未満)
80～90	0.05	1	← 0.05＋0.15＋0.3＋0.2＋0.2＋0.1 (90kg未満)
総計	1		

………(答)

この表(*a*)´の累積相対度数の欄から，たとえば，この生徒達の**10%**が体重**40kg**未満であることが分かるし，また，生徒達の**50%**が体重**60kg**未満であることも分かるんだね。大丈夫？

● 確率についても解説しよう！

それでは，これから話が少し飛ぶけれど，“**確率**”について解説しよう。まず，確率を学ぶ上で，最初に覚えておかなければならない言葉が，“**試行**”と“**事象**”なんだね。

コインやサイコロを投げたり，カードを引いたり，何度でも同様のことを繰り返せる行為のことを“**試行**”と呼ぶ。そして，その結果，表が出たり，**1**の目が出たり，エースが出たりする“ことがら”のことを“**事象**”と呼ぶ。そして，事象をA，B，C，X，Tなどの大文字のアルファベットで表すことが多いんだね。

ここで，正しいサイコロを**1**回投げて**1**の目が出る事象をXとおこう。すると，Xの起こる確率をpとおくと，$p=\frac{1}{6}$となるのはいいね。正しいサイコロと言っているから，**1**の目，**2**の目，…，**6**の目はいずれも同様に確からしく出るはずだから，**1**の目から**6**の目までの**6**通りの内，**1**の目の出る確率pは，$p=\frac{1}{6}$とおくことができるんだね。

ところで，確率$p=\frac{1}{6}$の意味はみんな分かる？エッ，確率が$p=\frac{1}{6}$だから，“**6**回サイコロを投げたら，その内必ず**1**回は**1**の目が出る”ことだろうって？…残念ながら正しい理解とは言えないね。確率$\frac{1}{6}$とは，**6**回中必ず**1**回は事象Xが起こると言ってるんではないよ。でも，試行の回数を，**600**回，**6000**回，…と，どんどん大きくしていくと，その内，ほぼ**100**回，**1000**回，…と，$\frac{1}{6}$の割合で事象X(**1**の目が出ること)が起こると言ってるんだね。だから，確率を考えるときは，広～い心，長～い目で見る必要があるんだね。大丈夫？

図1 画びょうを投げた結果

(i) 事象**A**

(ii) 事象**B**

では次に，図**2**に示すように，**1**個の画びょうを硬い床に投げたとき，事象Aか，または，事象Bのいずれかになるはずだね。ここで，事象A(⊥)となる確率はどうなると思う？

この確率は，正しいサイコロを振ったときのようにはいかず，いくつになるかは直ぐには分からない。しかし，この画びょうを投げるという試行を，**100** 回，**200** 回，…，**1000** 回，…と繰り返して，事象 A の起こる回数(度数)を調べ，それを試行回数で割って，相対度数を求めると，これは試行回数をどんどん大きくすると，ある一定の値に近づくことが，数学的に分かっている。

これは，"**大数法則**(たいすうほうそく)"と呼ばれるものなんだけれど，この証明は大学数学の問題になるんだね。

この近づいていく一定の相対度数の値を事象 A の起こる確率と考えることができるんだね。このようにして，求められる確率のことを"**経験的確率**(けいけんてきかくりつ)"と呼ぶ。

では，実際に画びょうを投げる試行回数 n を，$n=50$，**100**，**200**，**300**，**500**，**1000**，**2000** 回と増やしていったとき，事象 A の起こる回数(度数)と，それを n で割った相対度数を，表に示して，下に示そう。

表2 経験的確率の求め方

試行(投げた)回数	50	100	200	300	500	1000	2000
事象Aの起こった回数(度数)	16	47	72	125	197	401	800
事象Aの起こった相対度数	$\frac{16}{50}$	$\frac{47}{100}$	$\frac{72}{200}$	$\frac{125}{300}$	$\frac{197}{500}$	$\frac{401}{1000}$	$\frac{800}{2000}$
	0.32	0.47	0.36	0.417	0.394	0.401	0.4

表 **2** に示すように，試行回数が少ないうちは，相対度数にバラツキがあるけれど，試行回数を **1000**，**2000** 回と大きくしていくと，事象 A の起こった相対度数は，一定の $0.4\left(=\frac{2}{5}\right)$ に近づいていくことが分かる。よって，事象 A(⏊)の起こる確率 p は $0.4\left(=\frac{2}{5}\right)$ と言えるんだね。

前に，ボクは"硬い床に画びょうを投げたとき"と言ったけれど，これは画びょうが床にささって(⏉)となる状態はないということだ。したがって，**2000** 回試行を行って画びょうをなげても(⏉)となる回数は **0** 回なので，このようになる確率は **0** となる。

よって，この **0** が確率の最小値なんだね。よって，画びょうを投げると，事象 A(⏊)か事象 B(⌀)のいずれかだから，**2000** 回投げる試行を行って，A または B となるのは **2000** 回そのものになる。よって，A または B の起こる相対度数は $\frac{2000}{2000}=1$ となって，これが確率の最大値になる。従って，確率

p は，$0 \leqq p \leqq 1$ の条件をみたし，確率 $p=1$ ということは，その事象が 100% 確実に起こるということを表しているんだね。大丈夫？

また，2000 回試行を行って，A ( ) となる確率は $\frac{800}{2000}=\frac{2}{5}=0.4$ であるということは，残りの 1200 回は，B ( ) となっていたことになる。よって，事象 B の起こる確率は，$\frac{1200}{2000}=\frac{12}{20}=\frac{3}{5}=0.6$ となる。そして，$0.4+0.6=1$（全確率）となるので，1 回投げる試行を行うと，「事象 A または B が確実に起こる」ということなんだね。大丈夫？

では，次の練習問題を解いてみよう。

練習問題 72　確率計算　CHECK 1　CHECK 2　CHECK 3

右図に示すようなボトルのキャップがあり，これを 1 回床に投げると，(i) A または (ii) B または (iii) C のいずれかの状態になる。この投げる試行を 2000 回まで行って，A，B，C のいずれになるか？それぞれの度数を調べた表を下に示す。この表の空欄を埋めて，この表 (i) を完成させ，そして，A，B，C が起こる確率をすべて求めよう。

(i) 事象 A　(ii) 事象 B　(iii) 事象 C

表 (i)

試行（投げた）回数	100	200	500	1000	2000
A の起こった回数（度数）	36	84		400	800
B の起こった回数（度数）	55		252		1000
C の起こった回数（度数）		22	49	101	

表 (i) の各度数を求め，2000 回行ったときの A，B，C の度数から，相対度数を求めれば，大数法則により，それが A，B，C の起こる確率を表しているんだね。

最上欄の各試行回数と，下の 3 つの欄の数字の和が一致するように，各空欄を埋めればいいので，表 (i) は次のようになる。

試行(投げた)回数	100	200	500	1000	2000
Aの起こった回数(度数)	36	84	199	400	800
Bの起こった回数(度数)	55	94	252	499	1000
Cの起こった回数(度数)	9	22	49	101	200

……………(答)

次に，大数法則により，試行回数が最も大きい**2000**回のときの**A**，**B**，**C**の各相対度数が，それぞれの確率を表していると考えていいので，

(ⅰ) Aの起こる確率は，上の表より，$\frac{800}{2000}=\frac{8}{20}=\frac{2}{5}=0.4$であり，

(ⅱ) Bの起こる確率は，上の表より，$\frac{1000}{2000}=\frac{1}{2}=0.5$であり，また，

(ⅲ) Cの起こる確率は，上の表より，$\frac{200}{2000}=\frac{2}{20}=\frac{1}{10}=0.1$である。……(答)

どう？ スラスラ解けた？

以上で，中**1**数学の授業はすべて終了です。みんな，よく頑張ったね。ただし，本当の実力を身に付けるには，反復練習は欠かせない。だから，今疲れている人は，一休みしても構わないよ。でも，また元気になったら，繰り返し納得がいくまでよく復習しておくことだね。

キミ達みんなの成長を，マセマ一同心より祈っています…。

マセマ代表　馬場敬之(けいし)

第7章 データの活用と確率 公式エッセンス

1. データの度数分布表とヒストグラム

度数分布表

階級	階級値	度数	相対度数
0 ~ 10	5	2	0.1
10 ~ 20	15	4	0.2
⋮	⋮	⋮	⋮

ヒストグラム

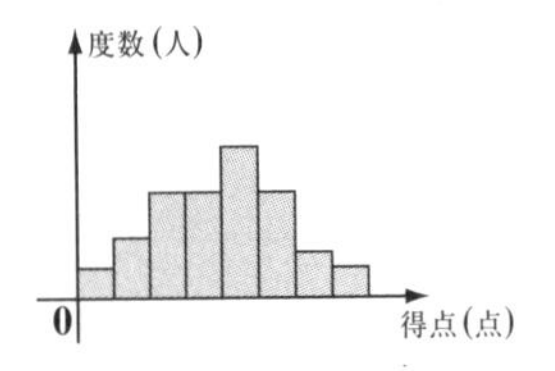

2. データの代表値

(i) 平均値 $m = \dfrac{x_1 + x_2 + \cdots + x_n}{n}$

(ii) 中央値(メディアン) m_e：データの中央の値

(iii) 最頻値(モード) m_o：度数が最も大きい階級の階級値

3. 2組のデータの比較

2組のデータについて，それぞれの相対度数の分布表を作り，これを基に相対度数の折れ線のグラフを利用して，比較する。

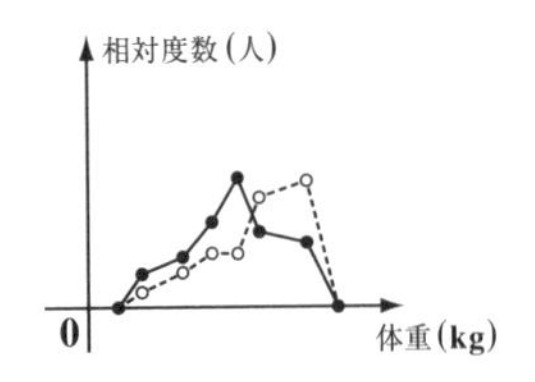

4. 累積度数と累積相対度数

(i) 累積度数：各階級毎の度数を集計して，ある値未満の度数を示したもの。

(ii) 累積相対度数：各階級毎の相対度数を集計して，ある値未満の相対度数を示したもの。

5. 確率

(1) 試行と事象

同様のことを繰り返せる行為のことを試行といい，その結果起こる事がらのことを事象という。

(2) 経験的確率と大数法則

試行回数 n をどんどん大きくしていくとき，事象 A の起こる回数(度数)を x とおくと，この相対度数 $\dfrac{x}{n}$ は，n を大きくすると，A の起こる確率 p に近づく。(大数法則)

Term・Index

あ行

移項 …… 70
1次式 …… 54
1次方程式 …… 68
因数 …… 12
右辺 …… 62
x座標 …… 100
x軸 …… 100
xy座標系 …… 100
xy座標平面 …… 100
xy平面 …… 101
円 …… 51
円周率 …… 140
オイラーの多面体定理 …… 151
扇形 …… 125

か行

解 …… 68
階級 …… 181
階級値 …… 181
外項の積 …… 76
回転移動 …… 129
回転体 …… 165
角錐 …… 152
角柱 …… 150
角の二等分線 …… 134
確率 …… 194
傾き …… 102
仮分数 …… 31
加法 …… 10
仮平均 …… 40, 184
関数 …… 95
奇数 …… 12
逆数 …… 45
既約分数 …… 31
共通因数 …… 18
空間図形 …… 150
偶数 …… 12
経験的確率 …… 195
係数 …… 54
弦 …… 125
原点 …… 100
減法 …… 10
弧 …… 125
項 …… 54
交換法則 …… 49
合成数 …… 12
交線 …… 161
交点 …… 123, 163
合同 …… 133
恒等式 …… 68
勾配 …… 103
公倍数 …… 15
公約数 …… 14
五面体 …… 151

さ行

差 …… 10
最小公倍数 …… 15
最大公約数 …… 15
最頻値 …… 183
作図 …… 132
座標 …… 100
座標系 …… 100
座標軸 …… 100
左辺 …… 62
試行 …… 194
事象 …… 194
四則計算 …… 9
指数 …… 13
自然数 …… 9
七面体 …… 151
集合 …… 37
商 …… 10
小数 …… 36
乗法 …… 10
除法 …… 10
垂線 …… 124, 134
垂直 …… 124, 159, 161, 163
垂直二等分線 …… 132
数直線 …… 9, 21
正五角錐 …… 152
正五角柱 …… 150
正三角錐 …… 152
正三角柱 …… 150
正四角錐 …… 152
正四角柱 …… 150
正四面体 …… 152, 154
正十二面体 …… 154
整数 …… 9
正多面体 …… 154
正二十面体 …… 154
正の数 …… 20
正の整数 …… 9
正八面体 …… 154
正六面体 …… 151, 154
積 …… 10

接線 …… 137
絶対値 …… 22
接点 …… 137
線対称移動 …… 128
線分 …… 122
素因数 …… 12
素因数分解 …… 12
相似比 …… 177
相対度数 …… 182
相対度数の折れ線グラフ …… 189
素数 …… 12

た行

大数法則 …… 195
体積 …… 168
体積比 …… 177
代表値 …… 183
帯分数 …… 31
互いに素 …… 15
多面体 …… 150
中央値 …… 183
中心角 …… 125
中点 …… 122
直線 …… 122
直交 …… 124, 159, 161, 163
通分 …… 35
定数頁 …… 54
展開図 …… 165
点対称移動 …… 130
投影図 …… 165
等式 …… 62
度数折れ線 …… 183
度数分布 …… 181
度数分布表 …… 181

な行

内項の積 …… 76
なす角 …… 161
ねじれ …… 159
濃度 …… 52

は行

倍数 …… 11, 49
速さ …… 52
半直線 …… 122
反比例 …… 109
繁分数 …… 96
比 …… 76
ヒストグラム …… 182
比の値 …… 76
表面積 …… 171
比例 …… 96
比例定数 …… 97, 109
不等式 …… 62
負の数 …… 20
分数 …… 30
分配の法則 …… 50
平均 …… 39
平均値 …… 183
平行 …… 124, 158, 161, 162, 163
平行移動 …… 126
平行四辺形 …… 124
平方数 …… 14
平面図 …… 165
平面図形 …… 122
変域 …… 95
偏差 …… 184
変数 …… 95
方程式 …… 68
方程式を解く …… 68
母線 …… 165

ま行

交わる …… 159, 161, 162, 163
未知数 …… 68
見取図 …… 165
無理数 …… 140
メディアン …… 183
面積比 …… 177
モード …… 183

や行

約数 …… 11, 49
約分 …… 31
有限小数 …… 37
優弧 …… 125
有理数 …… 37

ら行

立方体 …… 151
立面図 …… 165
両辺 …… 62
累乗 …… 12
累積相対度数 …… 193
累積度数 …… 192
劣弧 …… 125
六面体 …… 151

わ行

和 …… 10
y 軸 …… 100

メモ

メモ

スバラシク分かる
楽しく始める 中 1 数学

マセマ

著　者　馬場 敬之
発行者　馬場 敬之
発行所　マセマ出版社
〒 332-0023 埼玉県川口市飯塚 3-7-21-502
TEL 048-253-1734　FAX 048-253-1729
Email：info@mathema.jp
https://www.mathema.jp

編　集　山﨑 晃平
校閲・校正　高杉 豊　秋野 麻里子
制作協力　間宮 栄二　町田 朱美　橋本 喜一
カバーデザイン　児玉 篤　児玉 則子
ロゴデザイン　馬場 利貞
印刷所　中央精版印刷株式会社

令和 6 年 3 月 19 日　初版発行

ISBN978-4-86615-330-8 C7041